海技に携わるエンジニア・学生のための

# 材料力学

東京海洋大学名誉教授　　東京海洋大学教授
志摩 政幸 ・ 地引 達弘　共著

海文堂

# まえがき

船舶をはじめ，機械・構造物を設計・製作する技術者，またそれらを運航・運用する技術者にとり，材料力学は必要不可欠な知識のひとつである。そのため，ほとんどの大学・高専で学ぶ機械系学生は，材料力学を必修科目として履修している。

本書は，著者の大学での学部2年生を対象とした材料力学の講義ノートをもとに書き下したものである。その内容は，主に棒要素に引張・圧縮，せん断，曲げやねじりが作用するときの応力と変形（ひずみ）解析などである。加えて，応力とひずみの関係，応力の座標変換，材料の機械的性質，破損の諸説などについても述べている。本書は，海技に携わる学生，技術者にわかりやすく材料力学の初歩を解説することを主目的とし，各章にはその理解を助ける上で重要と考えられる例題に加え，過去の海技試験問題を含む演習問題を載せ，丁寧な解答を載せた。

本書では，特に次の4点に配慮した。その一は，材料力学を学ぶ上で静力学の知識は欠かせないため，その初歩である“自由物体図”と力（モーメントを含む）のつり合いについて第1章でわかりやすく説明した。その二は，使用する単位系である。近年学術論文などでは国際単位系が使われているが，製造現場など実務の分野では依然として工学単位系も使用されている。そのため，本書では意図的に両方の単位系を使うこととし，また単位の換算についても示した。その三として，読者の便を考慮し，やや冗長となるが計算式の誘導過程も記述するよう心がけた。その四は，各章末に関係するコラムを載せ材料力学という学問に興味を持ってもらうように努めた。

本書を著すに当たり，多くの優れた図書・文献を参考にさせていただいた。本書末に記し，深甚なる謝意を申し上げる。

著者らの研究室所属教務補佐員 大久保ユリ子氏（略歴後記）には，原稿，特に図表の作成等に当たり多大なご助力をいただいた。また，出版を快く引き受けていただいた海文堂出版および同担当社員 丸山修一氏に厚く御礼申し上げる。

平成27年12月吉日　　著　者

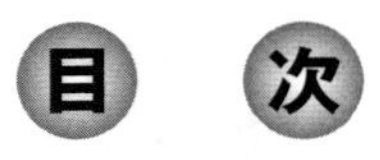

# 目次

# 第 1 章　材料力学を学ぶにあたって

材料力学は機械や構造物の強度と変形を調べる学問であるが，まず重要な点はそこに作用する力を知ることである。本章では，そのために必要な静力学のつり合い条件式，またこれを組み立てるために重要な自由物体図について学ぶとともに，材料力学に関係する単位などについて学ぶ。

## 1.1 材料力学とは

機械や構造物は，所定の期間壊れることなくその使命を果たす必要がある。そのためには材料を豊富に使い，十分な強度をもたせることが考えられるが，必要以上の強度の付与は機械や構造物の性能を著しく害し，また製造や運転コストを増大させることになる。したがって，機械や構造物には最適な強度をもたせることが要求される。たとえば，船舶や航空機をとって考えると，それらの破壊事故は致命的なものとなるため，十分な強度が必要であるが，不必要な強度をもつ設計は，運航速度の低下，燃費の悪化などをもたらし，経済的ではない。十分な強度と経済性を兼ね備えた機械や構造物を設計・開発するためには，作用する力を知ること，またその力によりどのような変形と内力（機械や構造物の内部に生じる力）が発生するかを知ることがまず必要となる。機械や構造物は様々な形状･寸法と材質から構成されるいわば複雑な関数 $f(\mathrm{I})$ であり，そこに力をはじめとする外部作用 (I) が働くと，アウトプットとして変形や応力 (O) が生じる（図 1-1）。主にこのような関係を調べる学問分野を材料力学という。この知識は，機械や構造物の設計・開発のみならず，安全に使用するためにも欠かせないものであり，機械系学生は例外なく学ぶ必要のある学問である。

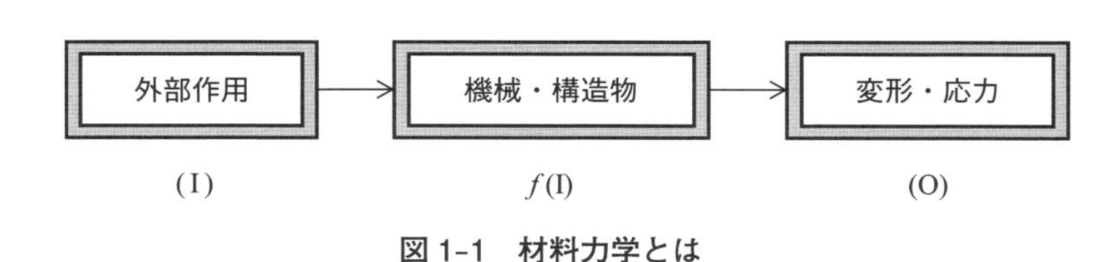


図 1-1　材料力学とは

## 1.2 外部作用の種類

機械や構造物には，図 1-2 に示すように種々の外部作用がある。ひとつは，接触を通して作用する力，すなわち外力（external force）である。外力は，時間的な変化に応じて，静荷重，変動荷重（繰返し荷重）および瞬間的に作用する衝撃荷重に分けることができる。もうひとつは，重力，遠心力や慣性力等のように物体全体に作用する力，物体力（body force）である。温度変化や物理・化学作用も重要な外部作用である。熱動力機械などでは，温度変化により大きな内力（internal force）が発生することがある。また，腐食性の強い環境で使われる材料，たとえば海水中の構造部材などは，腐食の進行による断面積の減少，また外力との相互作用により著しく強度が低下することがある。これらの外部作用は，複合的に作用することが多い。

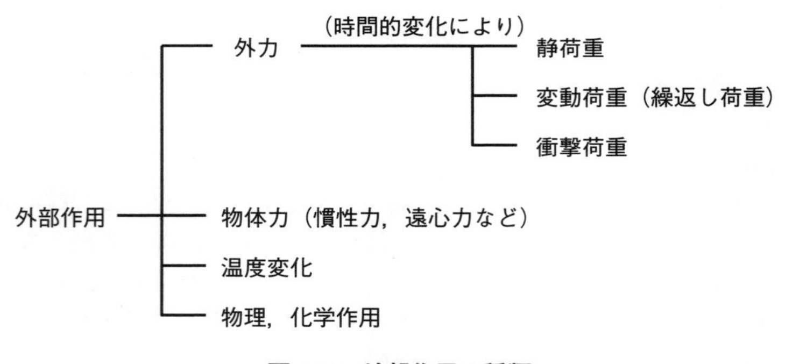


図 1-2　外部作用の種類

## 1.3 自由物体図とつり合い条件式

機械や構造物の変形や内力を知るためには，そこに作用する力を把握する必要がある。力には，最初からわかっている力（既知力）と，反力などのように計算してはじめてわかる力（未知力）がある。未知力を求めるには，自由物体図（free body diagram）を作成し，これをもとにつり合い条件式を作る必要がある。

### (a) 自由物体図の作成

構造物の全体あるいは一部分を単独に取り出し，そこに作用する力を書き込む。その際，支点反力などの未知力は，力の３要素（大きさ，方向，作用点）を仮定して記入する。

(b) **つり合い条件式**

自由物体図をもとに，取り出した部分のつり合い条件式を作る。静力学によると，たとえ複雑な力系であっても，その力系は任意点Oに働く合力**R**とその点周りの合偶力**C**にまとめることができる（図1-3）。つり合い状態は，ベクトル式で表すと，

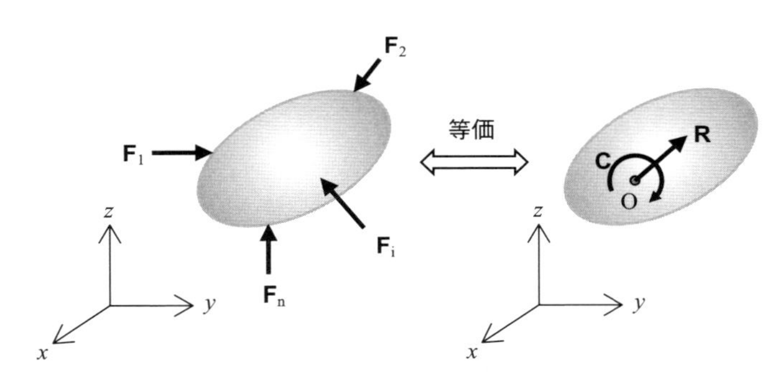


**図 1-3　静力学的に等価な力系**

$$\mathbf{R} = \sum_{i=1}^{n} \mathbf{F}_{\mathrm{i}} = 0 \tag{1-1}$$

$$\mathbf{C} = \sum_{i=1}^{n} \mathbf{M}_{\mathrm{i}} = 0 \tag{1-2}$$

これら２つのベクトル式が，つり合い条件式である。ここに，$\mathbf{M}_{\mathrm{i}}$は外力$\mathbf{F}_{\mathrm{i}}$が点Oに作る偶力（モーメントともいう）である。実際に計算する際には，これらの式を直角座標方向の成分に分けたスカラー式が用いられることが多い。すなわち，

$$R_x = \sum_{i=1}^{n} X_i = 0 \tag{1-3-1}$$

$$R_y = \sum_{i=1}^{n} Y_i = 0 \tag{1-3-2}$$

$$R_z = \sum_{i=1}^{n} Z_i = 0 \tag{1-3-3}$$

$$C_x = \sum_{i=1}^{n} M_{xi} = 0 \tag{1-4-1}$$

$$C_y = \sum_{i=1}^{n} M_{yi} = 0 \tag{1-4-2}$$

$$C_z = \sum_{i=1}^{n} M_{zi} = 0 \tag{1-4-3}$$

ここに

$X_i$：$\mathbf{F_i}$ の $x$ 方向成分　　$M_{xi}$：$\mathbf{M_i}$ の $x$ 方向（$x$ 軸回りの）成分
$Y_i$：　〃　$y$　〃　　$M_{yi}$：　〃　$y$　〃
$Z_i$：　〃　$z$　〃　　$M_{zi}$：　〃　$z$　〃

同一平面（$x-y$ 平面）内で力が作用するとき，つり合い条件式は，

$$\sum_{i=1}^{n} X_i = 0 \tag{1-5-1}$$

$$\sum_{i=1}^{n} Y_i = 0 \tag{1-5-2}$$

$$\sum_{i=1}^{n} M_{zi} = 0 \tag{1-6}$$

の 3 つとなり，さらに力の作用線が同一の点 O を通る力のみが存在する場合は，

$$\sum_{i=1}^{n} X_i = 0 \tag{1-7-1}$$

$$\sum_{i=1}^{n} Y_i = 0 \tag{1-7-2}$$

の 2 つとなる。

材料力学では，モーメントの意味とその求め方を熟知しておくことが重要である。図 1-4(a)に示すように，$x-y$ 平面内に置かれた平板の 1 点 A に作用する力 **F** が B 点に作るモーメントは，**F** の作用線に対して B 点から垂線を引いたときの長さ（以下腕の長さという）を $l$ とすると，**F** の大きさ $|\mathbf{F}|$ と腕の長さ $l$ の積となる。これは，同図(b)に示すように，B 点に置かれたボルトを腕の長さ方向に配したスパナにより **F** の力で回転させるときのモーメントを意味する。実際の計算では，**F** を座標方向に分解し，その $x$ 方向の成分 $X$ と $y$ 方向の成分 $Y$ を用いて，同図(c)のようにそれぞれに関係した腕の長さを使って算出することが多い。むろんのこと，このとき得られる

$Ya - Xb$ と $|\mathbf{F}|l$ の値は等しい。静力学によると，図 1-5(a)に示すように，力の作用線が一点Oに集まる場合は，O点だけでなく任意の位置において合モーメントは0となる。また大きさが等しく互いに平行かつ向きが逆な力は，並行直線間距離×力となるモーメントを作る。たとえば，同図(b)に示す半径 $r$ の丸軸に作用する一対の力 $P$ は，$2Pr$ のモーメント（トルク）を作る。

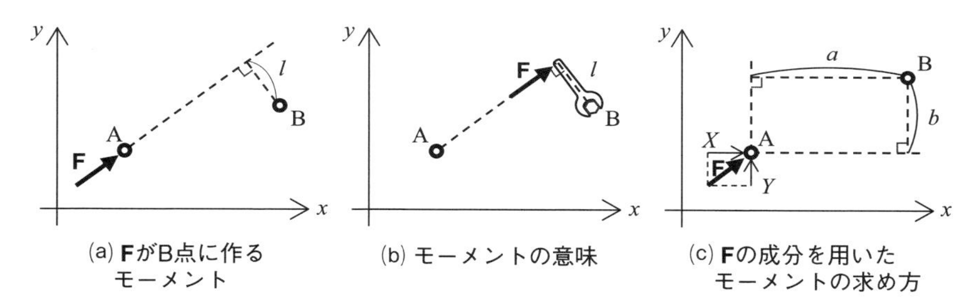

(a) **F**がB点に作るモーメント　(b) モーメントの意味　(c) **F**の成分を用いたモーメントの求め方

**図 1-4　力 F が B 点に作るモーメントとその意味**

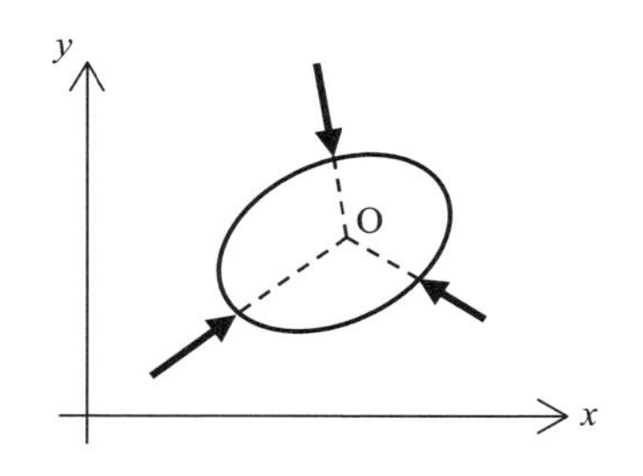

(a) 力の作用線が一点に集まる場合

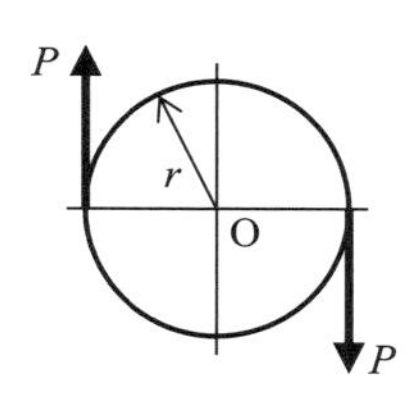

(b) 2つの平行かつ向きが反対の一対の力 $P$ の場合

**図 1-5　モーメントの例**

## 例題 1

重量 $W$ の救命艇をブームと索によりゆっくりと下す。図 1 に示す位置関係にあるとき，索に作用する力 $P$ とブームに生じる軸力（軸方向の力）$Q$ を求めよ。なお，ブームと索の自重は無視できるものとする。

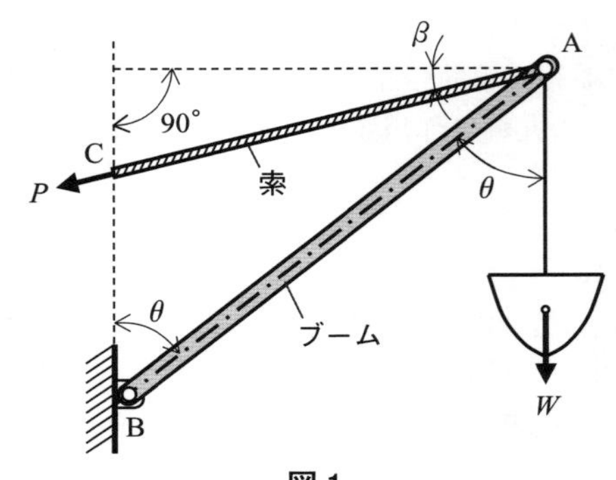


図 1

計算のしやすさを考慮し，ブームと索の結合点（節点）A 付近を仮に切断し，そこに既知力 $W$ と未知力である索側から作用する力 $P$ とブーム側から作用する力 $Q$ を書き込み（作用する向きは仮定），節点 A の自由物体図を作成する。座標を図 2 のようにとり，つり合い条件式を作ると，

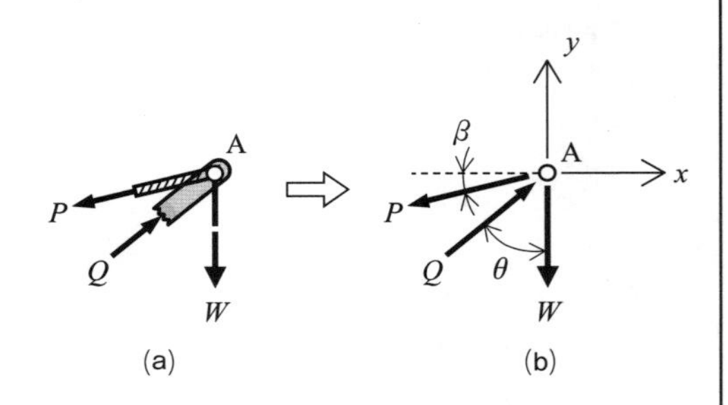


図 2　自由物体図の作成

$x$ 方向のつり合い条件式：$(-P\cos\beta)+Q\sin\theta=0$　①

$y$ 方向のつり合い条件式：$(-P\sin\beta)+Q\cos\theta+(-W)=0$　②

式①と②を連立して解くと，

$$Q=\frac{\cos\beta}{\cos(\theta+\beta)}\cdot W\ ,\quad P=\frac{\sin\theta}{\cos(\theta+\beta)}\cdot W \qquad ③,\ ④$$

たとえば，$\theta=45^\circ$，$\beta=0^\circ$ とすると，$Q=\sqrt{2}W$，$P=W$

作用反作用の法則より，節点 A 側の索およびブームに作用する力は図 3 のようになり，また索の力のつり合いより C 部に作用する力，同様にしてブームの B 部に作用する力が定まる。

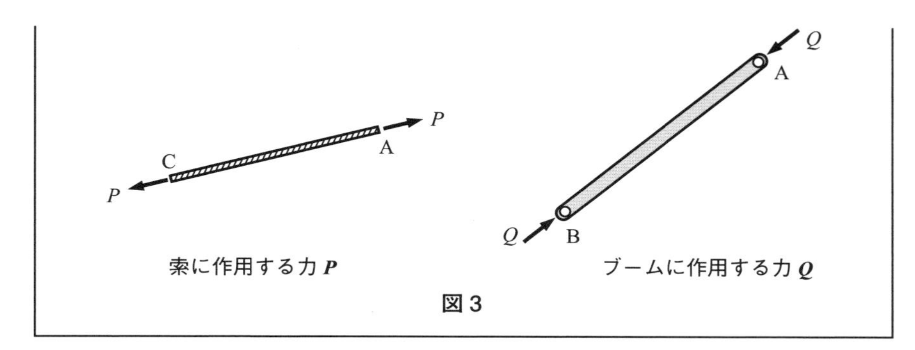


図3

## 例題2

図1に示すように，スパナを用いて$P$の力でボルトを締めつけるとき，ボルト頭部に加わる力とモーメント（トルク）を求めよ。

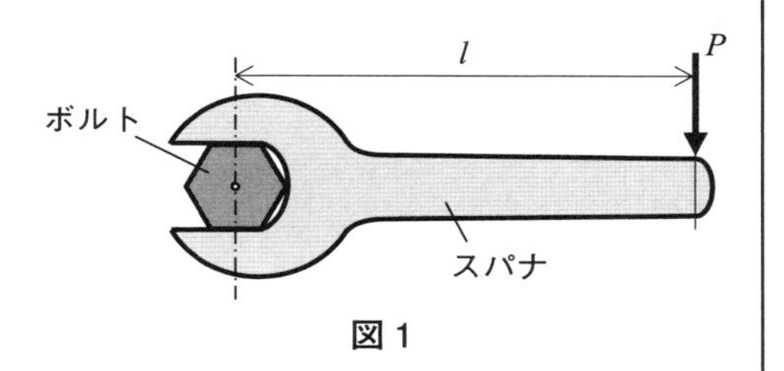


図1

スパナを取り出し，自由物体図を作成する。なお，スパナとボルトの接触部には複雑な力が分布して作用するが，それらを静力学的に等価なように，図2に示すA点での合力**R**と合偶力**C**で置き換える。

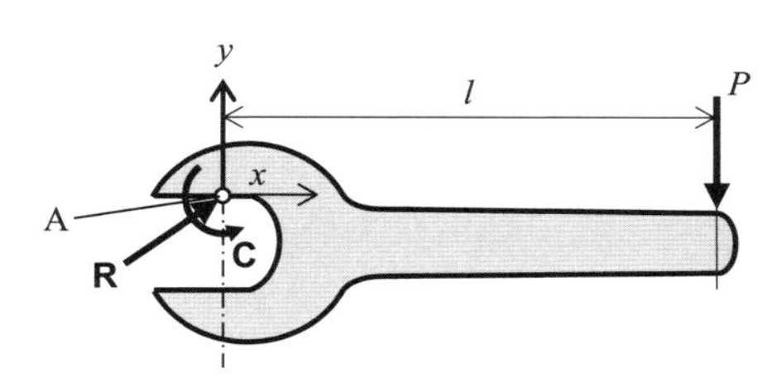


図2　自由物体図

座標を図2のようにおき，つり合い条件式を作る。このとき，合力**R**は大きさだけでなく作用方向も未知のため，$x$方向の成分$R_x$と$y$方向の成分$R_y$に分けて扱う。なお，既知力である外力$P$は$y$軸と並行に作用するものとする。

$x$方向の力のつり合い条件式：$R_x = 0$　①

$y$方向の力のつり合い条件式：$R_y + (-P) = 0$　②

A 点における $z$ 軸回りのモーメントのつり合い条件式：

$$Pl+(-C_z)=0 \qquad ③$$

これらの式より

$$R_y=P \ , \ C_z=Pl \qquad ④, ⑤$$

作用反作用の法則より，ボルト頭部には $y$ 軸に逆向きに $P$ の力と時計回りに $Pl$ のモーメント（トルク）が作用する。

## 1.4 材料力学と単位

従来，材料力学の分野では工学単位系が主に使われていたが，近年，国際単位系（SI 単位系ともいう；電気工学，物理学等を含めて，すべての単位が共通に使用できるように規定されている。）が使われるようになってきた。現在も，工学単位系が実務の分野において使われていることを考慮し，本書では両方の単位系を使うことにし，ここでは材料力学で頻繁に使う単位についてそれらの換算を示す。

工学単位系（重力単位系）における単位の基本量は，長さ [m]，力 [kgf]，時間 [s] であるのに対して，国際単位系（公式略号 SI）における単位の基本量は，長さ [m]，質量 [kg]，時間 [s] である。国際単位系では力の単位は N（ニュートン）であり，1 N は質量 1 kg のものを加速度 1 m/s$^2$ で動かす力と定義されている。一方，重力単位系の 1 kgf は質量 1 kg のものを重力加速度 $g$（≒ 9.8 m/s$^2$）で動かす力である。したがってその換算は，

$$1\,\mathrm{kgf}=1\,\mathrm{kg}\times 9.8\,\mathrm{m/s^2}=9.8\times(1\,\mathrm{kg\cdot m/s^2})=9.8\times(1\,\mathrm{N})=9.8\,\mathrm{N}$$

$$1\,\mathrm{N}=(1/9.8)\,\mathrm{kgf}$$

第 2 章で述べる応力は，重力単位系では kgf/mm$^2$ あるいは kgf/cm$^2$ がよく使われるのに対して，国際単位系では N/m$^2$ が用いられる。ここで，N/m$^2$ は組立単位の Pa（パスカル）と表記されることが多い。応力の単位の換算は，

$$1\,\mathrm{kgf/mm^2}=9.8\,\mathrm{N}\times 10^6/\mathrm{m^2}=9.8\times 10^6\,\mathrm{N/m^2}=9.8\times 10^6\,\mathrm{Pa}=9.8\,\mathrm{MPa}$$

$$1\,\mathrm{MPa}=(1/9.8)\,\mathrm{kgf/mm^2}$$

ここで，M（メガ）は $10^6$ を意味する接頭語*のひとつである。以下にしばしば使用される接頭語（10 の整数乗倍に使う記号，SI 接頭語ともいう）を示す。

| | | | |
|---|---|---|---|
| $10^2$ | h（ヘクト） | $10^{-2}$ | c（センチ） |
| $10^3$ | k（キロ） | $10^{-3}$ | m（ミリ） |
| $10^6$ | M（メガ） | $10^{-6}$ | $\mu$（マイクロ） |
| $10^9$ | G（ギガ） | $10^{-9}$ | n（ナノ） |

＊大文字・小文字に注意

重力単位系における仕事の単位は kgf·m，また仕事率でよく使われる単位は PS 馬力（仏馬力）であり，これは 1 PS = 75 kgf·m/s と定義されているものである。一方，国際単位系における仕事率の単位は，N·m/s であり，N·m/s は組立単位の W（ワット）で表記されることが多い。また，仕事の単位 N·m は J（ジュール）と表記される。仕事率の単位の換算は，

$$1\,\mathrm{PS} = 75\,\mathrm{kgf \cdot m/s} = 75 \times 9.8\,\mathrm{N \cdot m/s} = 75 \times 9.8\,\mathrm{W} = 735\,\mathrm{W}$$

$$1\,\mathrm{W} = (1/735)\,\mathrm{PS}$$

# 演習問題

**1** 図に示すように，電灯Eが2本のワイヤABとBCで支えられた環Bからつりさげられている。ワイヤは自由にたわみうるものとし，その重さおよび環の重さを無視し，ワイヤが受ける力を求めよ。ただし，電灯の重さ $W=100\,\mathrm{N}$，ワイヤABとBCの長さ $l$ は等しく $l=2\,\mathrm{m}$，ワイヤのたるみ $\overline{\mathrm{DB}}=1\,\mathrm{m}$ とする。

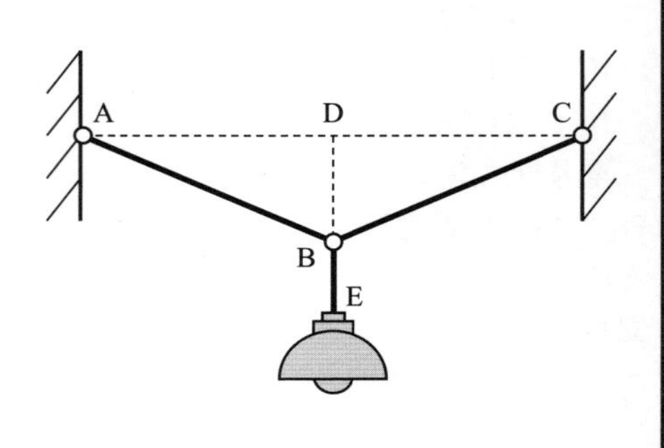


**2** 図に示すように，ボートが吊り下げられている。A点は回転支持台に，B点は摩擦のない軸受によって支えられている。C点にボートの重量 $W=5\,\mathrm{kN}$ が加えられたとき，A点とB点に作用する反力を求めよ。

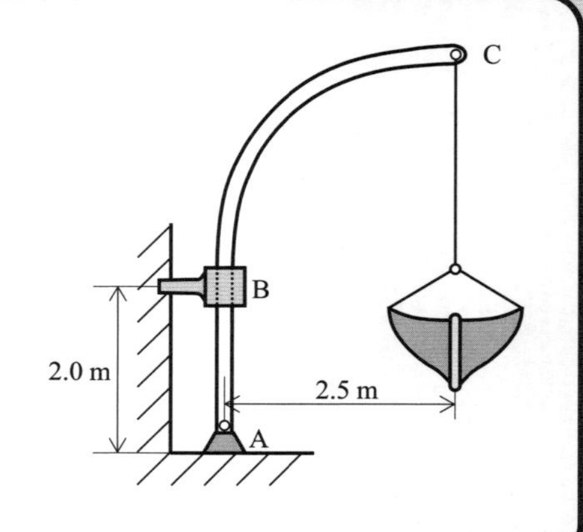

**3**　図のように，水平な棒 AB が，鉛直な壁に摩擦のないピンで取り付けられ，綱 CD で支持されている。B 点に垂直荷重 $P=500\,\mathrm{kgf}$ が作用するとき，綱に発生する張力を求めよ。

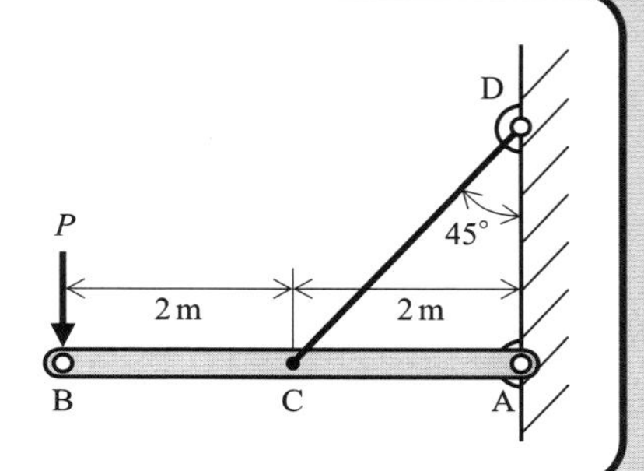


**4**　力 $P=60\,\mathrm{kgf}$ でオールを漕いだとき，図の状態でオールが水から受ける力 $R$（あるいはオールが水をかく力）を求めよ。

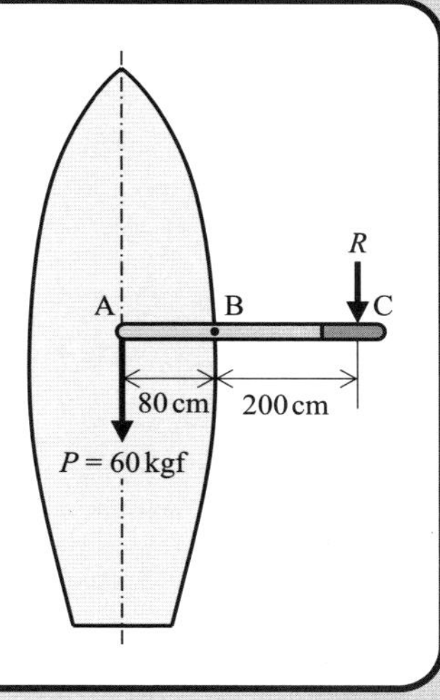


**5**　馬力 1000 PS は，SI 単位で何 W となるか。

## コラム《1》　船体に作用する力

船体には，実に様々な力が作用する。波の無い静かな海上に静止している船に作用する力としては，図に示すように，海面からの深さに比例して作用する水圧 $p$，それを海面に垂直方向に積分した力が浮力であり，船体自身の重量・主機や様々な艤装品の重量および積荷の重量の合計値 $W$ とつりあった状態となっている。海が荒れあるいは航海中には，そのような静荷重だけでなく，船体の動揺や波による変動荷重に加え，積荷などからの慣性力も作用する。また，船首や船尾には波浪による衝撃力も加わる。その他に，熱により生じる力，風や潮流による力，係留による力なども変動荷重や衝撃荷重として加わる。船体構造は，これらの力により曲げやねじり，また局所的に大きな引張や圧縮を受ける。

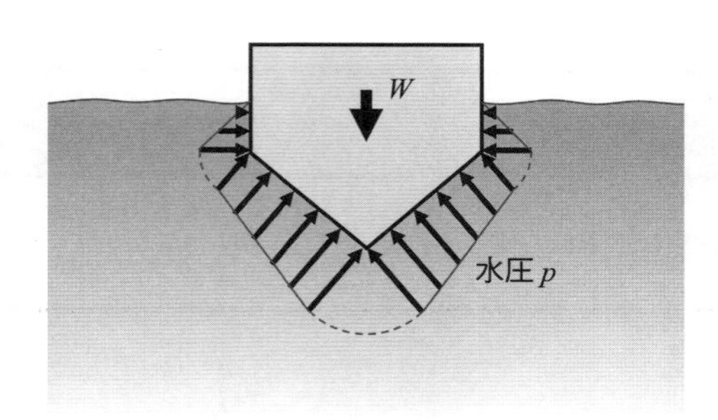


**静かな海上に静止している船舶に作用する力**

# 第2章　応力とひずみ

物体に外力を加えると，変形する。このとき，物体内部には変形を阻止しようとする力（内力）が発生する。本章では，機械・構造物の強度や変形を考える際に重要となる応力（stress）とひずみ（strain）の定義，およびその関係などについて学ぶ。

## 2.1 応　力

物体にどのような内力が生じるかをみるために，断面が一様な棒を軸方向に引っ張る場合を考える。図 2-1 に示すように，つり合い状態にある棒を仮に軸に垂直な断面（m—n）で切断したとき，断面の左側部分（A 部）のつり合いを考えてみる。外力 $P$ に対して A 部がつり合いを保つためには，（m—n）断面に右側部分（B 部）から，外力と同じ大きさで方向が反対の力 $P$ が作用しなければならない。同様に，B 部がつり合いを保つためには A 部側から同じ大きさの力 $P$ が作用しなければならない。このように，材料内部に発生する力を内力（internal force）という。機械・構造物の強度を考える際，内力を水圧や蒸気圧などと同じように，単位面積あたりの力で表すと便利であり，これを $\sigma$（シグマ）とすれば，

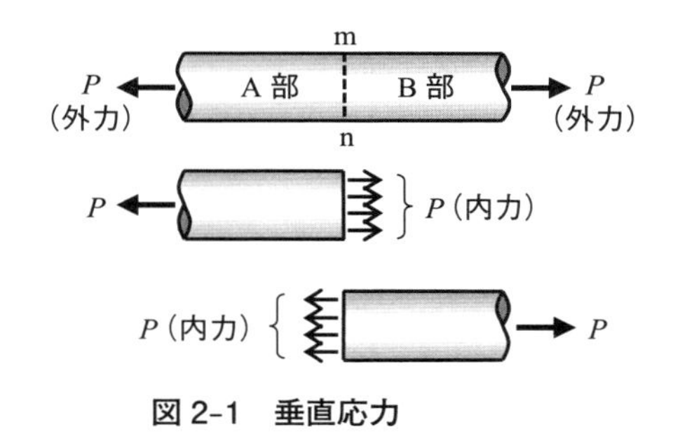

図 2-1　垂直応力

$$\sigma = \frac{P}{A}\,; \quad A：断面積 \qquad (2\text{-}1)$$

このように，面に垂直に作用する単位面積あたりの内力を，垂直応力（normal stress）という。単位は，国際単位系では $N/m^2$，MPa，また工学単位系では $kgf/cm^2$，$kgf/mm^2$ などで表す。図 2-2 に示すように，断面（m—n）を含む微小幅部（応力

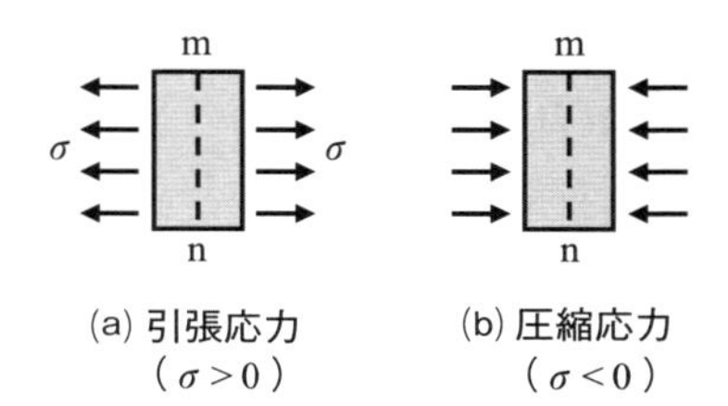

(a) 引張応力（$\sigma>0$）　(b) 圧縮応力（$\sigma<0$）

図 2-2　引張応力と圧縮応力

変化が無視できる微小幅）に作用する応力を考えるとき，同図(a)のように左右一対の応力が微小幅部を引き延ばすように作用する場合には引張応力（tensile stress），同図(b)のように縮めるように作用する場合には圧縮応力（compressive stress）と呼んで区別する。通常，引張応力の場合には数値に＋の符号を，圧縮応力の場合には－の符号をつけて区別することが多い。

次に図 2-3 に示すように，軸方向に対して垂直な外力 $P_S$ が作用する場合の内力を考える。軸に垂直な断面（m－n）を含む微小幅部には物体をせん断しようとする $P_S$ に等しい内力が板厚方向に作用する。なお，このときの内力は板厚方向に均一ではないが，ここではそれは考慮しない。この内力を単位面積あたりの力で表した量をせん断応力（shearing stress）あるいは接線応力（tangential stress）といい，記号 $\tau$（タウ）で表すと，

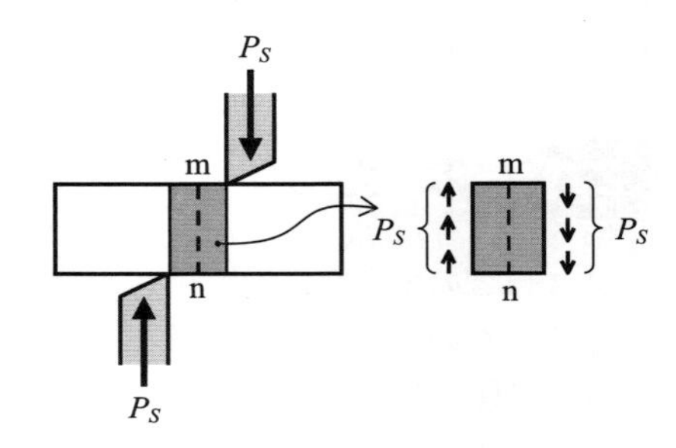


図 2-3　せん断応力

$$\tau = \frac{P_S}{A}\ ;\quad A：断面積 \tag{2-2}$$

一般に，物体内に生じる内力は一様ではない。図 2-4 に示すようなつり合い状態にある物体を考えると，面 A に生じる内力は一様ではなくまた面に垂直でもないため，内力の合計値を面積で割って得られた値には意味がない。そこで，面 A 内に微小な面積 $\Delta A$ をとれば，その面積内で内力 $\Delta P$ は一様かつ同一方向に分布しているとみなすことができる。このようにして得られた $\Delta P/\Delta A$ の極限値，

$$p = \frac{dP}{dA} \tag{2-3}$$

を応力の定義に用い，この $p$ を合応力（resultant stress）という。一般に，合応力 $p$ は面 $\Delta A$ に対して傾いており，$p$ の面 $\Delta A$ に垂直な方向の成分が垂直応力 $\sigma$，面に沿う方向の成分がせん断応力 $\tau$ となる。

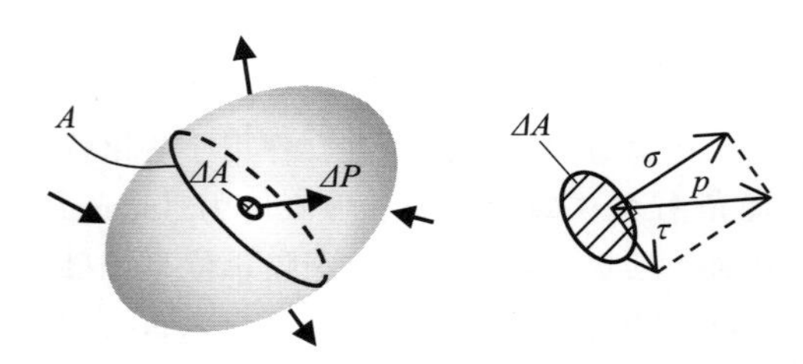


図 2-4　複雑に分布する内力に対する応力の定義

## 例題 1

図1に示すように，直径 $d=10\,\mathrm{mm}$ の丸棒に，質量 $m=500\,\mathrm{kg}$ の物体をつり下げたとき，棒に生じる垂直応力を求めよ。ただし，棒の自重は無視できるものとする。

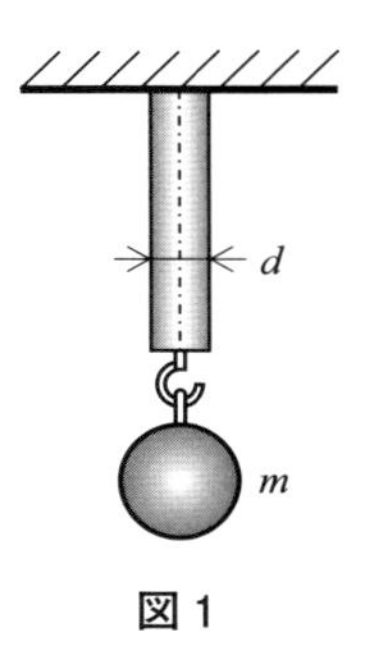

図1

丸棒下端に作用する外力 $P$ は，（質量 $m$）×（重力加速度 $g$）であるので，

$$P = mg = 500\times 9.8\ \mathrm{kg\cdot m/s^2} = 4900\ \mathrm{N} \qquad ①$$

棒の断面積 $A$ は，半径 $r = 5\times 10^{-3}\,\mathrm{m}$ であるので

$$A = \pi r^2 = \pi \times \left(5\times 10^{-3}\right)^2 = 25\pi \times 10^{-6}\ \mathrm{m}^2 \qquad ②$$

外力 $P$ につり合う内力が生じるので，垂直応力 $\sigma$ は，

$$\sigma = \frac{P}{A} = \frac{4900}{25\pi\times 10^{-6}} = 62.4\times 10^{6}\ \mathrm{N/m^2} \qquad ③$$
$$= 62.4\ \mathrm{MPa}$$

なお，外力の作用する部分（作用点付近）には複雑な接触応力が作用するが，そこから少し離れると，サンブナン（Saint Venant）の法則により一様な応力状態となる。

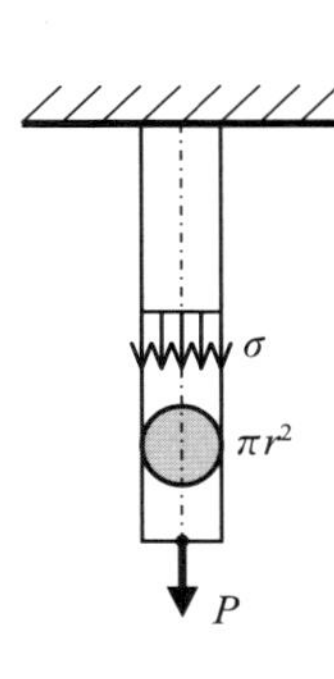

図2

## 例題 2

図1に示すリベット継手（リベットの直径 $d=20\,\mathrm{mm}$）において，外力 $W=800\,\mathrm{kgf}$ が作用するとき，リベットに生じるせん断応力 $\tau$ を求めよ。なお，接合板間の摩擦力は考慮しないものとする。

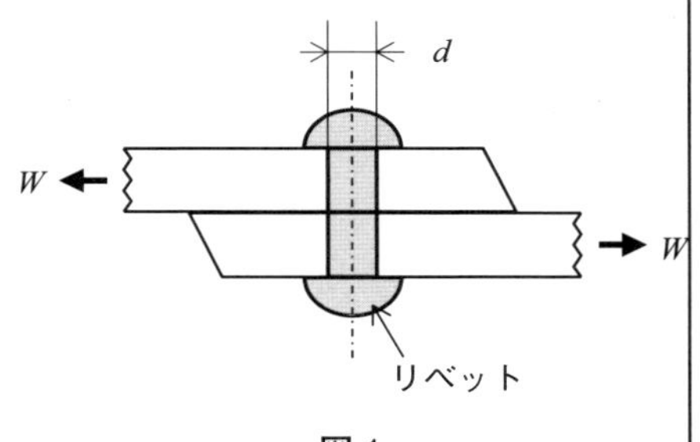

図1

板が互いに接合されている部分のリベット断面部には，面内に作用するせん断応力$\tau$が生じる（図2）。

リベットの断面積$A$は

$$A=\frac{\pi}{4}\times 20^2=314.16\ \text{mm}^2 \qquad ①$$

したがって，せん断応力$\tau$は

$$\tau=\frac{W}{A}=\frac{800}{314.16}=2.55\ \text{kgf/mm}^2 \qquad ②$$

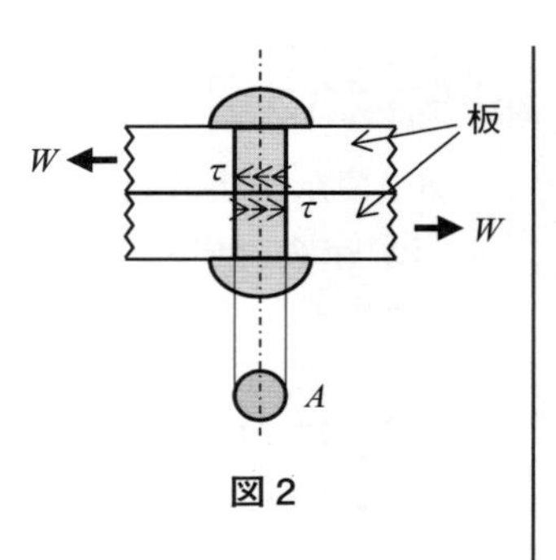


図2

## 2.2 ひずみ

物体に外力を加えると変形を生じる。その変形量は，同じ大きさの外力が作用しても物体の寸法により異なるので，変形の程度を表すには変形量そのものよりも，元の長さに対してどの程度変形するか，すなわち単位長さあたりの変形量という表現が有用であり，これをひずみという。ひずみには2種類あり，一つは垂直ひずみ（normal strain），もう一つはせん断ひずみ（shearing strain）である。

### (a) 垂直ひずみ

断面が一様な長さ$l$の棒に引張力$P$が作用して$\delta$だけ伸びたとすると（図2-5），単位長さあたりの変形量$\varepsilon$（イプシロン）は，

$$\varepsilon=\frac{\delta}{l} \qquad (2\text{–}4)$$

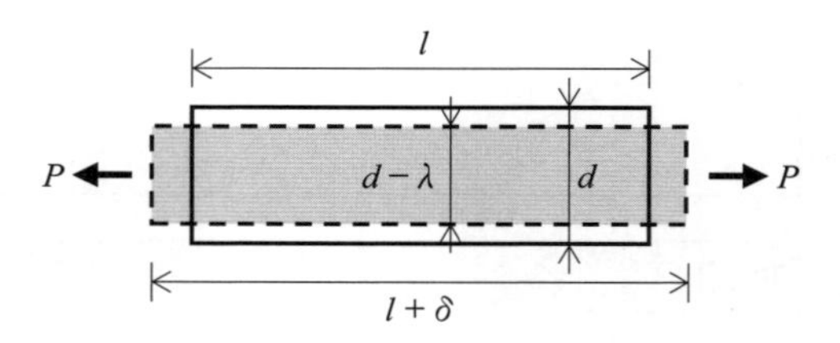


図2-5　棒の変形とひずみ

これを垂直ひずみという。垂直ひずみは，（変形後の長さ－元の長さ）／元の長さ，と言い換えることもできる。この表示方法は，圧縮力が作用した場合にも適用でき，長さ$l$の棒が$\delta$だけ縮むとすると，変形後の長さは（$l-\delta$）であるので，垂直ひずみ$\varepsilon$は，

$$\varepsilon=\frac{\{(l-\delta)-l\}}{l}=-\frac{\delta}{l} \qquad (2\text{–}5)$$

となる。負号は，垂直ひずみが圧縮ひずみであることを意味する。

断面が一様でなく応力が変化するような場合は，垂直ひずみは位置により異なる。このような場合には，応力が一様とみなせる微小長さ $dl$ をとり，その変形量を $d\delta$ とするとその部分のひずみ $\varepsilon$ は，

$$\varepsilon = \frac{d\delta}{dl} \tag{2-6}$$

棒をその軸方向に引っ張ると，軸と直角な方向（横方向）にも寸法の変化を生じる。横方向の元の寸法を $d$ とし，横方向に縮む量を $\lambda$ とすれば垂直ひずみの定義式，（変形後の長さ－元の長さ）／元の長さより，

$$\varepsilon_l = -\frac{\lambda}{d} \tag{2-7}$$

この $\varepsilon_l$ を横ひずみという。なお，負号は圧縮ひずみであることを意味する。一方，棒を軸方向に圧縮するときの横ひずみは，引張ひずみとなる。

### (b)　せん断ひずみ

図 2-3 に示したように，棒の軸方向に対して直角な力が加わりせん断応力が作用すると，近接した 2 つの横断面で囲まれた部分は，図 2-6 に示すように変形する。このような変形の程度を示すために，横断面間の距離 $l$ に対する 2 面の相対的変位量 $\lambda_s$ を用いる。すなわち，せん断ひずみ $\gamma$（ガンマ）は，

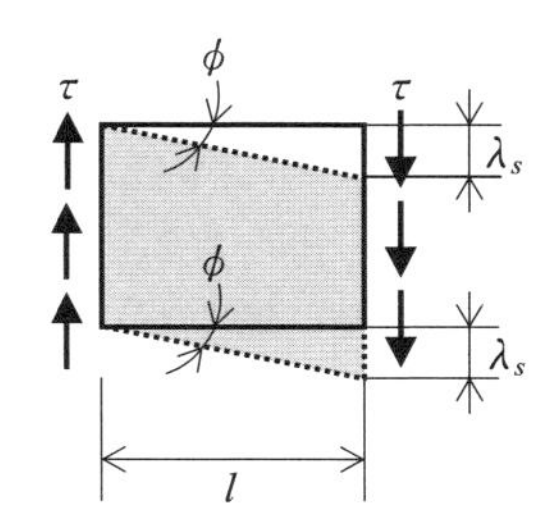

**図 2-6　せん断による変化とひずみ**

$$\gamma = \frac{\lambda_s}{l} \tag{2-8}$$

で定義される。この値 $\gamma$ は，直角からの角度の変化量 $\phi$ を用いると，

$$\gamma = \frac{\lambda_s}{l} = \tan\phi \tag{2-9}$$

材料力学では小さな変形を取り扱うので，$\phi$ が 1 に比べて十分に小さいと $\tan\phi \fallingdotseq \phi$ となるため，

$$\gamma = \phi \tag{2-10}$$

したがって，せん断ひずみは直角からの角度（ラジアン表示の角度）の変化量と考えることができる。なお，ひずみの定義から自明なように，ひずみには単位はない。

## 2.3 弾性体における応力とひずみの関係

### 2.3.1 弾性および機械的性質

物体に外力が作用すると変形し，外力につり合う内力を生じて静止する。変形した物体が荷重を取り除いたとき完全に元の状態に戻るならば，その物体を弾性体，永久変形が残るならば弾塑性体という。多くの工業材料は，ある変形以下では弾性体としてふるまう。

材料の機械的性質を調べる基本的試験として，引張試験がしばしば行われる。これは，JIS（日本工業規格）等で決められている断面一様な棒を破断するまで引っ張って，その間のふるまいから材料の機械的性質を求める試験である。引張試験から，図 2-7 に示すような応力―ひずみ線図が得られると，応力とひずみが比例する上限の応力（比例限度という），荷重を取り除いても永久変形が残らない上限の応力（弾性限度），応力が増加しないままひずみが増加し始める応力（上降伏点および下降伏点），破断に至る前の最大応力（引張強さあるいは極限強さ）および破断時の応力（破断強さ）などが求められる。これらは強度に関するものであるが，材料の延性あるいは脆性の目安となる伸び率なども得られる。なお，材料によっては，同図(a)のように明確な降伏現象を示す材料（鋼など）に加え，同図(b)のように降伏現象を示さない材料（たとえば銅など）もある。後者の場合は，所定の永久変形が残る応力，例えば 0.2％の永久変形が残る応力 $\sigma_r$ をとり，降伏強度の目安とする。これを，耐力といい，0.2％の永久変形を用いるときには 0.2％耐力という。なお，同図(a)のような場合にも，引張試験から比例限度や弾性限度を正確に求めることは困難なため，実用上は降伏点をもってそれらを代表させている。

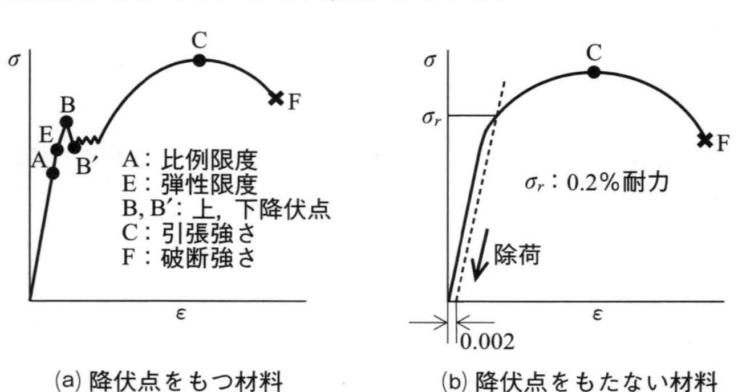


(a) 降伏点をもつ材料　(b) 降伏点をもたない材料

**図 2-7　応力―ひずみ線図**

機械・構造物の設計では，あらゆる使用状況において弾性変形となるように各部材の寸法を決めるのが基本である。そこで，本書では特に断らない限り，弾性変形内の応力を扱う。

### 2.3.2　弾性係数

図 2-7 に示したように，多くの材料では比例限度内にある応力 $\sigma$ はひずみ $\varepsilon$ に比例して増加する。これをフックの法則といい，1678 年にイギリスの科学者 Robert Hooke により初めて見出されたものである。

$$\sigma = E \cdot \varepsilon \tag{2-11}$$

この比例定数 $E$ を，初めて測定した Thomas Young の名を冠して，ヤング率（Young's modulus）という。また，縦弾性係数（modulus of longitudinal elasticity）ともいう。ヤング率は，材料固有の値で，鋼では 21000 kgf/mm$^2$，206 GPa 程度である。

せん断応力 $\tau$ とせん断ひずみ $\gamma$ の間にも同様な関係が存在する。

$$\tau = G \cdot \gamma \tag{2-12}$$

この比例定数 $G$ を横弾性係数（modulus of transverse elasticity）あるいはせん断弾性係数（modulus of shearing elasticity）という。この係数も材料固有の値をもち，鋼では 8200 kgf/mm$^2$，80 GPa 程度であり，ヤング率より小さい。

棒を伸縮した場合，伸縮方向のひずみ $\varepsilon$ と横ひずみ $\varepsilon_l$ は比例する。この比例定数 $\nu$ をポアソン比（Poisson's ratio）という。すなわち，ポアソン比 $\nu$ は，

$$\nu = \left| \frac{\varepsilon_l}{\varepsilon} \right| \tag{2-13}$$

ここで絶対値がついているのは $\varepsilon$ と $\varepsilon_l$ の符号が異なるためであり，絶対値をとり除くと

$$\nu = \frac{-\varepsilon_l}{\varepsilon} \tag{2-14}$$

ポアソン比は，すべての材料で 0.5 より小さい値をもち，軟鋼では 0.3 程度である。第 4 章で示すように，$E$，$G$，$\nu$ の間には次の関係が存在する。

$$G = \frac{E}{2(1+\nu)} \tag{2-15}$$

主な工業材料の弾性係数を表 2-1 に示す。

**表 2-1　主な工業材料の弾性係数**

| 材　料 | 縦弾性係数 $E$ | | 横弾性係数 $G$ | | ポアソン比 $\nu$ |
|---|---|---|---|---|---|
| | GPa | kgf/mm$^2$ ×10$^4$ | GPa | kgf/mm$^2$ ×10$^4$ | — |
| 軟　鋼（C 0.1〜0.2％） | 207〜208 | 2.11〜2.12 | 82 | 0.84 | 0.28〜0.3 |
| 硬　鋼（C 0.4〜0.5％） | 205〜207 | 2.09〜2.11 | 82 | 0.84 | 0.28〜0.3 |
| 鋳　鉄 | 78〜137 | 0.8〜1.4 | 28〜39 | 0.29〜0.40 | 0.20〜0.29 |
| 銅 | 123 | 1.25 | 46 | 0.47 | 0.34 |
| 黄　銅 | 91〜96 | 0.93〜0.98 | 39〜41 | 0.40〜0.42 | 0.35 |
| アルミニウム | 71 | 0.72 | 26 | 0.27 | 0.34 |
| アルミ合金（ジュラルミン） | 69 | 0.70 | 26 | 0.27 | 0.34 |

注：一般に，鋼では $E=206$ GPa，$\nu=0.3$ を用いることが多い。

## 例題 3

図のように，直径 $d=1$ mm，長さ $l=1$ m の鋼線の両端に，外力 $P=10$ kgf が作用した。鋼線の縦弾性係数 $E$ を，$E=21000$ kgf/mm$^2$ とすると，鋼線に生じる伸び $\delta$ を求めよ。また，鋼線をばねと考えたとき，そのばね定数 $k$ を求めよ。なお，鋼線は弾性変形をするものとする。

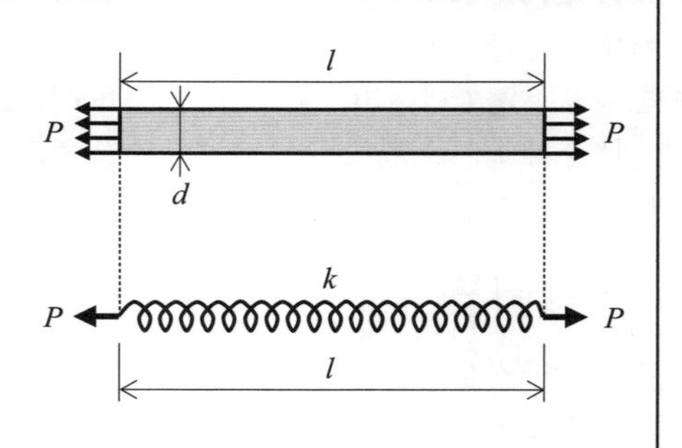


フックの法則より，垂直応力 $\sigma$ と垂直ひずみ $\varepsilon$ の間には，

$$\sigma = E\varepsilon \quad ①$$

の関係がある。垂直応力 $\sigma$ は，

$$\sigma = \frac{P}{A} \quad , \ A：断面積 \qquad ②$$

また，垂直ひずみ $\varepsilon$ は，

$$\varepsilon = \frac{\delta}{l} \qquad ③$$

であるので，式②と③を式①に代入し，伸び $\delta$ について解くと，

$$\delta = \frac{Pl}{AE} \qquad ④$$

この式は，伸びは荷重と長さに正比例し，断面積と縦弾性係数に反比例することを示している。　$A=\pi d^2/4=0.7854\,\mathrm{mm}^2$ より，

$$\delta = \frac{10\times1000}{0.7854\times21000} = 0.606\ \mathrm{mm} \qquad ⑤$$

ばねに作用する力 $P$ と伸び $\delta$ の関係は，次のようにおける。　⑥

$$P = k\delta$$

式④を荷重 $P$ について解くと，

$$P = \left(\frac{AE}{l}\right)\delta \qquad ⑦$$

式⑥と比べると，

$$k = \frac{AE}{l} \qquad ⑧$$

となり，鋼線のばね定数 $k$ は，

$$k = \frac{0.7854\times21000}{1000} = 16.49\ \mathrm{kgf/mm} \qquad ⑨$$

## 例題４

直径 $d=100\,\mathrm{mm}$ の軸が組み込まれたすべり軸受がある（右図）。軸に圧縮力が作用して，垂直応力 $\sigma$ が $\sigma=-200\,\mathrm{MPa}$（圧縮応力）のとき，軸表面が軸受の内面を拘束しないために必要な軸受の最小直径（内径）

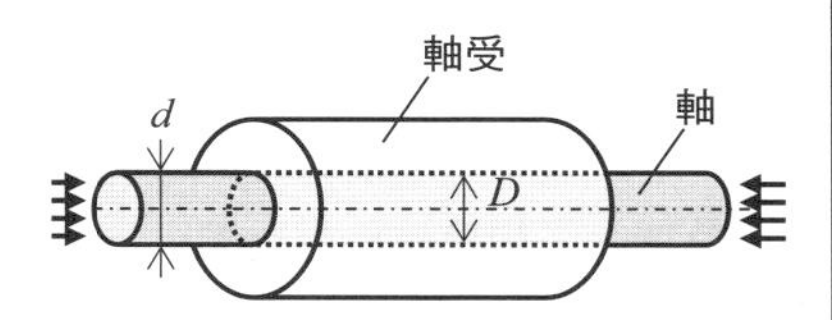

$D$ を求めよ。なお，軸の縦弾性係数 $E=206$ GPa，ポアソン比 $\nu=0.3$ とし，軸と軸受内面の表面粗さは無視できるものとする。

フックの法則より，軸に生じる垂直ひずみ $\varepsilon$ は，

$$\varepsilon=\frac{\sigma}{E}=\frac{-200\times10^{6}}{206\times10^{9}}=-9.709\times10^{-4} \qquad ①$$

軸に生じる横ひずみ $\varepsilon_l$ は，

$$\varepsilon_l=-\nu\varepsilon=0.3\times9.709\times10^{-4}=2.913\times10^{-4} \qquad ②$$

したがって，軸は $\varepsilon_l\times d$ だけ太くなるので，軸と軸受内面が接触しないために必要な軸受の最小内径 $D$ は，

$$D=d+\varepsilon_l\times d=100+2.913\times10^{-4}\times100 \fallingdotseq 100.03\ \text{mm} \qquad ③$$

## 2.4 許容応力と安全率

材料試験（引張試験等）により，材料に何らかの不都合を生じさせる応力がわかれば，これを材料の基準強さとして，この応力よりも低いある安全な応力を決めることができる。基準強さとしては，静荷重が作用する場合，延性材料では降伏強度（降伏点や 0.2％耐力等）が，また脆性材料では引張り強さが目安となる。繰り返し荷重が作用する場合には，第 11 章で述べる疲労限度が，また高温中での負荷ではクリープ限度が目安となる。このようにして決めた設計上許し得る安全な応力を，許容応力（allowable stress）または使用応力（working stress）という。許容応力と基準強さの比を安全率といい，

$$\text{安全率}=\frac{\text{基準強さ}}{\text{許容応力}}\ ,\ \text{あるいは，}\ \text{許容応力}=\frac{\text{基準強さ}}{\text{安全率}}$$

の関係がある。

安全率の取り方を決めるのは厄介であるが，一般に，外力判定の精度，応力計算の精度，使用材料の信頼性，機械の使用状況，荷重の加わり方等を考慮して決める。なお，安全率は法規で決められている場合もある。また，破損が大事故につながる場合には，安全率は大きく取る必要がある。

## 例題 5

図1に示すように，荷重 $W = 10$ ton（トン，1 ton = 1000 kgf）を軟鋼製ボルトでもたせようとするとき，ボルト頭部の高さ $h$ とボルトの直径 $d$ を求めよ。軟鋼の降伏点 $\sigma_y = 15$ kgf/mm$^2$，せん断強さ $\tau_f = 10$ kgf/mm$^2$ とし，安全率 $n$ を3とする。

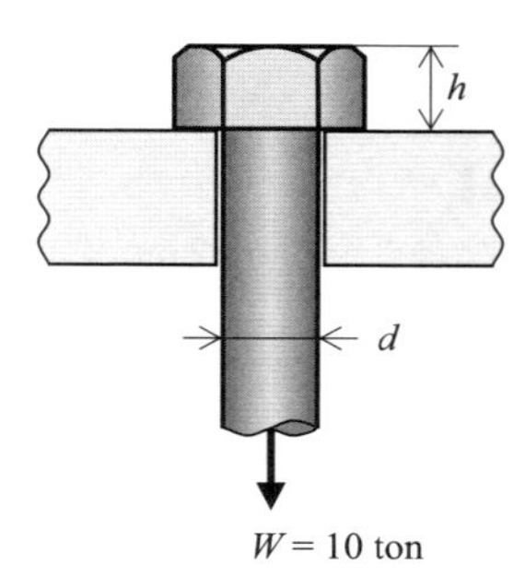

図1

ボルトの軸に生じる垂直応力 $\sigma$ は，

$$\sigma = \frac{W}{A} = \frac{4W}{\pi d^2} \qquad ①$$

また，許容応力 $\sigma_a$ は，

$$\sigma_a = \frac{\sigma_y}{n} = \frac{15}{3} = 5 \text{ kgf/mm}^2 \qquad ②$$

発生する垂直応力 $\sigma$ が許容応力 $\sigma_a$ となるようにおいて，ボルトの直径 $d$ について解くと，

$$d = \sqrt{\frac{4W}{\pi \sigma_a}} = \sqrt{\frac{4 \times 10000}{\pi \times 5}} = 50.5 \text{ mm} \qquad ③$$

せん断の生じる位置の面積を $A'$ とすると，④

$$A' = \pi d h$$

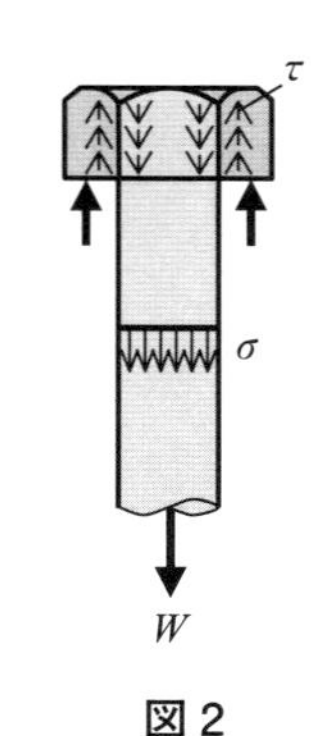


図2

したがって，発生するせん断応力 $\tau$ は，

$$\tau = \frac{W}{A'} = \frac{W}{\pi d h} \qquad ⑤$$

また，許容せん断応力 $\tau_a$ は

$$\tau_a = \frac{\tau_f}{n} = \frac{10}{3} = 3.33 \text{ kgf/mm}^2 \qquad ⑥$$

発生するせん断応力 $\tau$ が許容せん断応力 $\tau_a$ となるようにおいて，ボルト頭部の高さ $h$ について解くと，

$$h = \frac{W}{\pi d \tau_a} = \frac{10000}{\pi \times 50.5 \times 3.33} = 18.9 \text{ mm} \qquad ⑦$$

# 演習問題

**1** 直径 $d=20\,\mathrm{mm}$，長さ $l=2\,\mathrm{m}$ の鋼製丸棒に $P=39.2\,\mathrm{kN}$ の引張力を加えたとき，$\delta=1.2\,\mathrm{mm}$ の伸びを生じた。この材料の縦弾性係数 $E$ を求めよ。

**2** 引張荷重 180 kgf を受ける鋼製丸棒の引張強さを $30\,\mathrm{kgf/mm^2}$ とすると，安全に使用できるために必要な丸棒の直径 $d$ を求めよ。ただし，安全率 $n=3$ とする。

**3** 木製角柱Ⓐと Ⓑが図のように組み合わされて接合されている。引張荷重 $P=49\,\mathrm{kN}$ に耐えるように接合部の寸法 $l$ および $h$ を定めよ。ただし，材料の圧縮許容応力 $\sigma_a=4.9\,\mathrm{MPa}$，許容せん断応力 $\tau_a=0.8\,\mathrm{MPa}$ とし，角柱の横幅 $b$ を 20 cm とする。

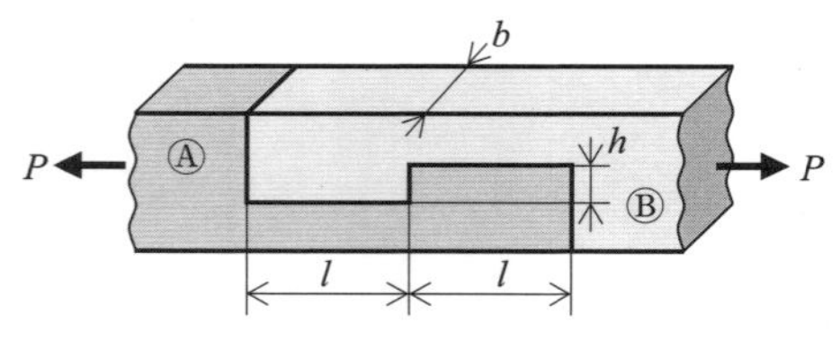


**4** 直径 $d=300\,\mathrm{mm}$ の丸軸に，$W=500\,\mathrm{ton}$ の引張荷重が作用するとき，直径の減少量を求めよ。ただし，材料の縦弾性係数 $E=2.1\times10^4\,\mathrm{kgf/mm^2}$，ポアソン比 $\nu=0.3$ とする。

**5**　図に示すように，厚さ $t=5\,\mathrm{mm}$ の鋼板に直径 $d=30\,\mathrm{mm}$ の丸穴をパンチを用いて打ち抜く。鋼板のせん断強さ $\tau_f=40\,\mathrm{kgf/mm^2}$ とすると，パンチに生じる圧縮応力はいくらか。

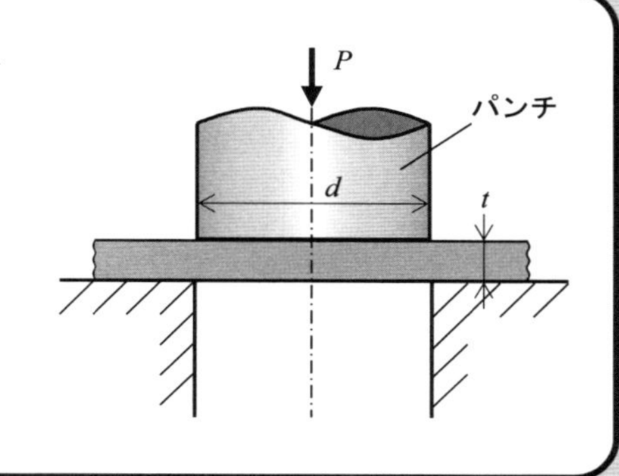

## コラム《2》　延性材料・脆性材料

材料には，大きな塑性変形を経た後破壊する材料と，ほとんど塑性変形を伴わずに破壊する材料がある。前者を延性材料（ductile material），後者を脆性材料（brittle material）という。丸棒を用いた引張試験では，延性材料の破断部はカップ＆コーン状を呈する（図(a)）。これは，最大のせん断応力が引っ張った方向に対して45°方向に生じるため，それにより転位が動いて微細き裂が丸棒の周囲に生じ，くびれを生じた後引張応力により丸棒の中央部付近に伝播・破断するためである。一方，脆性材料では図(b)のような破断を生じ，破面を貼り付けることができればその形状はもとの状態に近くなる。なお，延性・脆性という性質は使用時の温度等にも依存する。

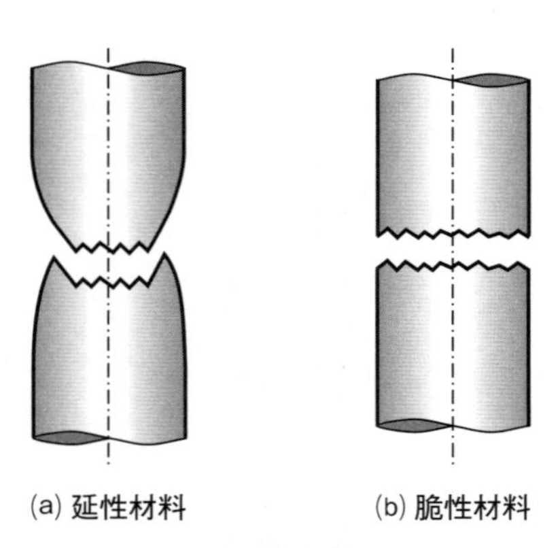

(a) 延性材料　　(b) 脆性材料

**引張試験における破断部付近の様子**

# 第3章　引張と圧縮

本章では，棒要素および棒要素が組み合わされた構造物に生じる応力と変形，温度の変化に伴って生じる熱応力，および応力集中について学ぶ。

## 3.1　棒要素に生じる応力と変形

### (a)　単純棒

図 3-1 のように，断面が一様な長さ $l$，断面積 $A$ の棒の上端を剛性板（力が作用しても変形しないとみなせる板）に固定し，下端に外力 $P$ を加えて引っ張るものとする。なお，棒には外力の他に自重が作用する。このときに棒に生じる応力は，外力のみが作用するときと自重のみが作用するときのそれぞれの応力の和となる。変形についても同様である。このような扱いは，多くの場合に適用され，これを重ね合わせの原理という。

まず，外力 $P$ のみが作用するとき，棒に生じる応力 $\sigma$ とひずみ $\varepsilon$ は，第 2 章式 (2-1) および (2-4) より

$$\sigma=\frac{P}{A}$$

$$\varepsilon=\frac{\delta}{l}$$

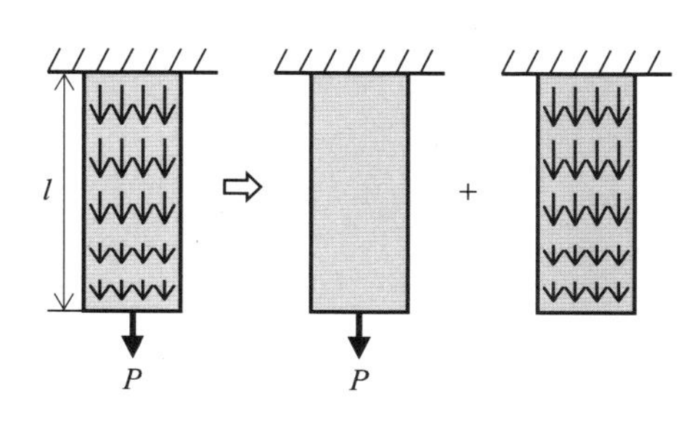


図 3-1　外力と自重を受ける棒

これらの式を，フックの法則 $\sigma=E\varepsilon$ に代入し，棒の伸び $\delta$ について解くと，

$$\delta=\frac{Pl}{AE} \qquad (3\text{-}1)$$

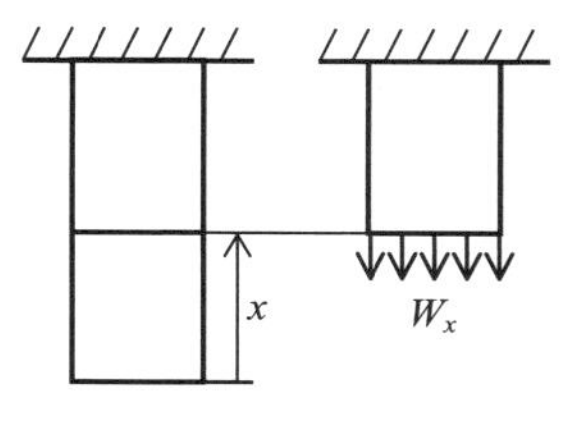


図 3-2　自重による内力

次に，棒に自重のみが作用するときを考える。棒の単位体積あたりの重さ (比重量) を $\gamma$ とすると，下端より $x$ の位置の内力 $W_x$ は（図 3-2），

$$W_x = \gamma A x$$

したがって，$x$ の位置の垂直応力 $\sigma_x$ は，

$$\sigma_x = \frac{W_x}{A} = \gamma x \tag{3-2}$$

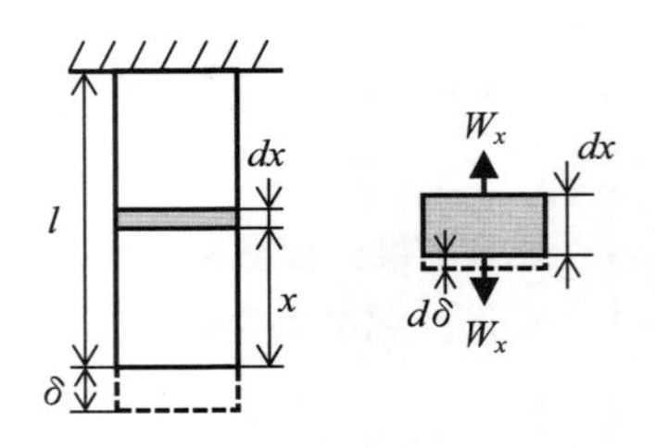


図 3-3　自重による伸び

自重による棒の伸びを求めるには，図 3-3 に示すように，内力の変化が無視できるほどの微小素片 $dx$ に対する伸び $d\delta$ を求め，それを積分する。すなわち，

$$d\delta = \frac{W_x\,dx}{AE} = \frac{\gamma Axdx}{AE} = \frac{\gamma x}{E}dx$$

$$\therefore \delta = \int d\delta = \int_0^l \frac{\gamma x}{E}dx = \frac{\gamma}{E}\left[\frac{x^2}{2}\right]_0^l = \frac{\gamma l^2}{2E} \tag{3-3}$$

外力と自重が同時に作用したとき，$x$ の位置に生じる応力 $\sigma$ は，式 (2-1) と式 (3-2) の和となり，

$$\sigma = \frac{P}{A} + \gamma x \tag{3-4}$$

最大の応力 $\sigma_{\max}$ は，$x = l$ の位置（上端部）に発生し，

$$\sigma_{\max} = \frac{P}{A} + \gamma l \tag{3-5}$$

また，外力と自重が同時に作用したときの棒の伸び $\delta$ は，式 (3-1) と式 (3-3) の和となり，

$$\delta = \frac{Pl}{AE} + \frac{\gamma l^2}{2E} \tag{3-6}$$

なお，多くの場合，外力による応力に比べて自重による応力は小さいため，自重は無視されることが多い。

**例題 1**

比重量 $\gamma = 7.85 \times 10^{-3}$ kgf/cm$^3$ の鋼製棒を垂直につり下げる。棒の許容応力 $\sigma_a = 500$ kgf/cm$^2$ とすると，自重のみの作用下で安全につり下げることができる棒の長さ $l$ を求めよ。

最大応力 $\sigma_{max}$ は上端部に生じるので，式(3-2)で $x=l$ とおくと，

$$\sigma_{max}=\gamma l \quad ①$$

この応力を許容応力 $\sigma_a$ に等しいとして $l$ を求めると，

$$l=\frac{\sigma_a}{\gamma}=\frac{500}{7.85\times10^{-3}}\ \text{cm}=637\ \text{m} \quad ②$$

### (b)　遠心力を受ける棒

回転機器等では，遠心力を受けて応力が生じる部分がある。ここでは，単純棒が回転するときに発生する応力と変形を考えてみる。図 3-4(a)のように，断面一様な棒（断面積:$A$）が $N$ [rpm（revolutions per minute）] で回転すると，遠心力の大きさは棒の位置により変化する。そこで，棒の先端から $\xi$ の位置に生じる遠心力 $P_\xi$ を求める。

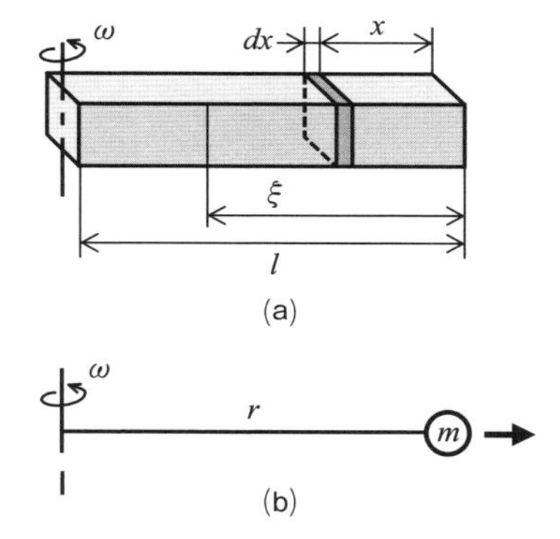

図 3-4　遠心力を受ける棒

動力学によると，図 3-4(b)のように，長さ $r$ のひもで結ばれた質量 $m$ の質点を，角速度 $\omega$ [rad/s] で回転させると，遠心力によりひもに作用する張力 $F$ は，

$$F=mr\omega^2 \quad (3\text{-}7)$$

一方，棒は連続体であるので，棒の微小部分を考え，それを質点とみなしてこの式を利用する。先端より $x$ 離れた位置にある微小部分 $A\,dx$ が $\xi$ の位置に及ぼす張力 $dP$ は

$$dP=\frac{\gamma A\,dx}{g}(l-x)\,\omega^2 \quad ;g：重力加速度，\omega：角速度，\gamma：比重量$$

$N$ [rpm] で回転しているとすると，$\omega=2\pi N/60$ [rad/s] であるので

$$dP=\frac{\gamma A\,dx}{g}(l-x)\left(\frac{2\pi N}{60}\right)^2$$

$\xi$ の位置の内力 $P_\xi$ は

$$P_\xi = \int_0^\xi dP = \frac{\gamma A}{g}\left(\frac{2\pi N}{60}\right)^2 \int_0^\xi (l-x)\,dx = \frac{\gamma A \pi^2 N^2}{900\,g}\left[lx - \frac{x^2}{2}\right]_0^\xi$$

$$= \frac{\gamma A \pi^2 N^2}{900\,g}\left(l\,\xi - \frac{\xi^2}{2}\right)$$

したがって，$\xi$ の位置の応力 $\sigma_\xi$ は

$$\sigma_\xi = \frac{P_\xi}{A} = \frac{\gamma \pi^2 N^2}{900 g}\left(l\xi - \frac{\xi^2}{2}\right) \tag{3-8}$$

最大の応力は $\xi = l$ の部分に生じる。たとえば，$\gamma = 0.0078\,\mathrm{kgf/cm^3}$，$l = 100\,\mathrm{cm}$，$N = 2000\,\mathrm{rpm}$ とすると，

$$\sigma_{\max} = \sigma_{\xi=l} = \frac{\gamma \pi^2 N^2 l^2}{1800\,g} = \frac{0.0078 \times 2000^2 \times 100^2 \times \pi^2}{1800 \times 980}$$

$$= 1746\ \mathrm{kgf/cm^2} \fallingdotseq 17.5\ \mathrm{kgf/mm^2}$$

また，$\xi$ の位置にある微小部分 $d\xi$ の伸び $d\lambda$ は

$$d\lambda = \frac{P_\xi\, d\xi}{AE} = \frac{\gamma \pi^2 N^2}{900\,gE}\left(l\,\xi - \frac{\xi^2}{2}\right)d\xi$$

したがって，全伸び $\lambda$ は，縦弾性係数 $E = 2.1 \times 10^6\,\mathrm{kgf/cm^2}$ とすると，

$$\lambda = \int_0^l d\lambda = \frac{\gamma \pi^2 N^2}{900gE}\int_0^l \left(l\,\xi - \frac{\xi^2}{2}\right)d\xi = \frac{\gamma \pi^2 N^2}{900gE}\left[\frac{l\xi^2}{2} - \frac{\xi^3}{6}\right]_0^l = \frac{\gamma \pi^2 N^2}{900gE}\cdot\frac{l^3}{3}$$

$$= \frac{0.0078 \times \pi^2 \times 2000^2 \times 100^3}{900 \times 980 \times 2.1 \times 10^6 \times 3} = 0.055\ \mathrm{cm} = 0.55\ \mathrm{mm}$$

### (c) 中間荷重を受ける棒

多くの中間荷重が作用するときの軸力の求め方を，図 3-5 を例にとって示す。既知の外力 $P_1 \sim P_4$ が作用するとき，棒の AB 部，BC 部および CD 部にはそれぞれ異なる軸力が生じる。これらの軸力を求めるために，同図(a)のように外力の作用する部分を取り出して自由物体図を作る。このような部分を“仮想節点”といい，外力は“仮想節点”に作用するものとして扱う。自由物体図を作る際，切断した部分の棒側から作用する内力は，その大きさと向きを仮定して記入する。たとえば，節点 B に作用する力は，外力 $P_2$ に加え棒 AB 側から内力 $P_{BA}$ および棒 BC 側からの内力 $P_{BC}$（いずれも仮定した力）である。各節点における力のつり合い式を立てると，

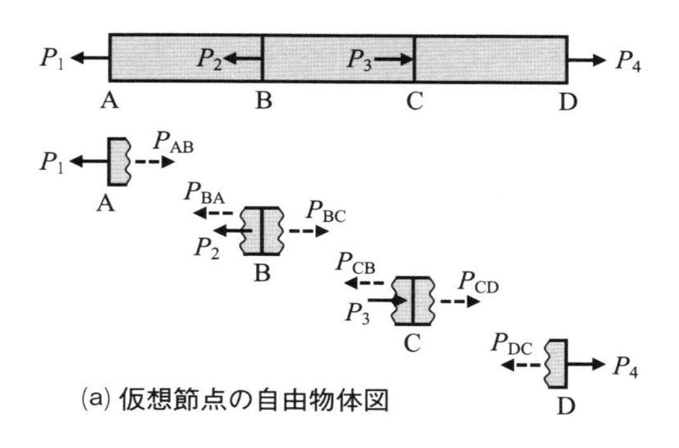


(a) 仮想節点の自由物体図

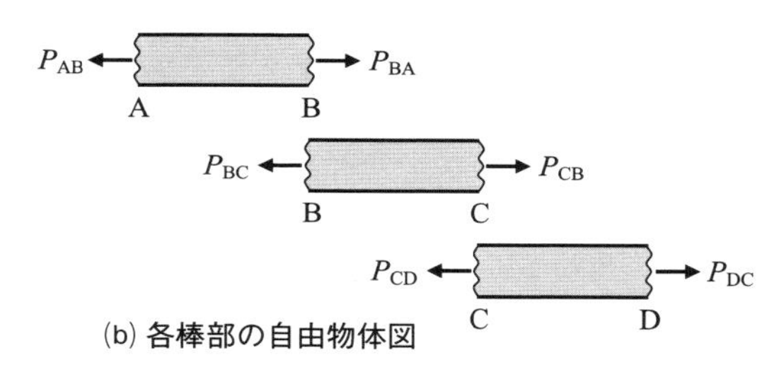


(b) 各棒部の自由物体図

**図 3-5　中間荷重を受ける棒**

節点 A：$P_{AB} - P_1 = 0$

節点 B：$P_{BC} - P_2 - P_{BA} = 0$

節点 C：$P_{CD} - P_{CB} + P_3 = 0$

節点 D：$P_4 - P_{DC} = 0$

また，棒 AB 部，BC 部，CD 部についての自由物体図は同図(b)の通りである。このとき，各棒端部に作用する力は，各節点の自由物体図を作る際に仮定した力から作用反作用の法則を考慮して書き込む。各棒部に対して力のつり合い式を立てると，

AB 部：$P_{BA} - P_{AB} = 0$

BC 部：$P_{CB} - P_{BC} = 0$

CD 部：$P_{DC} - P_{CD} = 0$

以上の式を解くと，

$P_{AB} = P_{BA} = P_1$

$P_{BC} = P_{CB} = P_1 + P_2$

$P_{DC} = P_{CD} = P_4$

以上の方法は，より複雑な外力が作用した場合にも適用できる。

### (d) 不静定棒

これまで扱った棒の解析では，つり合い式のみで内力を求めることが可能であり，このような問題を静定（statically determinate）問題という。一方，つり合い式のみでは解析ができない問題も多々存在する。このような問題を，不静定（statically indeterminate）問題という。以下，不静定棒の例を2つ示す。

(1) 図3-6に示すように，管Bにボルト A を通し，剛性座金Cを介してナットで締め付けるときの問題を考える。なお，ボルトのピッチ（ナットを1回転させたときにボルトの軸方向に進む長さ）を $p$ とする。管の両端が剛性座金を介してボルト・ナットと軽く接触している初期の状態（同図(a)）から，ナットDを回転させて管を締め付けると，管は圧縮され，一方ボルトには管からの反力により引張り力が働く。

剛性座金に対する自由物体図（同図(d)）より，

$$\sigma_1 A_1 - \sigma_2 A_2 = 0 \tag{3-9}$$

（$\sigma_1$：ボルトに生じる引張応力，$\sigma_2$：管に生じる圧縮応力）

ボルトを剛体とすると，ナットDを $n$ 回転することにより管は $np$ 縮むことになる（同図(b)）が，実際にはボルトも弾性体であり管からの反力により伸びるため，$np$ はボルトの伸び $\lambda_1$ と管の縮み $\lambda_2$ により吸収される（同図(c)）。すなわち，

$$\lambda_1 + \lambda_2 = np \tag{3-10}$$

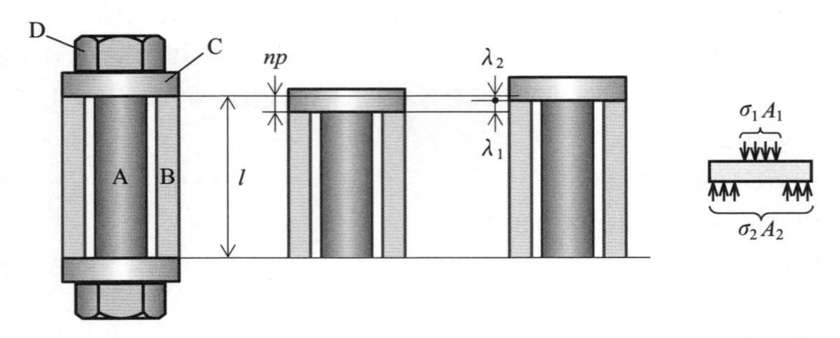


(a) 初期の状態　(b) ボルトを剛体と仮定したとき　(c) 実際の変形状態　(d) 剛性座金に作用する力

図3-6　管の増し締めの問題

この問題を解くには，つり合い式（式(3-9)）に加え，変形の条件式（式(3-10)）が必要であり，不静定問題のひとつである。

ボルトと管の初期長さを $l$，ボルトの断面積とヤング率をそれぞれ $A_1$，$E_1$，また管のそれらを $A_2$，$E_2$ とし，ボルトに生じるひずみを $\varepsilon_1$，管のそれを $\varepsilon_2$ とすると，

$$\lambda_1 = \varepsilon_1 l = \frac{\sigma_1 l}{E_1} \quad , \quad \lambda_2 = \varepsilon_2 l = \frac{\sigma_2 l}{E_2} \qquad (3\text{-}11),\ (3\text{-}12)$$

式(3-11)，式(3-12)を式(3-10)に代入し，式(3-9)を用いると，

$$\lambda_1 = \frac{npE_2 A_2}{E_1 A_1 + E_2 A_2} \qquad (3\text{-}13)$$

$$\lambda_2 = \frac{npE_1 A_1}{E_1 A_1 + E_2 A_2} \qquad (3\text{-}14)$$

したがって，ボルトに生じる引張応力 $\sigma_1$ と管に生じる圧縮応力 $\sigma_2$ は，

$$\sigma_1 = \varepsilon_1 E_1 = \frac{\lambda_1}{l} E_1 \quad , \quad \sigma_2 = \varepsilon_2 E_2 = \frac{\lambda_2}{l} E_2 \qquad (3\text{-}15),\ (3\text{-}16)$$

(2)　図3-7のように，段付き棒がその両端を溶接で剛性壁に固定され，外力 $P$ を受けている。このときの段付き棒に作用する応力を求める。

図のように，壁から作用する力をそれぞれ $P_b$ と $P_s$ とすると，つり合い条件式は，

$$P - P_b - P_s = 0 \qquad (3\text{-}17)$$

未知力 $P_b$ と $P_s$ を求めるにはつり合い条件式に加えて，次の変形条件（適合条件ともいう）を加える必要がある。剛性壁間の距離は変化しないので，棒AC部が伸びた量 $\lambda_b$ だけ棒CB部が縮むため，CB部の縮む量を $\lambda_s$ とすると，

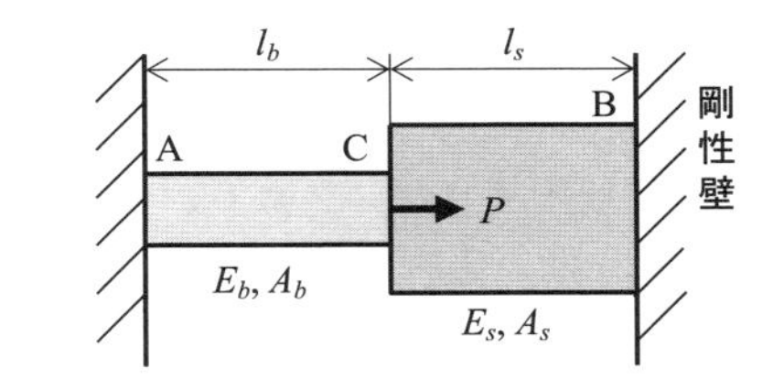


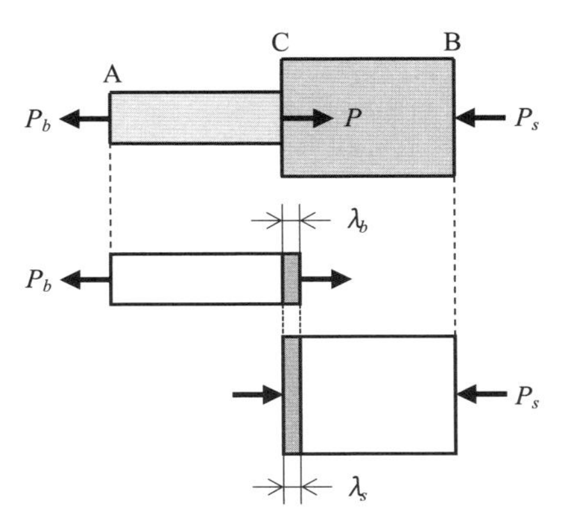


図3-7　段付き棒に作用する応力

$$\lambda_b = \lambda_s \tag{3-18}$$

それぞれの変形量 $\lambda_b$, $\lambda_s$ は,

$$\lambda_b = \frac{P_b\, l_b}{A_b E_b} \quad , \quad \lambda_s = \frac{P_s\, l_s}{A_s E_s}$$

これらを式(3-18)に代入した式と式(3-17)より,

$$P_b = \frac{P}{1 + \dfrac{A_s E_s}{A_b E_b} \cdot \dfrac{l_b}{l_s}} \quad , \quad P_s = \frac{P}{1 + \dfrac{A_b E_b}{A_s E_s} \cdot \dfrac{l_s}{l_b}}$$

これらの軸力を用いて応力を求めると,

$$\sigma_s = \frac{P_s}{A_s} \quad , \quad \sigma_b = \frac{P_b}{A_b}$$

得られた軸力あるいは応力には，外力に加え，棒の形状（長さと断面積）とヤング率が入ってくることに注意したい。不静定問題は，この例によらず同様なことがいえる。

## 例題 2

銅製円筒（ヤング率 $E_c$, 断面積 $A_c$）に鋼製円柱（ヤング率 $E_s$, 断面積 $A_s$）をはめ込み，剛性板を介して $P$ の力で圧縮する。円筒および円柱に生じる応力 $\sigma_c$, $\sigma_s$ を求めよ。

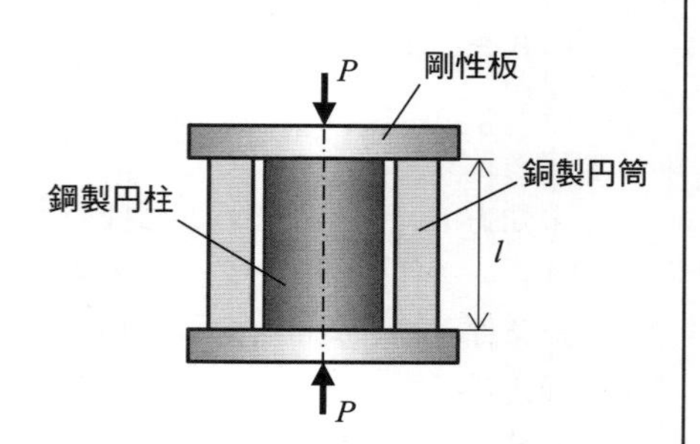


銅製円筒に作用する圧縮力を $P_c$, 鋼製円柱のそれを $P_s$ とすると,

$$P_c + P_s = P \qquad ①$$

銅製円筒の圧縮量 $\lambda_c$ は,

$$\lambda_c = \frac{P_c\, l}{A_c E_c} \qquad ②$$

また，鋼製円柱の圧縮量 $\lambda_s$ は,

$$\lambda_s = \frac{P_s\, l}{A_s E_s} \qquad ③$$

両者は等しく，$\lambda_c = \lambda_s$ より,

$$\frac{P_c}{A_c E_c} = \frac{P_s}{A_s E_s} \qquad ④$$

式①と④より，

$$P_c = \frac{A_c E_c}{A_c E_c + A_s E_s} \cdot P \qquad ⑤$$

$$P_s = \frac{A_s E_s}{A_c E_c + A_s E_s} \cdot P \qquad ⑥$$

これより，

$$\sigma_c = \frac{P_c}{A_c} = \frac{E_c}{A_c E_c + A_s E_s} \cdot P \qquad ⑦$$

$$\sigma_s = \frac{P_s}{A_s} = \frac{E_s}{A_c E_c + A_s E_s} \cdot P \qquad ⑧$$

式⑦，⑧より，発生する応力はヤング率の大きい鋼製円柱の方が大きくなることがわかる。

## 3.2　トラス構造

多くの棒（部材）の両端を，摩擦のないピンで結合して組み立てられた構造をトラス構造という。トラス構造では，部材の結合点である節点に外力が加わると，各部材には引張あるいは圧縮の内力のみが作用する。なお，実際の構造は必ずしも摩擦のないピンで結合されていないが，細長い棒材を結合して作られた構造物は，近似的にトラス構造として解析することが多い。ここでは，トラス構造の解析について，静定トラスと不静定トラスの例をひとつずつ取り上げる。

### (a)　静定トラスの例

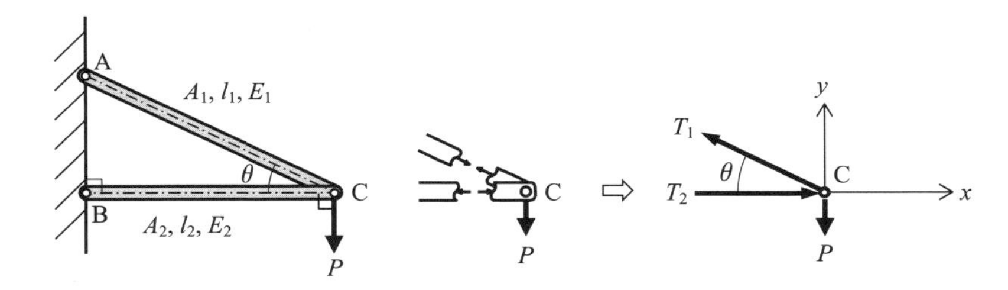


図 3-8　静定トラス構造

図 3-8 のように，2 本の部材から作られたトラス構造に外力 $P$ が作用するとき，各部材に生じる軸力と変形を求める。節点 C を自由物体として，そのつり合いを考えると，$x$ 方向と $y$ 方向の力のつり合い式は，

$$x \text{ 方向}：T_2 - T_1 \cos\theta = 0$$

$$y \text{ 方向}：T_1 \sin\theta - P = 0$$

つり合い式を立てる際，軸力の作用方向はあらかじめわかっていないので仮定する。なお，仮定した方向が正しいか否かは，解析結果の正負の値から判断できる。また，構造の変形は小さいので，つり合い式は変形前の形状に対して立てればよい。これを微小変形理論といい，材料力学ではよく用いられる理論である。両式を解くと，

$$T_1 = \frac{P}{\sin\theta} \quad , \quad T_2 = \frac{P}{\tan\theta}$$

このトラス構造は，つり合い式のみで解くことができるため，静定トラスのひとつである。

取り上げたトラス構造の変形は，節点 C の変位（displacement）がわかれば十分である。今，部材 AC（初期長さ $l_1$）の軸方向の変形量（この場合は，引張力 $T_1$ の作用で生じる伸び）を $\delta_1$ とし，部材 BC（初期長さ $l_2$）に作用する軸方向の変形量（圧縮力 $T_2$ による縮み）を $\delta_2$ とする。変形した後，節点 C はこの両方の変形を同時に満足する位置に移動する。この位置を求めるには，節点 A を中心に半径（$l_1 + \delta_1$）の円を描き，また節点 B を中心に半径（$l_2 - \delta_2$）の円を描いてそれらが交わる点を求める。しかし，部材の長さに比べてその変形はきわめて小さく，そのような扱いは困難なため，実際問題としては，図 3-9 に示すように，$C_1$ から AC に対して垂線を，また $C_2$ から BC に対して垂線をたてて両垂線が交わる位置 D を求める。部材 AC の伸びは $\delta_1 = T_1 l_1 / (A_1 E_1)$，部材 BC の縮みは $\delta_2 = T_2 l_2 / (A_2 E_2)$

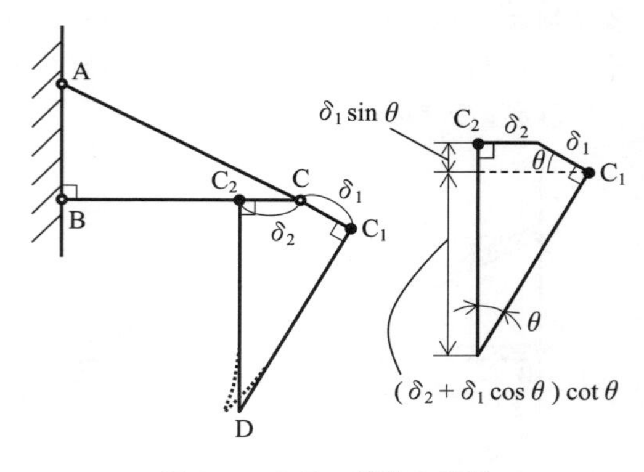


図 3-9　トラス構造の変形

であるので，C 点の水平方向の変位 $\delta_h$ は，

$$\delta_h = \delta_2$$

C 点の垂直方向の変位 $\delta_v$ は，図 3-9 に示す幾何学的関係から，

$$\delta_v = \delta_1 \sin\theta + (\delta_2 + \delta_1 \cos\theta)\cot\theta$$

となる。

### (b)　不静定トラスの例

図 3-10 に示ように，3 つの部材が左右対称に配置されたトラス構造に外力 $P$ が作用する場合を考える。節点 D の自由物体図を作り，左右の対称性を考慮して鉛直方向の力のつり合い式を作ると，

$$T_1 + 2T_2 \cos\alpha - P = 0 \quad (3\text{-}19)$$

つり合い式のみでは未知力である軸力 $T_1$，$T_2$ は定まらないため，変形条件式も用いる。部材 BD と AD または CD の伸びをそれぞれ $\delta_A$，$\delta_B$ とすると，それらは各軸力を用いて次のようにおける。

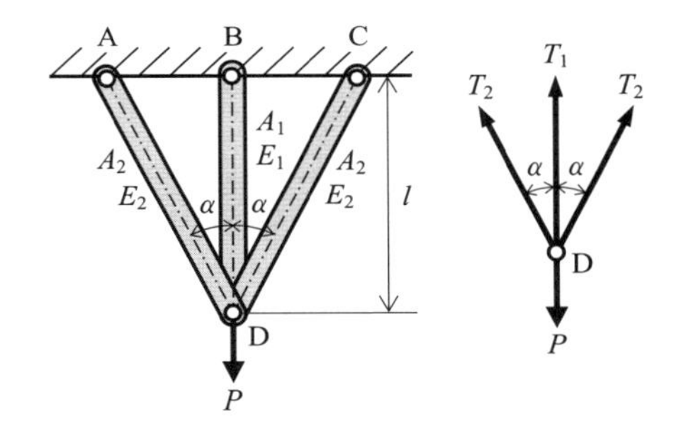


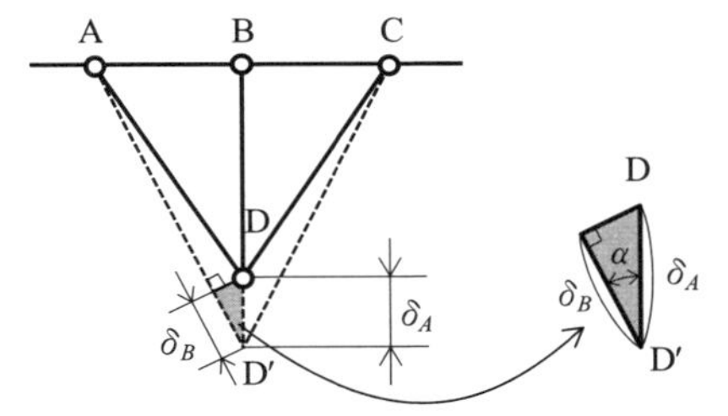


図 3-10　不静定トラス構造

$$\delta_A = \frac{T_1 l}{A_1 E_1} \quad , \quad \delta_B = \frac{T_2\left(\dfrac{l}{\cos\alpha}\right)}{A_2 E_2} \qquad (3\text{-}20),\ (3\text{-}21)$$

外力 $P$ により，節点 D が D′ に変位するとき，部材 AD の伸び $\delta_B$ は近似的に D から AD′ に垂線を引いて求めることができる。この伸び $\delta_B$ は，部材 BD の伸び $\delta_A$ と次の関係が存在する。

$$\delta_A \cos\alpha = \delta_B \qquad (3\text{-}22)$$

この変形条件式（適合条件式）に式 (3-20)，式 (3-21) を代入し，つり合い式（式 (3-19)）と連立させて解くと

$$T_1 = \frac{P}{1 + \dfrac{2A_2E_2}{A_1E_1}\cos^3\alpha} \quad , \quad T_2 = \frac{P\cos^2\alpha}{\dfrac{A_1E_1}{A_2E_2} + 2\cos^3\alpha}$$

なお，角度$\alpha$は変形前後にわずかに変化するが，その変化量は非常に小さいので無視できる。これらの結果から明らかなように，不静定トラスでは軸力にトラス構造の形状のみならず各部材の断面積とヤング率も関係してくることがわかる。

静定・不静定トラス構造に関わらず，多元の連立一次方程式を解く必要のある構造に対しては，有限要素法（FEM）等の数値計算法が用いられている。

**例題３**

図１に示すように，長さ$l = 10\,\mathrm{m}$の２本の棒からなるトラス構造（傾斜角$\theta = 30°$）がある。その中央B点に垂直荷重$P = 5000\,\mathrm{kgf}$が作用するとき，棒の安全横断面積$S$を求めよ。ただし，棒材の許容応力$\sigma_a = 800\,\mathrm{kgf/cm^2}$とする。

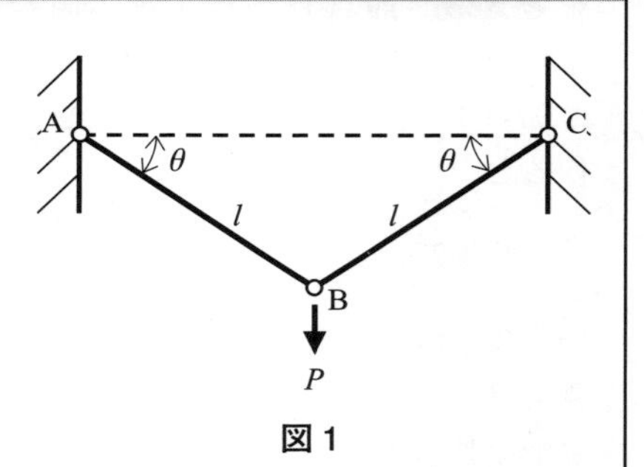

図１

棒に生じる軸力を$T$とすると，節点Bの自由物体図は，図２のようになる。

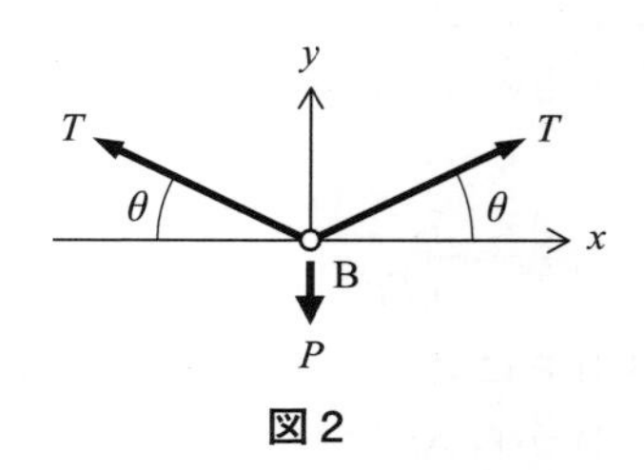

図２

$y$方向の力のつり合い式は

$$2T\sin\theta - P = 0 \quad ①$$

$$\therefore T = \frac{P}{2\sin\theta} = \frac{P}{2\sin 30°} = P = 5000\,\mathrm{kgf} \quad ②$$

棒に生じる応力$\sigma$を許容応力$\sigma_a$と等しくおくと，

$$\sigma = \frac{T}{S} = \sigma_a \quad ③$$

より

$$S = \frac{T}{\sigma_a} = \frac{5000}{800} = 6.25\ \mathrm{cm}^2 \qquad ④$$

## 3.3 熱応力

材料は，温度が変化することにより伸縮する。そのため，機械や構造物を構成する部材間に温度や材質の違いがあると，伸縮量に差違を生じる。このような伸縮が何らかの形で妨げられると，応力が発生する。この応力を，外力による応力と区別して，熱応力（thermal stress）という。

温度 1℃の変化によって生じる単位長さあたりの伸縮量を線膨張係数という。線膨張係数はある温度範囲で一定である。代表的な材料の線膨張係数を，表 3-1 に示す。

熱応力を求める基本は，まず温度変化による拘束を取り除いたときの変形量を求め，次に拘束を考慮してその変形量に対応するひずみを求めて熱応力を計算することである。たとえば，図 3-11 に示す両端が固定された棒の熱応力を考える。長さ $l$ の棒を温度 $t_0$℃のときにその両端を剛性壁に固定し，その後 $t$℃まで温度が上昇したときの熱応力を求める。剛性壁の一端を取り除くと，棒の自由膨張量は $\alpha(t-t_0)l$（$\alpha$：線膨張係数）となる。実際にはこの自由膨張は拘束されて許されないので，熱応力に関係するひずみ $\varepsilon$ は，

**表 3-1　代表的な材料の線膨張係数（20 ～ 40℃）**

| | |
|---|---|
| 軟鋼 | $1.12 \times 10^{-5}$/℃ |
| 硬鋼 | $1.07 \times 10^{-5}$/℃ |
| 鋳鉄 | $0.92 \sim 1.18 \times 10^{-5}$/℃ |
| 銅 | $1.68 \times 10^{-5}$/℃ |
| 黄銅 | $1.84 \times 10^{-5}$/℃ |
| アルミ | $2.31 \times 10^{-5}$/℃ |

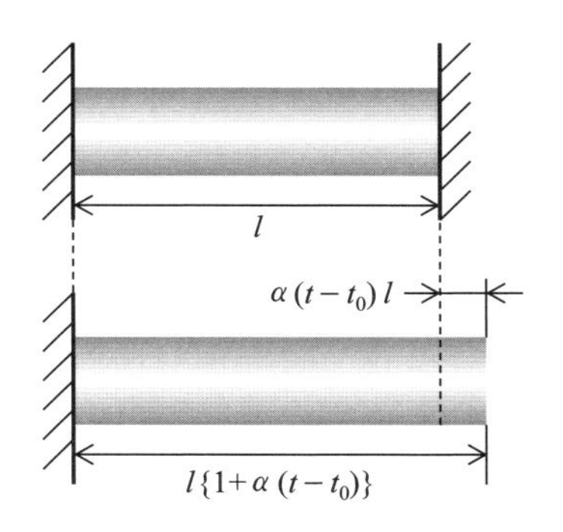


**図 3-11　両端が固定された棒の熱応力**

$$\varepsilon = \frac{\alpha(t-t_0)l}{l\{1+\alpha(t-t_0)\}}$$

線膨張係数$\alpha$は，表3-1に示すように1に比べて十分小さく，分母の第2項は第1項に比べて無視できるので，

$$\varepsilon \fallingdotseq \alpha(t-t_0)$$

したがって熱応力$\sigma$は，

$$\sigma = E\varepsilon = E\alpha(t-t_0) \tag{3-23}$$

以下に，熱応力に関する基本的な問題を3例取り上げる。

(1) 昼間$t_0$℃のときに，$\sigma_0$の引張応力を加えて針金を柱間に取り付けた。夜間に気温が$t$℃まで下がったときの針金に生じる応力を求める。

この例は，外力による応力と熱応力が同時に作用するときの例であるが，基本的な考え方として，引張応力を加えたまま柱の一方を取り去って自由変形させ，熱応力を求める。図3-12のように，温度が低下することにより拘束のない針金は$\alpha(t_0-t)l$だけ縮む。実際にはこの変形は許されず，熱応力の発生に関係する引張のひずみ$\varepsilon$は，

$$\varepsilon = \alpha(t_0-t)$$

となり，熱応力$\sigma'$は，ヤング率$E$を掛けることにより，

$$\sigma' = E\alpha(t_0-t)$$

となる。夜間に針金に生じる応力は，外力による引張応力と引張の熱応力の和となり，

$$\sigma = \sigma_0 + \sigma' = \sigma_0 + E\alpha(t_0-t)$$

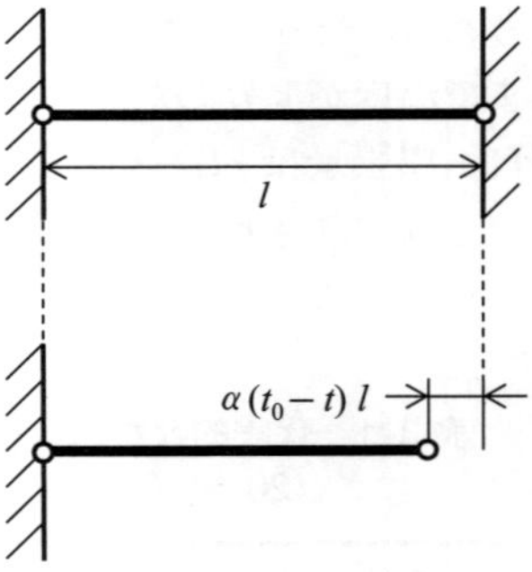

**図3-12　引張応力を加えた針金の熱応力**

(2) 剛性壁間に固定された段付き棒に，$\Delta t$の温度上昇があったとき棒の各部（AC部とCB部）に生じる熱応力を求める。なお，棒の各部の長さ，断面積およびヤング率，線膨張係数は図3-13に示す通りとする。

基本的な考え方は，この場合も同じであり，剛性壁の片側を取り除いて自由変形させると，棒は全体として，

$$(\alpha_1 l_1 + \alpha_2 l_2)\Delta t$$

だけ膨張する。実際にはこの変形は剛性壁による拘束で許されないため，熱応力が生じる。剛性壁から作用する力 $P$ により，この変形分だけ縮めると考えると，AC 部，CB 部にはともに同じ大きさの内力 $P$ が生じるので，次式が成立する。

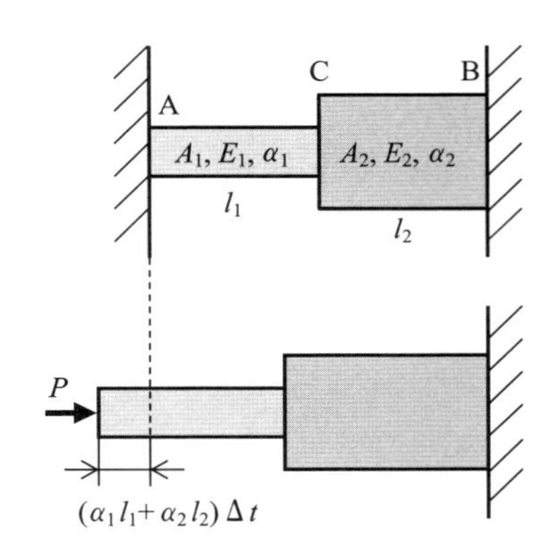


図 3-13　段付き棒の熱応力

$$\frac{Pl_1}{A_1E_1} + \frac{Pl_2}{A_2E_2} = (\alpha_1 l_1 + \alpha_2 l_2)\Delta t$$

したがって，

$$P = \frac{(\alpha_1 l_1 + \alpha_2 l_2)\Delta t}{\left(\dfrac{l_1}{A_1E_1} + \dfrac{l_2}{A_2E_2}\right)}$$

棒の各部に生じる圧縮の熱応力 $\sigma_1$ と $\sigma_2$ は，

$$\sigma_1 = \frac{P}{A_1}\quad,\quad \sigma_2 = \frac{P}{A_2}$$

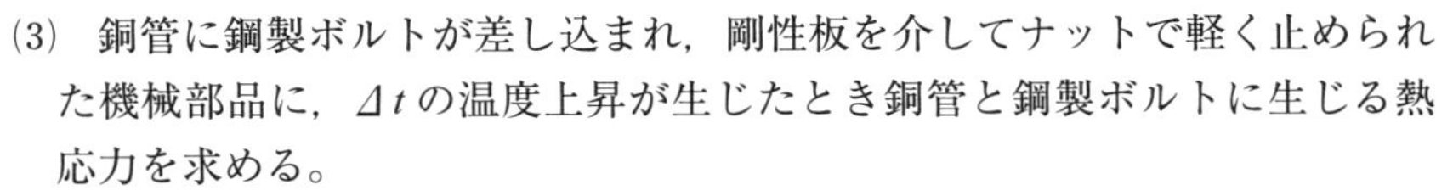

(3)　銅管に鋼製ボルトが差し込まれ，剛性板を介してナットで軽く止められた機械部品に，$\Delta t$ の温度上昇が生じたとき銅管と鋼製ボルトに生じる熱応力を求める。

銅管も鋼製ボルトも共に熱膨張をするが，線膨張係数の違いにより熱応力が発生する。今，図 3-14 のように剛性板の一方を取り外して自由膨張させると，銅の線膨張係数 $\alpha_c$ が鋼のそれ $\alpha_s$ より大きいため，膨張量に差が生じる。実際にはこの違いは許されず，銅管は鋼製ボルト側から圧縮の力を受け，また鋼製ボルトは同じ大きさの引張力を受けて，図 3-14 のように剛性板の下面は次の条件を満たす位置 a－a となる。すなわち，鋼製ボルトの熱膨張量 $\alpha_s \Delta tl$

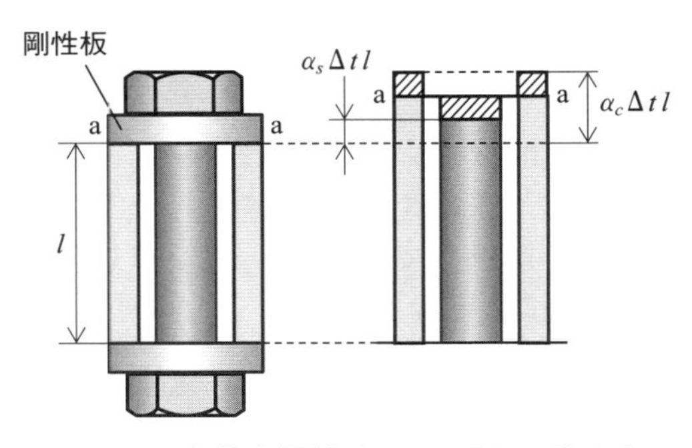


図 3-14　銅管と鋼製ボルトに生じる熱応力

と鋼製ボルトに生じる引張の内力 $X$ による伸び量の和は，銅管の熱膨張量 $\alpha_c \Delta t l$ から銅管に生じる圧縮の内力 $X$ による縮み量の差に等しくなり，次式が得られる。

$$\alpha_s \Delta t l + \frac{X l}{A_s E_s} = \alpha_c \Delta t l - \frac{X l}{A_c E_c}$$

これから $X$ は，

$$X = \frac{(\alpha_c - \alpha_s) \Delta t}{\dfrac{1}{A_s E_s} + \dfrac{1}{A_c E_c}}$$

銅管および鋼製ボルトの熱応力 $\sigma_c$ と $\sigma_s$ は，

$$\sigma_s = \frac{X}{A_s} \quad \text{（引張応力）}$$

$$\sigma_c = \frac{X}{A_c} \quad \text{（圧縮応力）}$$

## 3.4 残留応力・初期応力

熱処理や溶接などに伴う材料の不均一な変態，あるいはショットピーニング処理などによる塑性変形により，外力が作用しなくても材料内部に応力が生じることがある。これを残留応力（residual stress）という。また，機械・構造物を組み立てる際，寸法の誤差などにより初期応力（initial stress）が発生する場合もある。このような応力は，外力による応力と同程度あるいはそれ以上となることもあり，その場合には考慮する必要がある。

**例題 4**

図 1 に示すトラス構造において，長さ $l$ であるべき鉛直部材 BD を $l+a$ として製作し，節点 D で部材 AD と CD に組み付ける。このとき各部材に生じる初期応力を求めよ。

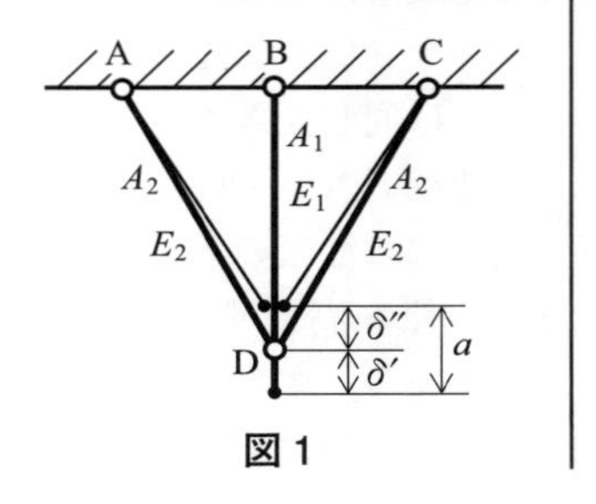


図 1

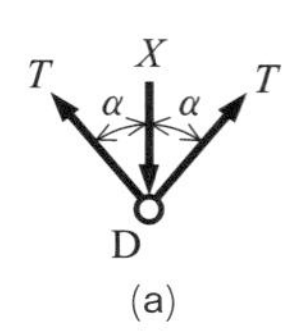

(a)

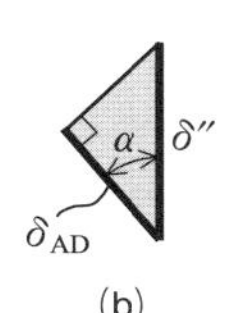

(b)

図２

節点Ｄで強制的に組み付けるためには，鉛直部材を圧縮する必要があり，それに伴って斜部材には引張が生じる。いま$X$を組付後に鉛直部材に生じる圧縮力とすると，斜部材に生じる引張力$T$は，節点Ｄにおける力のつり合いより（図２(a)参照），

$$2T\cos\alpha - X = 0$$

$$\therefore T = \frac{X}{2\cos\alpha} \qquad ①$$

長さ$l+a$の鉛直部材の組付後の縮み$\delta'$は，

$$\delta' = \frac{X(l+a)}{A_1E_1} \fallingdotseq \frac{Xl}{A_1E_1} \qquad ②$$

また，斜部材の$T$の引張力により生じる伸び$\delta_{\mathrm{AD}}$は，

$$\delta_{\mathrm{AD}} = \frac{T\left(\dfrac{l}{\cos\alpha}\right)}{A_2E_2} = \frac{Xl}{2A_2E_2\cos^2\alpha} \qquad ③$$

伸び$\delta_{\mathrm{AD}}$により生じる節点Ｄの鉛直方向の変位$\delta''$は（図２(b)参照），

$$\delta'' = \delta_{\mathrm{AD}}\cdot\frac{1}{\cos\alpha} = \frac{Xl}{2A_2E_2\cos^3\alpha} \qquad ④$$

製作誤差$a$は，鉛直部材の縮み$\delta'$と斜部材の伸びによる鉛直方向変位$\delta''$により吸収され

$$a = \delta' + \delta'' \qquad ⑤$$

式⑤に式②と④を代入し，$X$について解くと，

$$X = \frac{a}{l\left(\dfrac{1}{A_1E_1} + \dfrac{1}{2A_2E_2\cos^3\alpha}\right)} \qquad ⑥$$

　この$X$を用いると，鉛直部材の初期応力が，また式①から得られる$T$を用いると，斜部材の初期応力が得られる。

## 3.5 応力集中

断面が一様な棒を引っ張ったり圧縮すると，その断面には一様な強さの応力が発生するが，断面の形状が変化するとき，たとえば段付や切欠きのある丸棒（図 3-15）などは，その付近に平均応力に比べて非常に高い応力が発生する。このように，形状の急激に変化する部分に高い応力が発生する現象を，応力集中（stress concentration）という。むろん，応力集中は引張・圧縮に限らず，曲げやねじりなどが作用する場合などでも形状が急激に変化する部分に発生する。

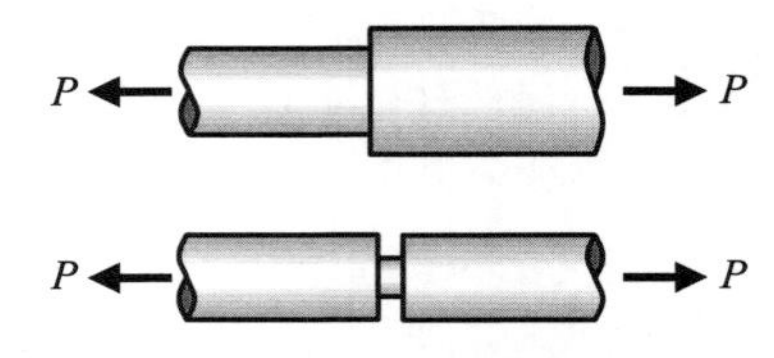


図 3-15　段付や切欠きのある丸棒

帯板に円孔が存在する場合を例にとり，応力集中について述べる。図 3-16 に示すように，円孔から十分に離れた位置の応力 $\sigma$ は

$$\sigma = \frac{P}{bt} \tag{3-24}$$

となるが，孔の中心を通る断面では，荷重をその断面積で除した値，

$$\sigma_n = \frac{P}{(b-d)t} \tag{3-25}$$

とはならず，$\sigma_n$ は応力の平均値を意味するにすぎない。実際に生じる応力は，孔縁で最大値 $\sigma_{max}$ をとり，孔から離れるにしたがってしだいに低下するようになる。最大応力 $\sigma_{max}$ と平均応力 $\sigma_n$ の比，

$$\alpha_k = \frac{\sigma_{max}}{\sigma_n} \tag{3-26}$$

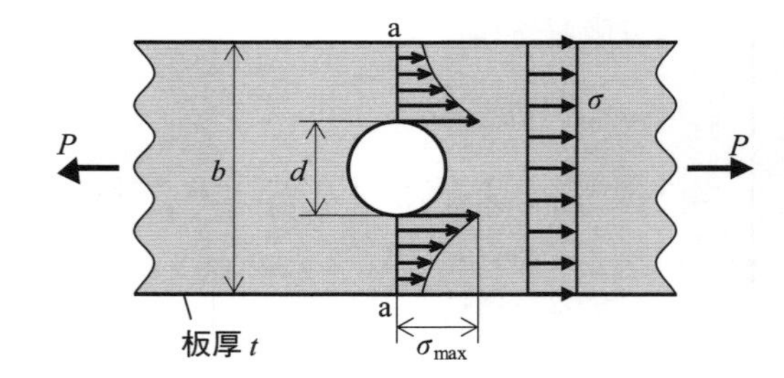


図 3-16　帯板に円孔が存在する場合

を応力集中係数（stress concentration factor）または形状係数（shape factor）という。なお，式(3-26)の分母には式(3-24)の $\sigma$ を用いることもある。実用的な形状に対する応力集中係数 $\alpha_k$ は，便覧などに掲載されており，それから最大応力が推定できる。便覧などが利用できない場合，あるいは設計上正確なデータが欠かせない場合には，有限要素法などによる解析が必要となる。

機械・構造物の破壊は，応力集中部から発生しやすいため，設計に際してはできるだけ形状の変化を避けて応力集中を緩和することが重要である。たとえば，図 3-15 の形状に対しては，図 3-17 に示すように段付部や切欠き部に丸みを付けるような設計が必要である。また，孔に対しては，孔縁補強が施されることがある。

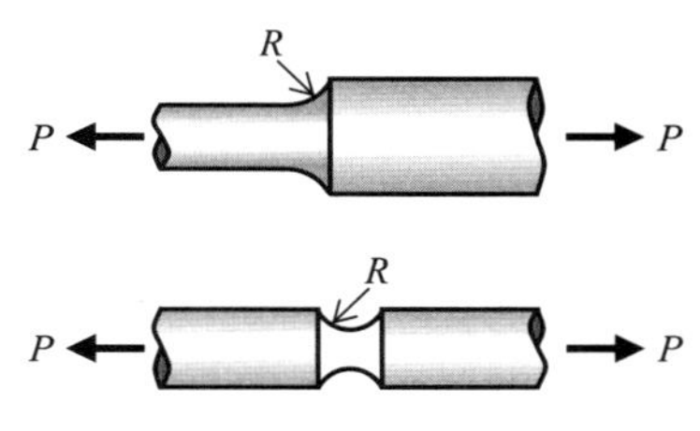

図 3-17　段付部や切欠き部の設計

# 演習問題

**1** 図のように，$N = 5000$ rpm で回転しているドラム（直径 $D = 100$ cm）に羽根（長さ $l_1 = 5$ cm，比重量 $\gamma = 0.005$ kgf/cm$^3$，断面積 $A = 1$ cm$^2$）が溶接されている。このとき羽根の付け根S部に生じる垂直応力 $\sigma$（応力集中を考慮しない平均応力）を求めよ。

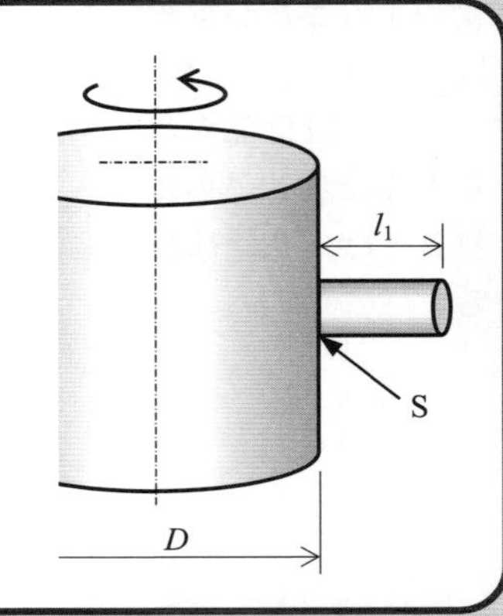


**2** 図のように，ピン継手で結合された鋼棒ACと木製棒BCから作られたトラス構造に対して，荷重 $P = 490$ N が鉛直に作用する。鋼と木材の許容応力を，それぞれ $\sigma_s = 98$ MPa，$\sigma_w = 19.6$ MPa とするとき，各棒の所要断面積を求めよ。ただし，各棒の自重は無視する。

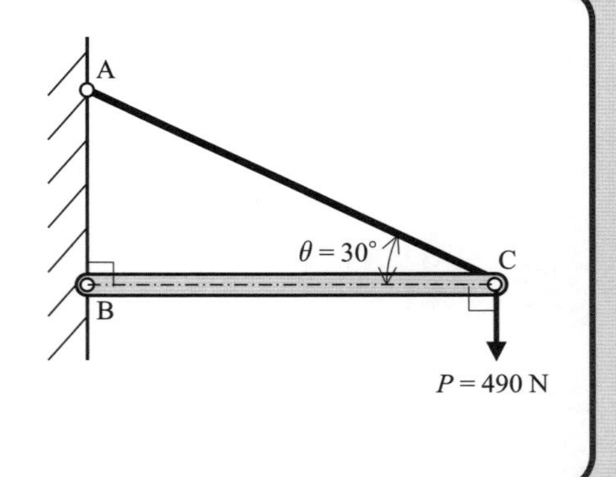


**3** 直径 $d = 4$ cm の軟鋼棒を 20℃で壁に固定した後，温度を 50℃に上げた。発生する熱応力を求めよ。また，壁に及ぼしている力を求めよ。ただし，線膨張係数 $\alpha = 11.5 \times 10^{-6}$/℃，縦弾性係数 $E = 2.1 \times 10^6$ kgf/cm$^2$ とする。

**4**　直径 $d_s = 300\,\mathrm{mm}$ の鋼製円筒に，内径 $d_c = 299.2\,\mathrm{mm}$ の銅製薄肉リングを焼ばめにより固定するには，リングを少なくとも何度以上に加熱しなければならないか。ただし，リング材の線膨張係数 $\alpha = 1.68 \times 10^{-5}/℃$ とし，円筒自体は焼ばめにより変形しないものとする。

**5**　図に示すように，円孔を有する帯板がある。最も大きな応力集中を生じるＡ点の円孔から十分離れた位置の応力に対する応力集中係数 $\alpha = 2.8$ とするとき，帯板に安全に加え得る力 $P$ を求めよ。ただし，帯板の寸法は図中の通りとし，許容応力 $\sigma_a = 20\,\mathrm{kgf/mm^2}$ とする。

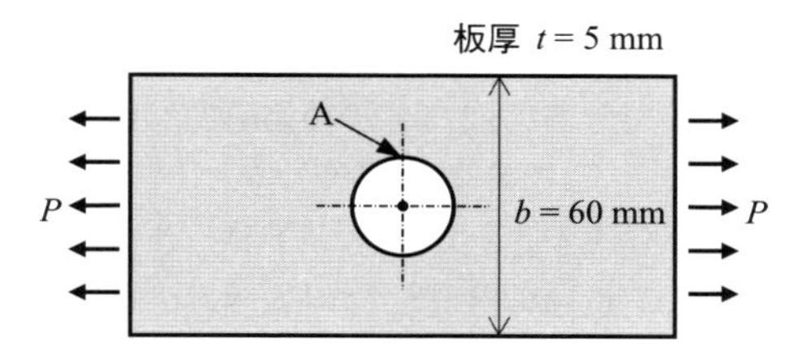

## コラム《3》　線形破壊力学

溶接部の欠陥部やクラック先端には，弾性変形を仮定した解析では無限大の応力が生じる。そのため，応力集中係数を用いた設計は不可能であり，線形破壊力学の知識が必要となる。線形破壊力学では，クラック先端付近の応力分布の強さを決める応力拡大係数（破壊様式により$K_{I}$，$K_{II}$，$K_{III}$とその複合型がある）を用いる。この値を利用して，脆性破壊のような不安定破壊発生の予測，また疲労寿命の予測などが行われている。これらの分野や材料強度等の研究の進歩・発展により，図に例示するような致命的な脆性破壊事故は著しく減少してきている。

**脆性破壊事故を起こしたタンカー，スケネクタディー号（1943 年 1 月）**

# 第4章　組み合わせ応力

本章では，組み合わせ応力状態に対する応力の座標変換，応力とひずみの関係（構成方程式），および弾性係数間の関係について学ぶ。また，実用的に重要な内圧を受ける薄肉円筒や遠心力を受ける薄肉円筒に生じる応力についても学ぶ。

## 4.1　応力の座標変換

### (a)　単純応力の座標変換

まず，断面積 $A$ の一様な棒に，外力 $P$ が軸方向に作用する問題を考える。図 4-1 に示すように，軸に垂直な断面には，第 2 章で述べたように，垂直応力 $\sigma_1 = P/A$ のみが作用する。一方，斜めの面を考えると，そこには垂直応力 $\sigma$ だけでなくせん断応力 $\tau$ も作用した状態となる。なお，面の傾きを厳密に定義するには，基準となる座標軸と面に立てた法線（通常は，材料の内部から外側に向けて立てた“外向き法線”）$N$ とのなす角度 $\phi$ を用いる。斜めの面には，軸方向に一様に分布する内力が作用し，斜めの面の面積 $A'$ は，

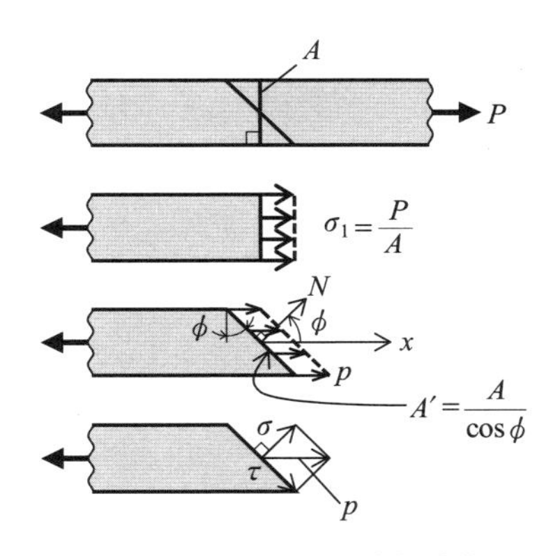


図 4-1　単純応力の座標変換

$$A' = \frac{A}{\cos\phi}$$

であるので，合応力 $p$ は，

$$p = \frac{P}{A'} = \frac{P}{A}\cos\phi = \sigma_1 \cos\phi$$

合応力の法線方向成分が垂直応力 $\sigma$，接線方向成分がせん断応力 $\tau$ であるので，

$$\sigma = p\cos\phi = \sigma_1 \cos^2\phi \qquad (4\text{-}1)$$

$$\tau = p\sin\phi = \sigma_1 \cos\phi \sin\phi = \frac{1}{2}\sigma_1 \sin 2\phi \tag{4-2}$$

これらの式は，$\sigma_1$ がわかっているとき任意の斜面 $\phi$ の応力状態を求める式である。

以上は，座標軸方向に平行な辺をもつ材料内の微小直方体を考え，そこに $\sigma_x = \sigma_1$ の垂直応力が作用する応力状態となっているとき，外向き法線 $N$ が $x$ 軸に対して $\phi$ 傾いた面の応力状態を調べることと同じである（図 4-2）。これは，外向き法線方向に $x'$，それと直角方向に $y'$ を取ると，$x-y$ 座標軸に基づく応力成分がわかっているとき，$\phi$ 回転させた新しい座標軸（$x'-y'$ 軸）で定義される応力を求めることを意味しており，その意味で式 (4-1) と (4-2) は応力の座標変換式ということができる。なお，$x'-y'$ 軸上で互いに垂直な他の 3 つの面上の応力は，式 (4-1) と (4-2) の $\phi$ に，$\phi+\pi/2$，$\phi+\pi$，$\phi+3\pi/2$ を代入することにより求められる。これらの座標変換式から，たとえば $\phi=0$ のとき棒内に取られた微小要素の応力状態は，図 4-3 (a) のようになり，$\phi=\pi/4$ のときは，同図 (b) のようになる。

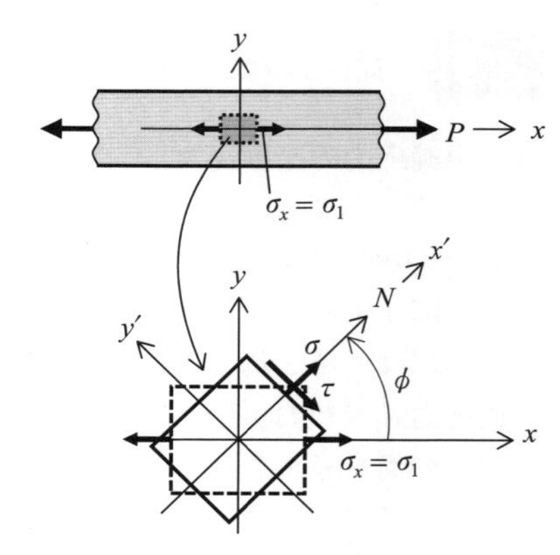


**図 4-2　傾いた面の応力状態**

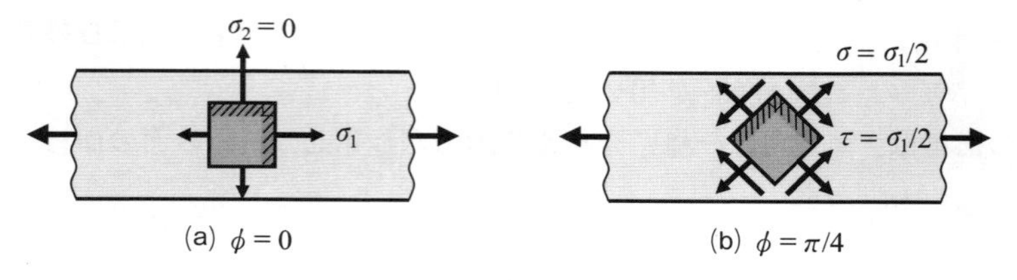


**図 4-3　微小要素の応力状態**

座標変換式（式 (4-1) と (4-2)）が示すように，$\phi=0$ のときのみ互いに直交する面上でせん断応力は 0 であり，それ以外ではせん断応力が作用する。せん断応力が 0 となる面上の垂直応力を主応力（principal stress），その面を主面（principal plane），主面の法線方向を主方向（principal direction）という。主面あるいは主方向は互いに直交する。主応力の値は，$\phi$を種々変化させたときに得られる垂直応力の最大値および最小値であり，それぞれ最大主応力$\sigma_1$，最小主応力$\sigma_2$という。

一般に，ゼロでない主応力が1つだけ存在する応力状態を単純応力状態，2つ存在する状態を二軸応力状態（平面応力状態），3つ存在する状態を三軸応力状態という。二軸応力状態と三軸応力状態を，組み合わせ応力（combined stress）という（図4-4）。

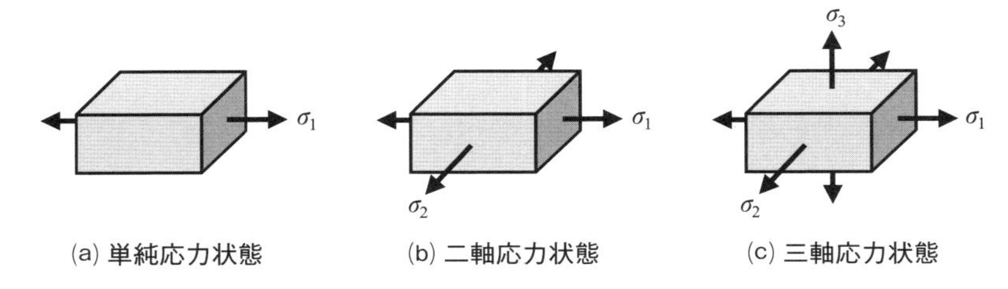


**図4-4　三種類の応力状態**

### (b)　組み合わせ応力に対する座標変換

主面あるいは主方向がわかっているときの二軸応力状態（$\sigma_x=\sigma_1$と$\sigma_y=\sigma_2$）に対する座標変換を考える。図4-5(a)に示すように，主方向に一致するように$x$軸と$y$軸を取り，外向き法線$N$と$x$軸とのなす角が$\phi$である斜面に生じる垂直応力$\sigma$とせん断応力$\tau$を求める。同図(b)に示す微小三角柱（各辺の長さ$dx$，$dy$および$ds$，厚さ$dz$）の$x$方向と$y$方向の力のつり合い式を立てると，

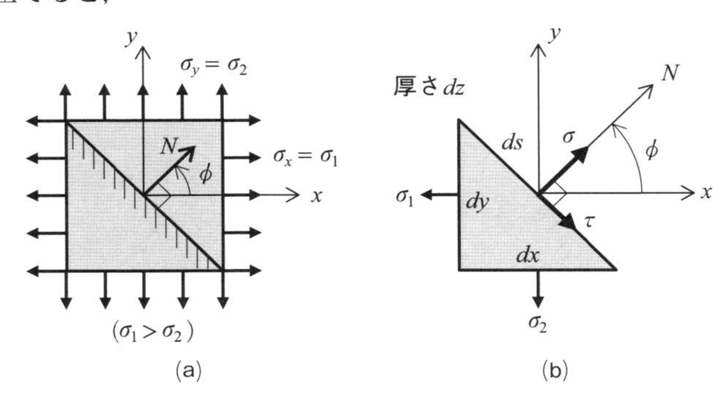


**図4-5　主面あるいは主方向がわかっている場合の二軸応力状態に対する座標変換**

$$\sigma\,ds\,dz\cos\phi+\tau\,ds\,dz\sin\phi-\sigma_1\,dy\,dz=0$$
$$\sigma\,ds\,dz\sin\phi-\tau\,ds\,dz\cos\phi-\sigma_2\,dx\,dz=0$$

各々の式の両辺を $ds\,dz$ で割ると，

$$\sigma\cos\phi+\tau\sin\phi-\sigma_1\frac{dy}{ds}=0 \quad なお，\quad \frac{dy}{ds}=\cos\phi$$

$$\sigma\sin\phi-\tau\cos\phi-\sigma_2\frac{dx}{ds}=0 \quad なお，\quad \frac{dx}{ds}=\sin\phi$$

$$\therefore\ \sigma=\frac{1}{2}(\sigma_1+\sigma_2)+\frac{1}{2}(\sigma_1-\sigma_2)\cos 2\phi \tag{4-3}$$

$$\tau=\frac{1}{2}(\sigma_1-\sigma_2)\sin 2\phi \tag{4-4}$$

なお，式(4–3)と(4–4)に $\sigma_2=0$ を代入すると，それぞれ式(4–1)と(4–2)が得られる。これらの座標変換式を用いると，たとえば，

$\phi=0$ の面で，$\sigma=\sigma_{\max}=\sigma_1$，$\tau=0$

$\phi=\dfrac{\pi}{2}$ の面で，$\sigma=\sigma_{\min}=\sigma_2$，$\tau=0$

$\phi=\dfrac{\pi}{4}$ の面で，$\sigma=\dfrac{\sigma_1+\sigma_2}{2}$，$\tau=\tau_{\max}=\dfrac{\sigma_1-\sigma_2}{2}$

となる。

次に，一般的な二軸応力状態，すなわちあらかじめ主面あるいは主方向がわかっていないときの状態（図 4–6）に対する座標変換を考える。同図中，微小要素の 4 側面に作用するせん断応力は，上下・左右方向の力のつり合い

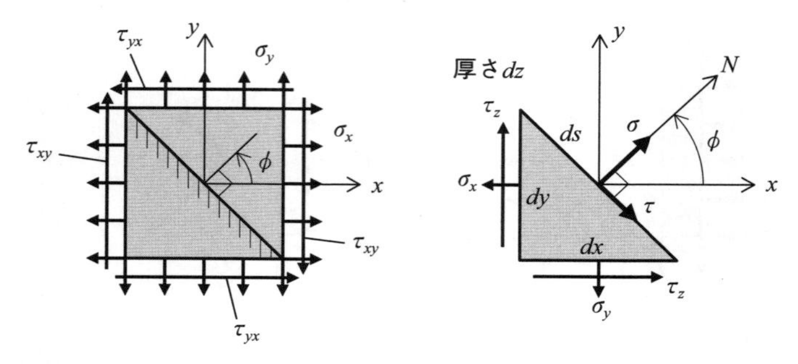


**図 4-6　主面あるいは主方向がわかっていない場合の二軸応力状態に対する座標変換**

と，次に示すモーメントのつり合いより大きさは等しい。微小要素の右下端におけるモーメントのつり合い式を作ると，

$$\tau_{xy}\, dydz \cdot dx - \tau_{yx}\, dxdz \cdot dy = 0$$

したがって，

$$\tau_{xy} = \tau_{yx}$$

となり，以下これらを $\tau_z$ として表記する。微小三角柱（厚さ $dz$）の $x$，$y$ 軸方向の力のつり合い式を立てると，

$$\sigma\, dsdz \cos\phi + \tau\, dsdz \sin\phi - \sigma_x\, dydz + \tau_z\, dxdz = 0$$

$$\sigma\, dsdz \sin\phi - \tau\, dsdz \cos\phi - \sigma_y\, dxdz + \tau_z\, dydz = 0$$

これらの式を $\sigma$，$\tau$ について解くと，

$$\sigma = \frac{1}{2}(\sigma_x + \sigma_y) + \frac{1}{2}(\sigma_x - \sigma_y)\cos 2\phi - \tau_z \sin 2\phi \qquad (4\text{–}5)$$

$$\tau = \frac{1}{2}(\sigma_x - \sigma_y)\sin 2\phi + \tau_z \cos 2\phi \qquad (4\text{–}6)$$

この座標変換式より，主応力とその方向，主せん断応力（最大・最小せん断応力）を求めることができる。

最大主応力 $\sigma_1$ の満たすべき条件は，

$$\frac{d\sigma}{d\phi} = 0 \quad かつ \quad \frac{d^2\sigma}{d\phi^2} < 0$$

また，最小主応力 $\sigma_2$ の満たすべき条件は，

$$\frac{d\sigma}{d\phi} = 0 \quad かつ \quad \frac{d^2\sigma}{d\phi^2} > 0$$

であるので，式(4–5)より $d\sigma/d\phi = 0$ とおくと，

$$\tan 2\phi = \frac{2\tau_z}{\sigma_y - \sigma_x} \qquad (4\text{–}7)$$

この式を満足する $\phi$ が主方向であり，その値を $\phi_{\mathrm{n}}$ とすると，$\phi_{\mathrm{n}} \pm \pi/2$ も式(4–7)の解となることから，主方向あるいは主面は互いに直交することがわかる。なお，式(4–7)は，式(4–6)で $\tau = 0$ とおいて解いた式と一致する。計算過程は省略するが，主応力 $\sigma_1$，$\sigma_2$ は，次式で与えられる。

$$\left.\begin{matrix}\sigma_1\\ \sigma_2\end{matrix}\right\}=\frac{1}{2}(\sigma_x+\sigma_y)\pm\frac{1}{2}\sqrt{(\sigma_y-\sigma_x)^2+4\tau_z{}^2} \tag{4-8}$$

また，主せん断応力 $\tau_1$，$\tau_2$ は，

$$\left.\begin{matrix}\tau_1\\ \tau_2\end{matrix}\right\}=\pm\frac{1}{2}\sqrt{(\sigma_y-\sigma_x)^2+4\tau_z{}^2}=\pm\frac{1}{2}(\sigma_1-\sigma_2) \tag{4-9}$$

本節ではテンソル量のひとつである応力の座標変換を述べたが，ベクトル量である力や変位などの座標変換式は，式(4-5)，(4-6)とは異なる。参考までに，ベクトル **F** の座標変換を次に示す。すなわち，図 4-7 に示すように，ベクトル **F** の $x$ と $y$ 方向の成分 $X$，$Y$ がわかっているとき，$z$ 軸周りに $\phi$ 回転した新座標 $x'-y'$ で定義される **F** の $x'$ と $y'$ 方向の成分 $X'$ と $Y'$ を求める。$x-y$ 座標方向に置かれた単位ベクトルをそれぞれ **i** と **j** とすると，ベクトル **F** は，

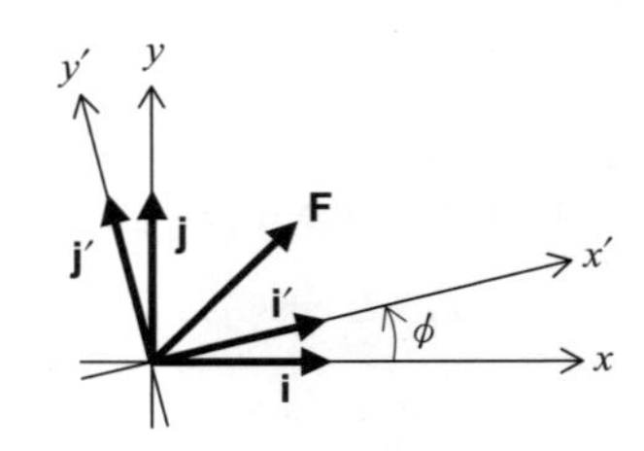


図 4-7　ベクトル量 F の座標変換

$$\mathbf{F}=X\mathbf{i}+Y\mathbf{j}$$

また，$x'$ と $y'$ 座標方向に置かれた単位ベクトルを **i′** と **j′** とすると，$X'$ は **F** と **i′** の内積，$Y'$ は **F** と **j′** の内積で表されるので，

$$X'=\mathbf{F}\cdot\mathbf{i}'=X\mathbf{i}\cdot\mathbf{i}'+Y\mathbf{j}\cdot\mathbf{i}'=X\cos\phi+Y\sin\phi \tag{4-10}$$

$$Y'=\mathbf{F}\cdot\mathbf{j}'=X\mathbf{i}\cdot\mathbf{j}'+Y\mathbf{j}\cdot\mathbf{j}'=-X\sin\phi+Y\cos\phi \tag{4-11}$$

## 4.2 モールの応力円

平面応力状態にある任意の断面の垂直応力 $\sigma$ とせん断応力 $\tau$ は，図式的に求めることができる。まず，図 4-8 (a)に示すように，2 つの主応力が与えられている場合を考える。このときの座標変換式（式(4-3)，(4-4)）を用いて $\phi$ を除去するため，式(4-3)の右辺第 1 項を左辺に移項した後，両辺を 2 乗，また式(4-4)の両辺を 2 乗して，これらの 2 つの式を左辺同士および右辺同士たし合わせると $\phi$ が消えて，

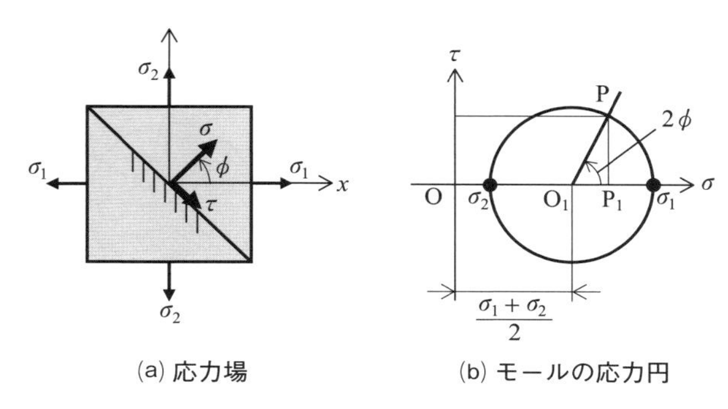


(a) 応力場　(b) モールの応力円

**図 4-8　モールの応力円の作図**

$$\left(\sigma-\frac{\sigma_1+\sigma_2}{2}\right)^2+\tau^2=\frac{(\sigma_1-\sigma_2)^2}{4} \tag{4-12}$$

この式は，同図(b)に示すように，$\sigma$ と $\tau$ を座標としたとき，中心を（$(\sigma_1+\sigma_2)/2$，0）とし，半径を $(\sigma_1-\sigma_2)/2$ とする円を表す式である。ここで，仮に線分 $O_1\sigma_1$ から実応力場の斜面の回転方向と同じ反時計回りに $2\phi$ となる線分を引き，円との交点 P の座標を求めると，

$$\overline{OP_1}=\frac{1}{2}(\sigma_1+\sigma_2)+\frac{1}{2}(\sigma_1-\sigma_2)\cos 2\phi$$

$$\overline{PP_1}=\frac{1}{2}(\sigma_1-\sigma_2)\sin 2\phi$$

これらの式を応力の座標変換式（式 (4-3)，(4-4)）と比べると，交点の座標値はそれぞれ $\sigma$ と $\tau$ に等しく，外向き法線が $x$ 軸と反時計回りに $\phi$ 傾いた斜面の応力を与えることがわかる。このような図式解法は O.Mohr により初めて見出され，その名を冠してモールの応力円（Mohr's stress circle）といわれる。

モールの応力円を作成し，それを用いて任意の斜面の応力状態を求めるには，次のようにすればよい。

i）引張応力を正，圧縮応力を負とし，また時計回りの偶力を作るせん断応力を正，反時計回りの偶力を作るせん断応力を負とする $\sigma-\tau$ 座標を作る（図 4-9）。

ii）$x$ 軸に垂直で軸が進んでいく側の面（$x_+$面という）に作用する主応力 $\sigma_1$ を座標面中に記入，また $y$ 軸に垂直で軸が進んでいく側の面（$y_+$面）に作用するもうひとつの主応力 $\sigma_2$ を同様に記入する。

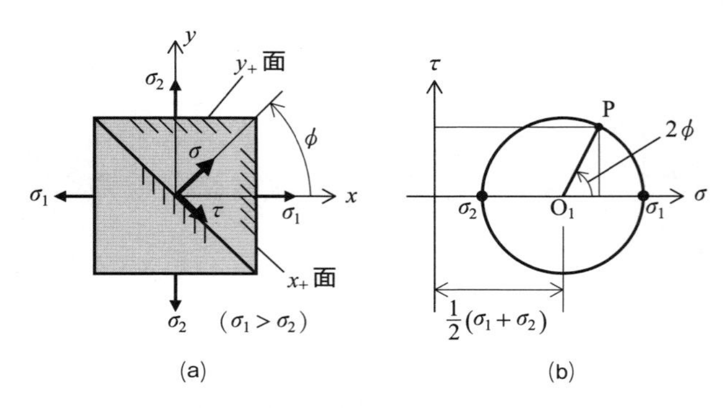


**図 4-9　モールの応力円の作図方法**

iii)　これら 2 つの点を結んだ線分を直径とする円を描く。

iv)　線分の中点 $O_1$ を中心にして，$\sigma$ 軸から反時計回りに $2\phi$ 回転させた直線を描くと，その交点 P の座標値が $\phi$ 傾いた斜面の垂直応力 $\sigma$ とせん断応力 $\tau$ を与える。

## 例題 1

図 1 に示すように，直径 $d=20$ mm の丸棒に，$P=1000$ kgf の外力が作用するとき，軸に対して $\phi=60°$ 傾いた斜面に生じる垂直応力 $\sigma$ とせん断応力 $\tau$ を求めよ。

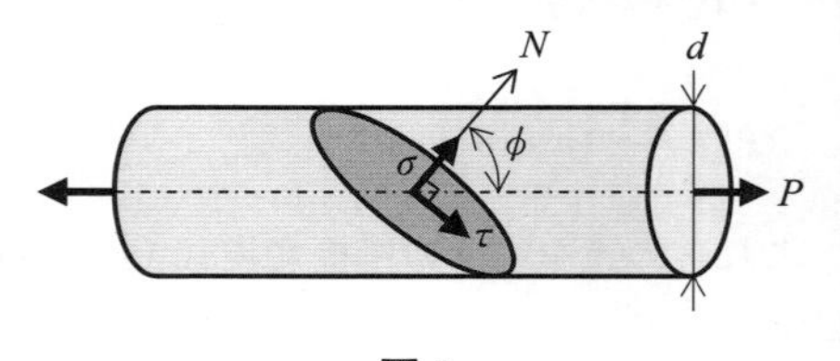


**図 1**

軸に垂直な断面に生じる垂直応力（主応力）$\sigma_1$ は，

$$\sigma_1 = \frac{P}{A} = \frac{4P}{\pi d^2} = \frac{4\times1000}{\pi\times2^2} = 318.3\ \text{kgf/cm}^2 \qquad ①$$

応力の座標変換式（式 (4-1)，(4-2)）より，

$$\sigma = \sigma_1\cos^2\phi = 318.3\times\cos^2 60° = 79.6\ \text{kgf/cm}^2 \qquad ②$$

$$\tau = \frac{1}{2}\sigma_1\sin2\phi = \frac{1}{2}\times318.3\times\sin120° = 137.8\ \text{kgf/cm}^2 \qquad ③$$

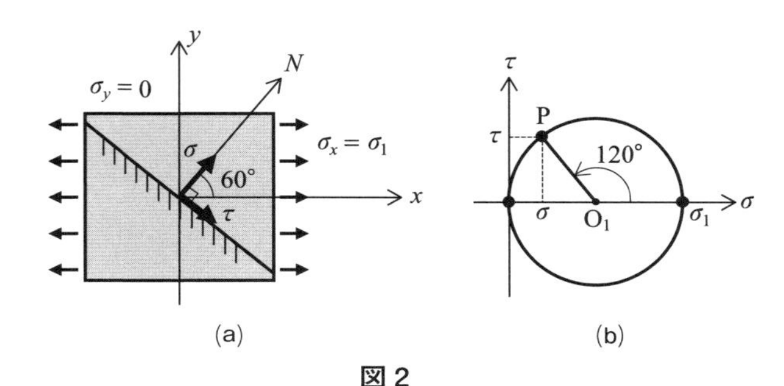


**図 2**

以上は，モールの応力円を用いても同様に求めることができる。丸棒の軸方向に $x$ 軸を，それに直角方向に $y$ 軸をとると，丸棒内の任意の点の応力状態は図 2(a)のようになる。このときのモールの応力円は同図(b)となり，これより点 P（$O_1\,\sigma_1$ 軸より $2\phi = 120°$ 回転させた点）の横座標値と縦座標値を求めると，

$$\sigma = \frac{318.3}{2} - \frac{318.3}{2}\cos 60° = 79.6\ \mathrm{kgf/cm^2} \qquad ④$$

$$\tau = \frac{318.3}{2}\sin 60° = 137.8\ \mathrm{kgf/cm^2} \qquad ⑤$$

## 例題 2

平板のある点の応力状態が図 1 に示すように与えられているとき，$x$ 軸と外向法線 $N$ のなす角 $\phi$ が 30° となる斜面に作用する垂直応力 $\sigma$ とせん断応力 $\tau$ を求めよ。

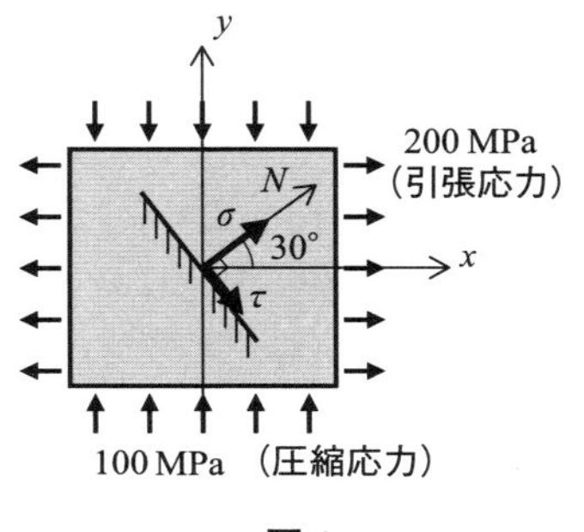


**図 1**

主応力 $\sigma_1$ と $\sigma_2$ が既知であるので，応力の座標変換式（式(4–3)，(4–4)）を用いると，

$$\sigma = \frac{\sigma_1 + \sigma_2}{2} + \frac{\sigma_1 - \sigma_2}{2}\cos 2\phi = \frac{200 + (-100)}{2} + \frac{200 - (-100)}{2}\cos 60^\circ$$

$$= 125\ \text{MPa} \qquad ①$$

$$\tau = \frac{\sigma_1 - \sigma_2}{2}\sin 2\phi = \frac{200 - (-100)}{2}\sin 60^\circ = 130\ \text{MPa} \qquad ②$$

同様に，モールの応力円を用いても良い。この応力状態に対してモールの応力円を描くと，図 2 のようになり，これより $O_1\sigma$ 軸から 60° の位置にある点 P の座標値を求めると，

$$\sigma = 50 + \frac{300}{2}\cos 60^\circ = 125\ \text{MPa} \qquad ③$$

$$\tau = \frac{300}{2}\sin 60^\circ = 130\ \text{MPa} \qquad ④$$

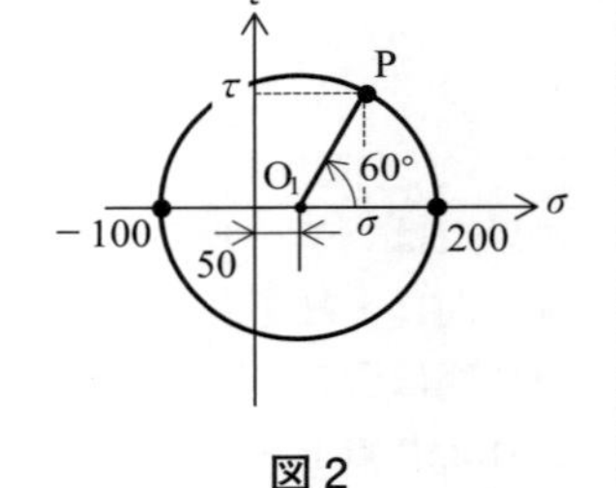


図 2

以上述べた方法は，あらかじめ主応力がわかっていない一般的な応力状態に対しても同様に適用できる。座標変換式（式 (4-5)，(4-6)）から $\phi$ を消去すると，

$$\left\{\sigma - \frac{1}{2}(\sigma_x + \sigma_y)\right\}^2 + \tau^2 = \left\{\frac{1}{2}(\sigma_x - \sigma_y)\right\}^2 + \tau_z^{\ 2} \qquad (4\text{-}13)$$

この式は，中心を（$\dfrac{\sigma_x + \sigma_y}{2}$，0），半径を $\dfrac{1}{2}\sqrt{(\sigma_x - \sigma_y)^2 + 4\tau_z^{\ 2}}$ とする円の式である。

モールの応力円を描くには，前述同様 $x_+$ 面，$y_+$ 面の応力状態に対応する座標値を $\sigma-\tau$ 座標に書き込み，この 2 点を通る線分を直径とする円を書けば良い（図 4-10）。A 面（$x$ 軸から反時計回りに $\phi$ 傾いた斜面）の応力は，$O_1P$ から $2\phi$ だけ反時計回りに傾いた点 S の座標値で与えられる。また，A 面と直角な B 面の応力は，$O_1P$ から $2\phi+\pi$ だけ反時計回りに傾いた点 R の座標値で与えられる。モールの応力円から，主応力の最大，最小値 $\sigma_1$，$\sigma_2$ は，円と $\sigma$ 軸との交点で与えられ，式 (4-8) となる。また，せん断応力の最大，最小値（主せん断応力）はモールの応力円の半径で与えられ，これは式 (4-9) に一致する。

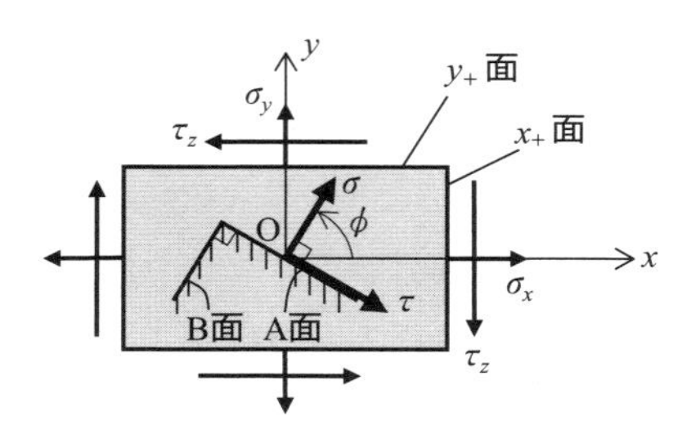


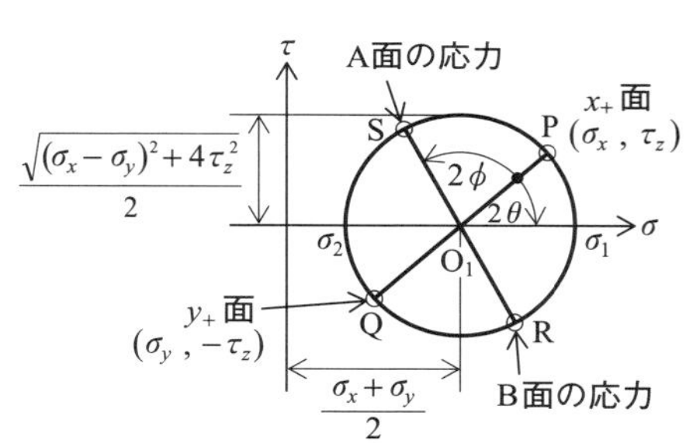


**図 4-10　一般的な応力状態に対するモールの応力円**

## 例題３

図１に示す組み合わせ応力状態に対して，

i) 主応力とその方向および主せん断応力

ii) 外向法線が $x$ 軸と 30° 傾いた面に作用する応力

iii) 垂直応力成分が０となる面の位置と，その上に作用するせん断応力

をモールの応力円を描き，求めよ。

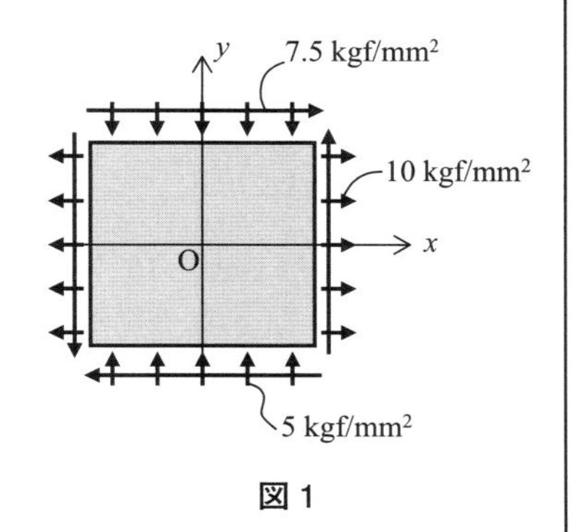


**図１**

あらかじめ主応力がわかっていない一般的な応力状態に対するモールの応力円を前述した約束にしたがって描くと，図２となる。

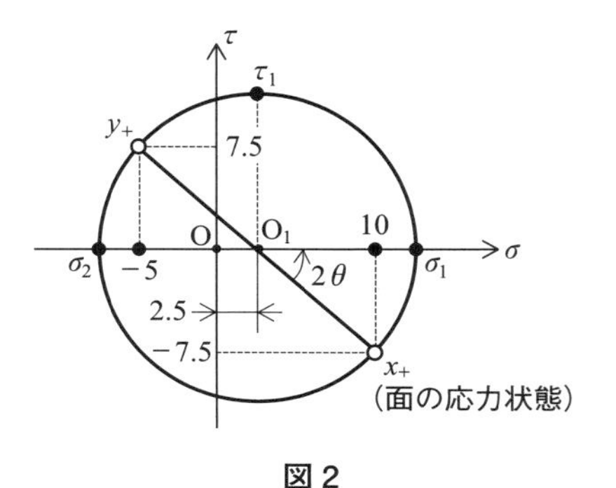


**図２**

i） モールの応力円より，主応力 $\sigma_1$，$\sigma_2$ は，

$$\sigma_1 = 2.5 + \sqrt{(10-2.5)^2 + 7.5^2} = 2.5 + 10.6 = 13.1\,\text{kgf/mm}^2 \quad ①$$

$$\sigma_2 = 2.5 - \sqrt{(10-2.5)^2 + 7.5^2} = 2.5 - 10.6 = -8.1\,\text{kgf/mm}^2 \quad ②$$

（圧縮応力）

主応力の方向は，モールの応力円上 $O_1x_+$ から反時計回りに $2\theta$ 傾いた位置にあり

$$\tan 2\theta = \frac{7.5}{10-2.5} = 1 \quad \text{より } 2\theta = 45° \text{，すなわち } \theta = 22.5° \quad ③$$

となり，図3に示すように $x$ 軸と 22.5° の方向が主の方向である。なお，この主面と 90° 傾いた他の面も主面となる。主せん断応力 $\tau_1$ は，モールの応力円の頂点で示され，

$$\tau_1 = \pm 10.6\,\text{kgf/mm}^2 \quad ④$$

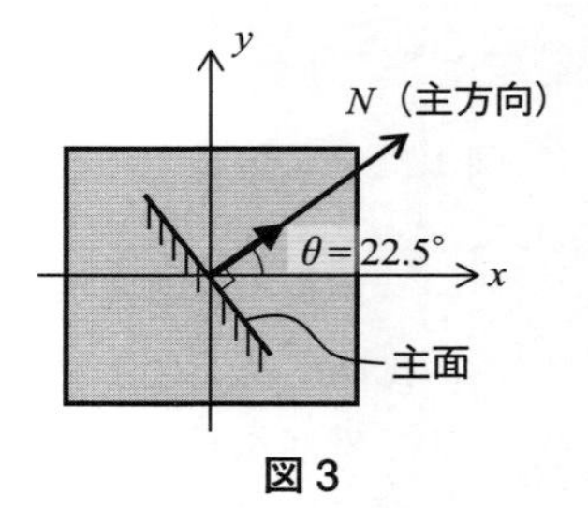


図3

ii） 外向法線が $x$ 軸と 30° 傾いた面に作用する応力は，モールの応力円上の $O_1x_+$ から 60° 傾いた点 P の座標値で与えられる（図4）。すなわち，

$$\sigma = 2.5 + 10.6\cos(60° - 45°)$$
$$= 2.5 + 10.6\cos 15° = 12.7\,\text{kgf/mm}^2 \quad ⑤$$

$$\tau = 10.6\sin(60° - 45°)$$
$$= 10.6\sin 15° = 2.7\,\text{kgf/mm}^2 \quad ⑥$$

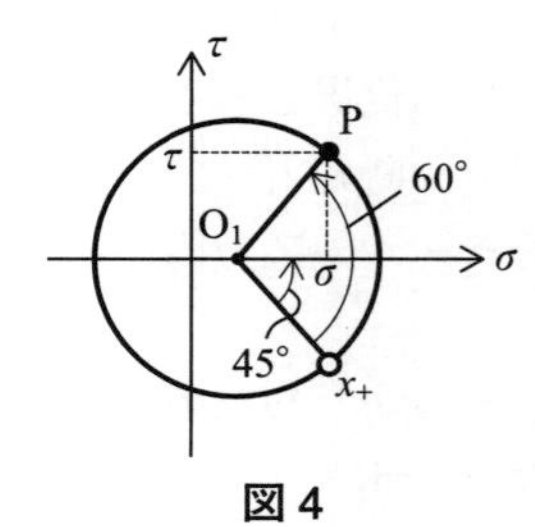


図4

iii） 垂直応力成分が 0 となる面は，モールの応力円上の A 点（$O_1x_+$ より $2\phi$ 傾いた位置）である（図5）。$\overline{OO_1}$ と $\overline{O_1A}$ のなす角を $\alpha$ とすると，$\overline{O_1A} = 10.6$，$\overline{OO_1} = 2.5$ より $\cos\alpha = 2.5/10.6$，

$$\therefore \alpha = \cos^{-1}\left(\frac{2.5}{10.6}\right) = 76.4° \quad ⑦$$

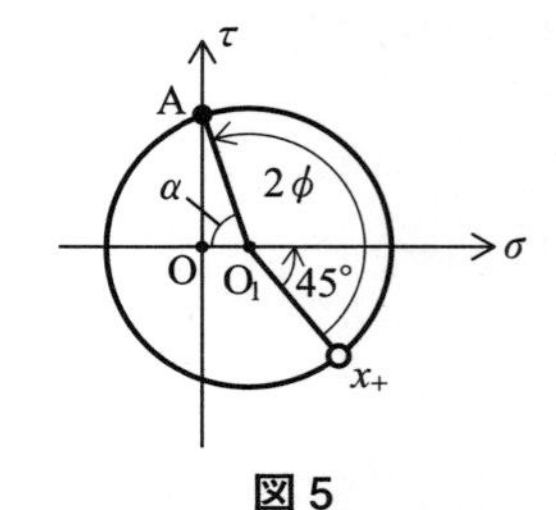


図5

$2\phi - 45° + \alpha = \pi$ より

$$2\phi = 225^\circ - \alpha = 225^\circ - 76.4^\circ = 148.6^\circ \quad ⑧$$

したがって，$\phi = 74.3^\circ$ となり，図 6 に示す面が垂直応力 0 となる面である。この面に生じるせん断応力 $\tau$ は A 点の縦座標値で表され，

$$\tau = 10.6 \sin 76.4^\circ = 10.3\ \mathrm{kgf/mm^2} \quad ⑨$$

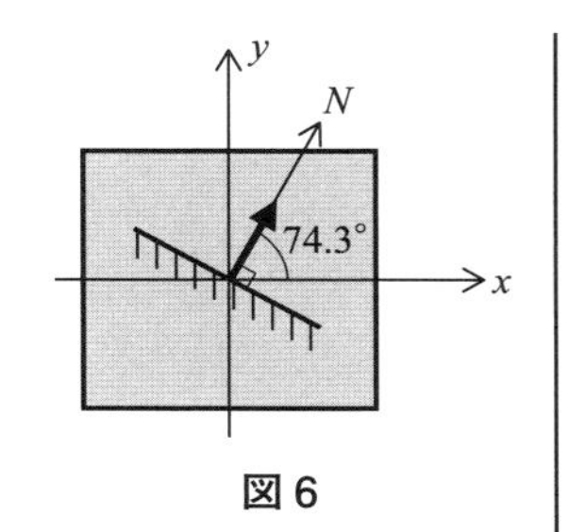

図 6

以上から明らかなように，モールの応力円は任意の斜面に生じる応力状態を明示できる利点があり，便利なものである。注意すべき点は，モールの応力円上での角度の始点であり，$\overline{\mathrm{O}_1 x_+}$ 線（応力場上では O$x$ 軸に対応）がその始点となることである。

## 4.3 構成方程式

第 2 章 2.3 節で，棒の引張・圧縮および純せん断における応力とひずみの関係を示したが，本節では組み合わせ応力状態におけるそれらの関係について述べる。

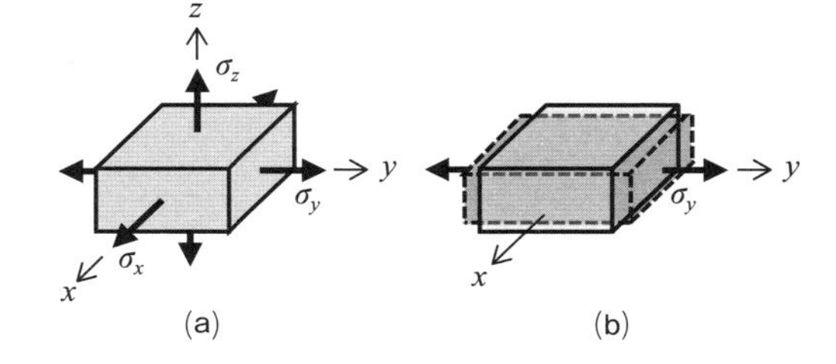

図 4-11　三軸応力状態に対する応力とひずみの関係

図 4-11 (a)に示す三軸応力状態に対して，まず $x$ 軸方向の垂直ひずみ $\varepsilon_x$ を考える。重ね合わせの原理を利用して，$\sigma_x$，$\sigma_y$ および $\sigma_z$ により生じる $x$ 軸方向の垂直ひずみをそれぞれ求め，それらをたし合わせる方法を取る。垂直応力 $\sigma_x$ による $x$ 軸方向のひずみ $(\varepsilon_x)_x$ は，一軸応力におけるフックの法則より，

$$(\varepsilon_x)_x = \frac{\sigma_x}{E}$$

となる。次に，垂直応力 $\sigma_y$ のみが作用すると，同図(b)に示すように，$x$ 軸方向にもひずみが生じ，式 (2-14) を用いるとそのひずみ $(\varepsilon_x)_y$ は，

$$(\varepsilon_x)_y = -\nu\left(\frac{\sigma_y}{E}\right)$$

となる。同様に，垂直応力 $\sigma_z$ のみが作用した場合も $x$ 軸方向にひずみが生じ，そのひずみ $(\varepsilon_x)_z$ は，

$$(\varepsilon_x)_z = -\nu\left(\frac{\sigma_z}{E}\right)$$

これらをたし合わせると，三軸応力で生じる $x$ 軸方向の垂直ひずみ $\varepsilon_x$ は，

$$\varepsilon_x = \frac{1}{E}\left\{\sigma_x - \nu\left(\sigma_y + \sigma_z\right)\right\} \tag{4-14-1}$$

同様にして，$y$，$z$ 軸方向の垂直ひずみ $\varepsilon_y$ および $\varepsilon_z$ は，

$$\varepsilon_y = \frac{1}{E}\left\{\sigma_y - \nu\left(\sigma_z + \sigma_x\right)\right\} \tag{4-14-2}$$

$$\varepsilon_z = \frac{1}{E}\left\{\sigma_z - \nu\left(\sigma_x + \sigma_y\right)\right\} \tag{4-14-3}$$

これらのひずみと応力の関係式は，次に示す応力とひずみの関係式の形で使用されることが多い。

$$\sigma_x = \frac{E}{1+\nu}\left\{\frac{1-\nu}{1-2\nu}\varepsilon_x + \frac{\nu}{1-2\nu}\left(\varepsilon_y + \varepsilon_z\right)\right\} \tag{4-15-1}$$

$$\sigma_y = \frac{E}{1+\nu}\left\{\frac{1-\nu}{1-2\nu}\varepsilon_y + \frac{\nu}{1-2\nu}\left(\varepsilon_z + \varepsilon_x\right)\right\} \tag{4-15-2}$$

$$\sigma_z = \frac{E}{1+\nu}\left\{\frac{1-\nu}{1-2\nu}\varepsilon_z + \frac{\nu}{1-2\nu}\left(\varepsilon_x + \varepsilon_y\right)\right\} \tag{4-15-3}$$

組み合わせ応力状態におけるせん断応力とせん断ひずみの関係は，相互に干渉することなく，

$$\tau_{xy} = G\gamma_{xy} \tag{4-16-1}$$

$$\tau_{yz} = G\gamma_{yz} \tag{4-16-2}$$

$$\tau_{zx} = G\gamma_{zx} \tag{4-16-3}$$

以上の 6 個の式を，構成方程式あるいは一般化されたフックの法則という。

辺の長さが $a$ の立方体（体積 $V=a^3$）に $\varepsilon_x$，$\varepsilon_y$，$\varepsilon_z$ の垂直ひずみが生じるとき，立方体の体積変化量 $\Delta V$ は，

$$\Delta V = a\left(1+\varepsilon_x\right)\cdot a\left(1+\varepsilon_y\right)\cdot a\left(1+\varepsilon_z\right) - a^3$$

高次の微小項（ひずみ成分同士が掛け合わされた項，たとえば $\varepsilon_x \cdot \varepsilon_y$ など）を省略すると，

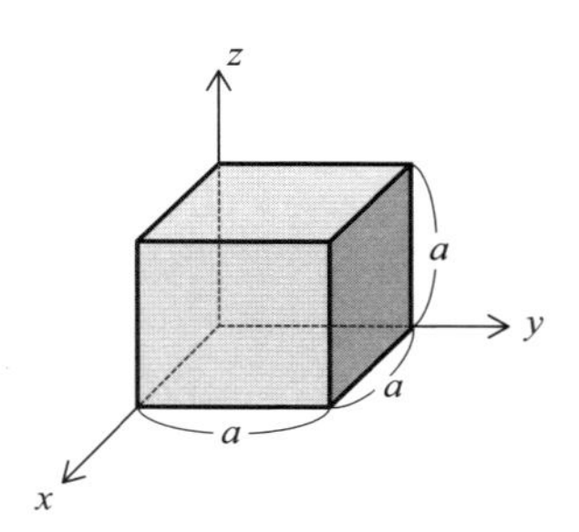

図 4-12

$$\Delta V = a^3(\varepsilon_x + \varepsilon_y + \varepsilon_z)$$

したがって，体積変化の割合（体積ひずみという）は，

$$\frac{\Delta V}{V} = \varepsilon_x + \varepsilon_y + \varepsilon_z$$

すなわち，体積ひずみは各垂直ひずみの和となる。この体積ひずみと立方体の各面に作用する応力との関係は，式(4-14)の3式を加え合わせることにより得られる。

$$(\varepsilon_x + \varepsilon_y + \varepsilon_z) = \frac{(1-2\nu)}{E}(\sigma_x + \sigma_y + \sigma_z) \tag{4-17}$$

特に，各面に一様な水圧（静水圧という）$p$ を受けるとき，この関係は $\sigma_x = \sigma_y = \sigma_z = -p$ であるので，

$$(\varepsilon_x + \varepsilon_y + \varepsilon_z) = \frac{-3(1-2\nu)}{E}p \tag{4-18}$$

あるいは，

$$\frac{E}{3(1-2\nu)} \equiv K$$

とおくと，

$$(\varepsilon_x + \varepsilon_y + \varepsilon_z) = -\frac{p}{K} \quad \text{または} \quad p = -K(\varepsilon_x + \varepsilon_y + \varepsilon_z)$$

この $K$ を体積弾性率という。

薄板の面内引張・圧縮などのような二軸応力（平面応力）状態では，構成方程式は次のようになる。この状態では，薄板の面内に $x-y$ 座標をとると，板と直角方向（$z$ 軸方向）に関係する応力 $\sigma_z$，$\tau_{xz}$（$=\tau_{zx}$），$\tau_{yz}$（$=\tau_{zy}$）はいずれも0となる。この状態を平面応力状態という。それらを式(4-15-1)，(4-15-2)および(4-16-1)に代入すると，平面応力における構成方程式は，

$$\sigma_x = \frac{E}{1-\nu^2}(\varepsilon_x + \nu\varepsilon_y) \tag{4-19-1}$$

$$\sigma_y = \frac{E}{1-\nu^2}(\varepsilon_y + \nu\varepsilon_x) \tag{4-19-2}$$

$$\tau_{xy} = G\gamma_{xy} \tag{4-19-3}$$

断面が一様な長い棒などの側面に，その長さ方向に対して均一な外力が作用する場合（たとえば軸受の線接触状態にある円筒コロなど）には，棒のどの断面をとっても応力状態は同じであり，また棒の長さ方向（その方向を $z$ 軸方向とするとき）に関係するひずみ $\varepsilon_z$，$\gamma_{xz}$（$=\gamma_{zx}$），$\gamma_{yz}$（$=\gamma_{zy}$）はいずれも 0 となる。この状態を，平面ひずみという。これらを，三軸応力における構成方程式に代入すると，平面ひずみに対する構成方程式は，

$$\sigma_x = \frac{E(1-\nu)}{(1+\nu)(1-2\nu)}\left(\varepsilon_x + \frac{\nu}{1-\nu}\varepsilon_y\right) \tag{4-20-1}$$

$$\sigma_y = \frac{E(1-\nu)}{(1+\nu)(1-2\nu)}\left(\varepsilon_y + \frac{\nu}{1-\nu}\varepsilon_x\right) \tag{4-20-2}$$

$$\tau_{xy} = G\gamma_{xy} \tag{4-20-3}$$

## 例題 4

直径 $d=20$ mm の中実鋼球に，水圧 $p=100$ MPa が作用する。鋼球の体積はどれほど減少するかを求めよ。ただし，ヤング率 $E=206$ GPa，ポアソン比 $\nu=0.3$ とする。

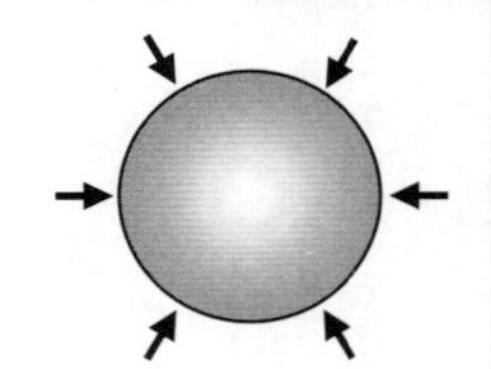

式(4–18) より体積ひずみは，

$$(\varepsilon_x+\varepsilon_y+\varepsilon_z)=\frac{-3(1-2\nu)}{E}\cdot p$$

$$=\frac{-3(1-2\times0.3)}{206\times10^9\ \mathrm{N/m^2}}\times100\times10^6\ \mathrm{N/m^2}$$

$$=-5.825\times10^{-4} \qquad ①$$

球の変形前の体積 $V$ は，

$$V=\frac{1}{6}\pi d^3=\frac{1}{6}\times\pi\times(20\times10^{-3})^3\ \mathrm{m^3}=4.189\times10^{-6}\ \mathrm{m^3} \qquad ②$$

体積の減少量 $\varDelta V$ は，

$$\varDelta V=V\cdot(\varepsilon_x+\varepsilon_y+\varepsilon_z)=4.189\times10^{-6}\times5.825\times10^{-4}\ \mathrm{m^3}$$

$$=24.4\times10^{-10}\ \mathrm{m^3}=24.4\times10^{-10}\times(10^3\ \mathrm{mm})^3=2.44\ \mathrm{mm^3} \qquad ③$$

## 4.4 弾性係数間の関係

応力とひずみの関係を示す構成方程式には，縦弾性係数$E$，横弾性係数$G$およびポアソン比$\nu$が入っている。これらの係数間には，次に示すように１つの関係が存在する。換言すれば，等質等方性弾性体（物体内の場所・方向によらず弾性的性質が同じである材料）の応力とひずみの関係は，２つの弾性係数のみで表される。

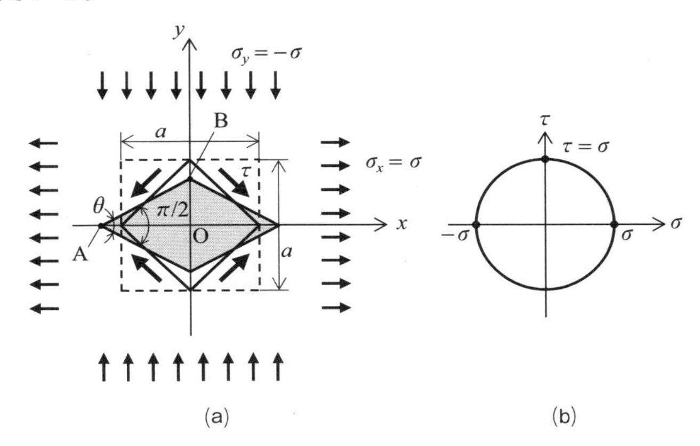


**図 4-13　大きさの等しい引張応力と圧縮応力が互いに垂直に作用する状態**

図 4-13 に示すように，大きさの等しい引張応力と圧縮応力が互いに垂直に作用する状態を考える。すなわち，辺の長さ$a$の立方体に，$\sigma_x = \sigma$，$\sigma_y = -\sigma$の垂直応力（主応力）が作用するとき，45° 傾いた面には，モールの応力円から明らかなように，大きさの等しいせん断応力$\tau$（$=\sigma$）のみが作用し，純せん断応力状態となる。同図(a)中の直角部分の変形後の角度を$\theta$とすると，せん断ひずみ$\gamma$は，$\gamma = \pi/2 - \theta$より，

$$\theta = \frac{\pi}{2} - \gamma$$

したがって，

$$\tan\left(\frac{\theta}{2}\right) = \tan\left(\frac{\pi}{4} - \frac{\gamma}{2}\right) = \frac{\tan\frac{\pi}{4} - \tan\frac{\gamma}{2}}{1 + \tan\frac{\pi}{4}\tan\frac{\gamma}{2}} \fallingdotseq \frac{1 - \frac{\gamma}{2}}{1 + \frac{\gamma}{2}} \tag{4-21}$$

なお，一般に $\alpha \ll 1$ のとき，$\tan\alpha \fallingdotseq \alpha$ の近似が成り立つ。また，三角形 AOB の辺の長さに注目すると，

$$\tan\left(\frac{\theta}{2}\right)=\frac{\dfrac{a}{2}-\dfrac{a}{2}\varepsilon}{\dfrac{a}{2}+\dfrac{a}{2}\varepsilon}=\frac{1-\varepsilon}{1+\varepsilon} \tag{4-22}$$

ここに，$\varepsilon$ は $x$ あるいは $y$ 軸方向の垂直ひずみであり，

$$\varepsilon=\frac{\sigma}{E}+\nu\frac{\sigma}{E}$$

式(4-21)と式(4-22)を等置し，$\gamma$ について解くと，

$$\gamma=2\left(\frac{1}{E}+\frac{\nu}{E}\right)\sigma$$

$$\therefore\ \frac{\sigma}{\gamma}=\frac{\tau}{\gamma}=G=\frac{E}{2(1+\nu)} \tag{4-23}$$

弾性係数間の関係を示すこの式は，より一般的な方法で誘導することもできるが，ここでは割愛する。

## 4.5 平面応力

### (a) 内圧を受ける薄肉円筒

ボイラ，送風管や送水管等の圧力容器は，内圧を受ける薄肉円筒と近似して応力を求めることができる。

両端が密閉された内圧 $p$ を受ける円筒は，その両端部付近では複雑な応力状態となるが，両端部から十分に離れた位置では，内壁面で最大，外壁面に向かって漸減する円周方向の垂直応力 $\sigma_t$（円周応力あるいはフープ応力という），円筒の軸方向の垂直応力 $\sigma_z$（軸応力），内壁面で内圧 $p$，外壁面で大気圧となる半径方向の垂直応力 $\sigma_r$（半径応力）が生じる（図 4-14）。

円筒の半径 $r$ に比べて壁の厚さ $t$ が十分に薄いとき（典型的には $t/r<0.1$），円周応力 $\sigma_t$ および軸応力 $\sigma_z$ は近似的に壁の厚さ方向に対して一様分布となる。また，$\sigma_r$ は $\sigma_t$，$\sigma_z$ に比べてはるかに小さい値

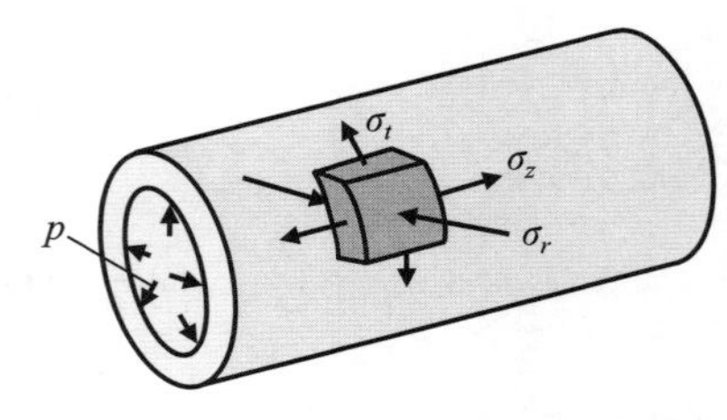

図 4-14　内圧を受ける薄肉円筒

となるため無視できて，このような薄肉円筒は平面応力状態とみなすことができる。

内圧 $p$ を受ける薄肉円筒は，次のようにして解析できる。図 4-15 に示すように，両端面から十分に離れた位置において厚さ $h$ のリングを取り出し，その半分（円筒の軸中心を通り軸に平行な面で切り出された部分）の力のつり合いを考えると，$y$ 方向のつり合い式は，

$$\int_0^{\pi} prh \sin\theta\, d\theta - 2\sigma_t th = 0$$

あるいは，

$$2\int_0^{\frac{\pi}{2}} prh \sin\theta\, d\theta - 2\sigma_t th = 0$$

$$2prh\left[-\cos\theta\right]_0^{\frac{\pi}{2}} - 2\sigma_t th = 0$$

$$\therefore\ \sigma_t = \frac{pr}{t} \tag{4-24}$$

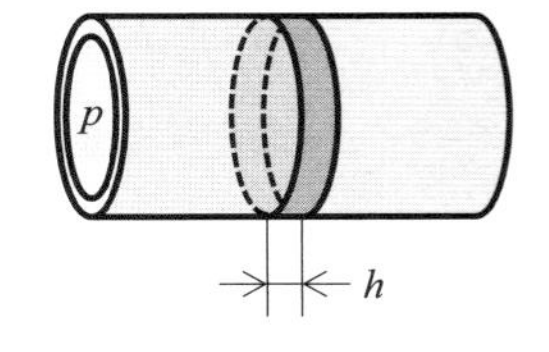


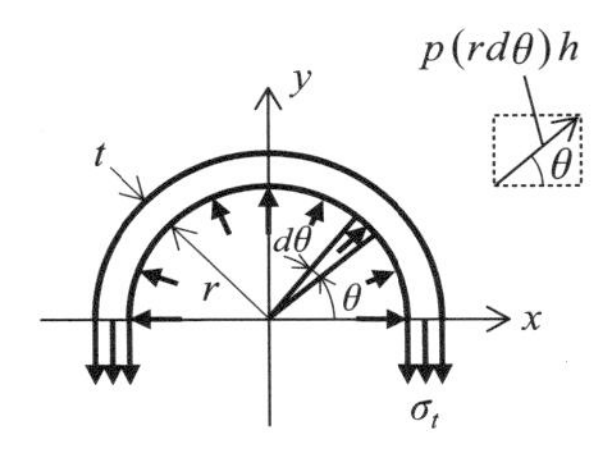


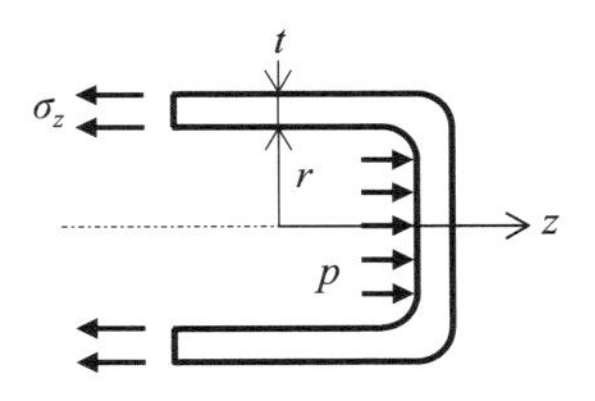


図 4-15　内圧を受ける薄肉円筒の解析

次に，薄肉円筒を軸に対して直角に切断して，その一方の力のつり合いを考えると，

$$p\pi r^2 - 2\pi rt\,\sigma_z = 0$$

$$\therefore\ \sigma_z = \frac{pr}{2t} = \frac{1}{2}\sigma_t \tag{4-25}$$

薄肉円筒に生じる最大せん断応力 $\tau_{\max}$ は，式 (4-9) より，

$$\tau_{\max} = \frac{\sigma_1 - \sigma_2}{2} = \frac{\sigma_t - \sigma_z}{2} = \frac{pr}{4t} \tag{4-26}$$

## 例題 5

直径 $d = 10\,\text{cm}$，肉厚 $t = 1\,\text{mm}$ の薄肉円筒に $p = 5\,\text{MPa}$ の内圧を負荷する。この円筒に生じる円周応力 $\sigma_t$，軸応力 $\sigma_z$ および最大せん断応力 $\tau_{\max}$ を求めよ。また，円周方向および軸方向の垂直ひずみを求めよ。ただし，ヤング率 $E = 206\,\text{GPa}$，ポアソン比 $\nu = 0.3$ とする。

式 (4-24) および (4-25) より,

$$\sigma_t = \frac{pr}{t} = \frac{p(d/2)}{t} = \frac{5\times10^6\times5\times10^{-2}}{1\times10^{-3}} = 25\times10^7\ \mathrm{N/m^2} = 250\ \mathrm{MPa} \quad ①$$

$$\sigma_z = \frac{1}{2}\sigma_t = \frac{1}{2}\times250 = 125\ \mathrm{MPa} \quad ②$$

また最大せん断応力 $\tau_{\max}$ は, 式 (4-26) より,

$$\tau_{\max} = \frac{\sigma_t - \sigma_z}{2} = 62.5\ \mathrm{MPa} \quad ③$$

円周方向の垂直ひずみ $\varepsilon_t$ は, 平面応力に対する構成方程式を用いると,

$$\varepsilon_t = \frac{1}{E}(\sigma_t - \nu\sigma_z) = \frac{1}{206\times10^3}(250-0.3\times125) = 1.03\times10^{-3} \quad ④$$

同じように, 軸方向の垂直ひずみ $\varepsilon_z$ は,

$$\varepsilon_z = \frac{1}{E}(\sigma_z - \nu\sigma_t) = \frac{1}{206\times10^3}(125-0.3\times250) = 0.24\times10^{-3} \quad ⑤$$

### (b) 遠心力を受ける薄肉円筒

ガスタービンなどの高速回転機械では, 回転強度が問題となる。ここではその基礎となる遠心力を受ける薄肉円筒に生じる応力を考える。図 4-16 のように $\omega$ [rad/s] で回転している比重量 $\gamma$ [kgf/cm$^3$] の薄肉円筒のハッチング部 (厚さ $h$) のつり合いを考える。重力加速度を $g$ [cm/s$^2$] とすると, 遠心力 $dF$ は,

$$dF = \frac{\gamma(thrd\theta)}{g}\cdot r\omega^2$$

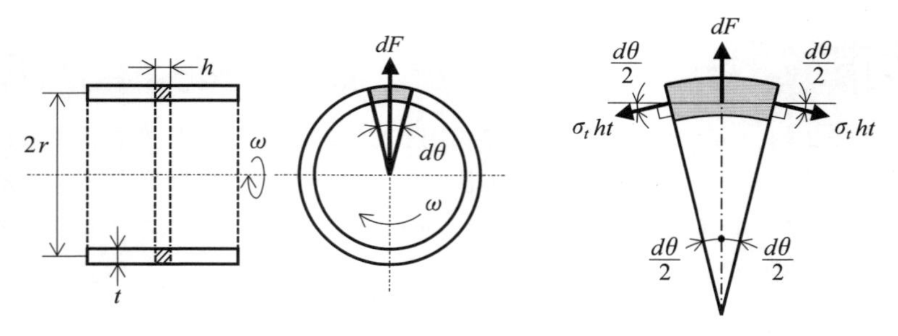


図 4-16　遠心力を受ける薄肉円筒

半径方向の力のつり合い式は，

$$dF - 2\sigma_t ht \sin\frac{d\theta}{2} = 0$$

$\sin\frac{d\theta}{2} \fallingdotseq \frac{d\theta}{2}$　より，

$$\therefore \quad \sigma_t = \frac{\gamma}{g} r^2 \omega^2 = \left(\frac{\gamma}{g}\right) v^2 \tag{4-27}$$

$\gamma/g$：密度，$v$：周速度（$=r\omega$）

円周応力 $\sigma_t$ を材料の使用応力 $\sigma_w$ に等しくすると，許容周速度 $v_a$ は

$$\sigma_t = \sigma_w \quad \text{より} \quad v_a = \sqrt{\frac{g\sigma_w}{\gamma}} \quad \text{[cm/s]} \tag{4-28}$$

また許容回転数 $N_a$ [rpm] は

$$\left.\begin{aligned} \omega &= \frac{2\pi N}{60} \\ \sigma_t &= \frac{\gamma}{g} r^2 \omega^2 = \sigma_w \end{aligned}\right\} \quad \text{より} \quad N_a = \frac{60}{2\pi r}\sqrt{\frac{g\sigma_w}{\gamma}}$$

たとえば，$r = 10$ cm，$\gamma = 0.00785$ kgf/cm$^3$，$\sigma_w = 2000$ kgf/cm$^2$ とすると，$N_a \fallingdotseq$ 15100 rpm となる。

以上は解析が簡単な薄肉円筒の場合であるが，厚肉円筒の解析も重要である。これについては，第 11 章で学ぶ。

# 演習問題

海技試験出題問題

**1** 図のように，直径30 cmの丸棒に150 kN（15 tf）の引張荷重 $W$ を加えると，横断面と30°傾斜した面上に生じる垂直応力 $\sigma_\theta$ とせん断応力 $\tau_\theta$ は，いくらになるか。それぞれ記せ。

注：計算は，SI（国際単位系）または重力単位系いずれで行ってもよい。

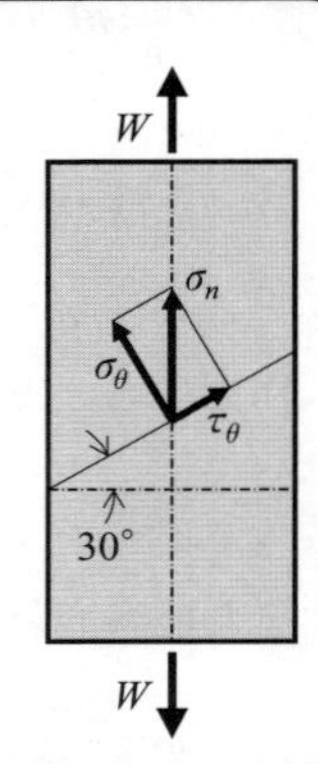


**2** $\sigma_x = 100$ MPa，$\sigma_y = 200$ MPa，$\tau_{xy} = 50$ MPa のとき外向法線 $N$ が $x$ 軸と $\phi = 45°$ 傾いた面上の応力成分を求めよ。

**3** 図のように，幅 $a$，高さ $b$，厚さ $h$ の板が摩擦のない剛体壁間にはさまれている。板の側面に一様に分布する圧縮荷重 $W_1$，$W_2$ が作用するとき，板が壁に及ぼす力 $P$ を求めよ。ただし，板材のポアソン比を $\nu$ とする。

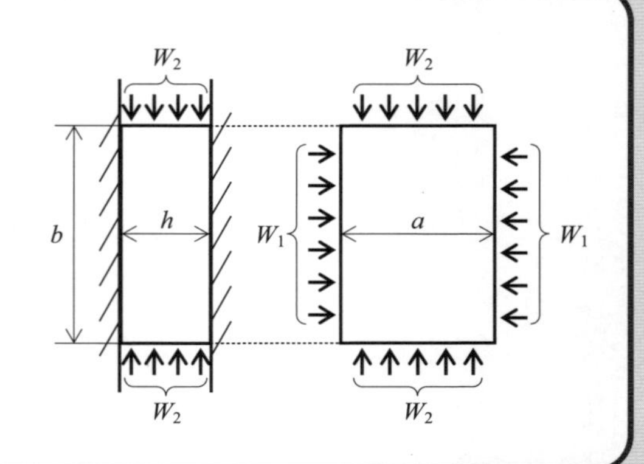

海技試験出題問題

**4**　薄肉球形タンクと薄肉円筒形タンクでは，直径と肉厚が同じであれば，同じ内圧に対して，球形タンクのほうが円筒形タンクより2倍の強さがあることを説明せよ。

**5**　内径 $d=200\,\mathrm{cm}$ の薄肉円筒を $p=1\,\mathrm{MPa}$ の内圧に耐えるようにするには，肉厚 $t$ をいくらにすればよいか。ただし，許容せん断応力 $\tau_a=10\,\mathrm{MPa}$ とする。

## コラム《4》　フェイルセーフ

「装置とはいつか必ず故障するものである。」ということを前提として，強度を受け持つ構造体の一部が壊れても，周辺の構造体に影響を与えずに，人命に決して危険が及ぶことがないように安全に運転を継続させるための考え方がフェイルセーフであり，設計手法として非常に重要である。例えば，図のように，バックアップ構造では，１つの部材が壊れたときに，バックアップの部材が代わって荷重を受け持つ。ロード・ドロッピング構造では，ある部材が壊れたときに，そこには同じ荷重が二度とかからないようになっている。二重構造では，部材を２つ以上に分けておき，荷重を分散させたり，クラックの伝播を防止したりする。リダンダント構造では，複数の部材で荷重をそれぞれ分担して受け持つようにしておき，一部が壊れても，全体に大きな影響を与えないよう，冗長性を持たせるものである。その他にも，ハニカム構造やサンドイッチ構造などがある。

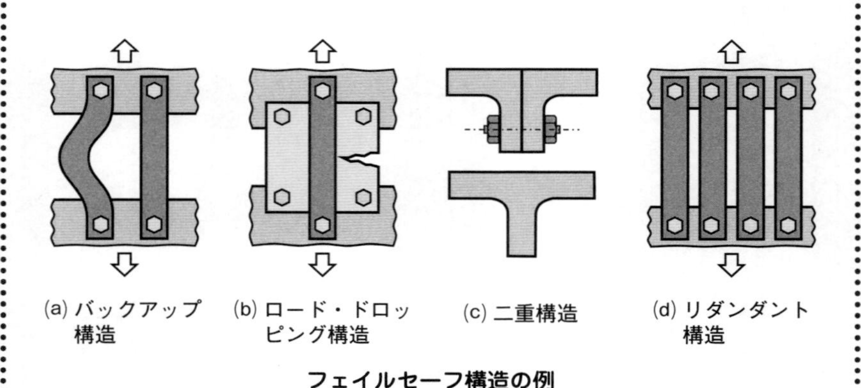


**フェイルセーフ構造の例**

# 第5章 はりのせん断力と曲げモーメント

棒に横荷重が作用すると曲がる。このような曲げを受ける棒をはり（beam）という。はりには，荷重を受ける前にはまっすぐである真直はりと，あらかじめ曲っている曲がりはりがある。また，はり要素を組み合わせた構造もあり，これをラーメン構造という。実際の機械・構造物にははり要素が多用されており，このためはりの解析は材料力学の中でももっとも重要なもののひとつである。本章では，真直はりに生じるせん断力と曲げモーメントの意味とその求め方について学ぶ。

## 5.1 はりの種類

はりには，その支持方法により名前が付いている。図 5-1 に示すように，(a)一端が固定され他端は支持されていないはりを片持はり（cantilever），(b)両端が支持され，そこでは自由に回転できるように支持されているはりを単純はり（simple beam）という。この 2 種類のはりは，支持側からの反力をつり合い式のみで求めることができる静定はりである。一方，(c)両端が固定されているはりを固定はり（fixed beam），(d)支点が 3 つ以上あるはりを連続はり（continuous beam）という。これらのはりは，つり合い式のみでは反力を求めることができず，不静定はりとなる。

図 5-2 に示すように，はりを支持する様式は 3 種類に大別される。すなわち，(a)固定端では，支持側から複雑な

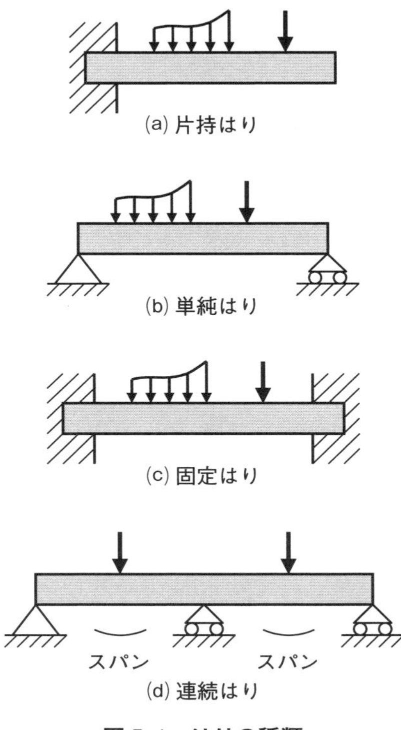


図 5-1 はりの種類

力が作用するが，それを静力学的に等価となるように，支持点におけるはりの長さ方向の力 $Q$ とそれと直角な方向の力 $R$ およびモーメント $M$ に置き換えることができる。(b)回転端では，回転自由なため，支持側からのモーメントは作用せず，$Q$ と $R$ のみが作用する。また，(c)移動端では，はりの長さ方向の拘束がないため，$R$ のみが作用する。なお，はりに垂直方向の外力のみが作用する場合には，はりの長さ方向の反力 $Q$ は考慮する必要はない。単純はりにおいて支持の1つを移動端とするのは，はりの変形などに伴うその長さ方向の反力の発生を避けるためである。

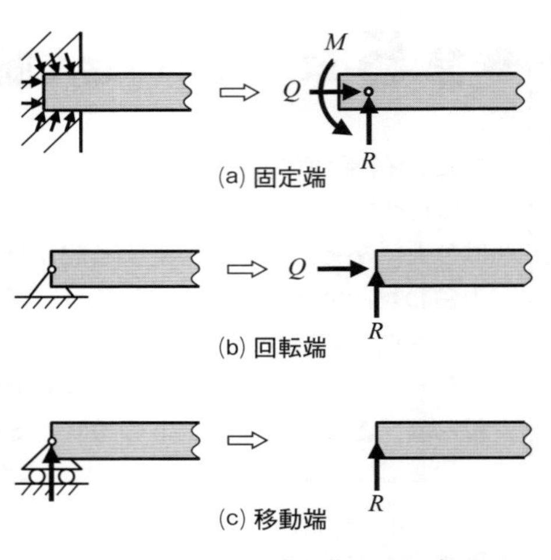


図 5-2　支持様式と作用する力

## 5.2　せん断力および曲げモーメント

はりの解析では，せん断力と曲げモーメントの概念を理解し，求めることがもっとも重要である。はりに生じる内力をみるために，はりをある断面X－Xで仮に切断し，X－X断面より左側の部分のつり合いを考えると（図 5-3），反力も含めた外力につり合うためには $X_+$ 面を構成する分子または原子から力 $V$ とモーメント $M$ が $X_-$ 面に作用しなければならない。また作用・反作用の法則から $X_+$ 面にも方向が反対の $V$，$M$ が作用する。図 5-4 に示すように X－X 断面を含む微小部分を取って考えれば明らかなように，$V$ ははりをせん断する力であり，

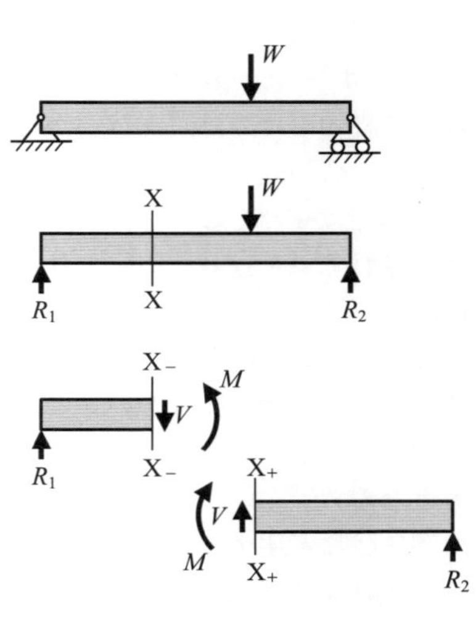


図 5-3　せん断力と曲げモーメント

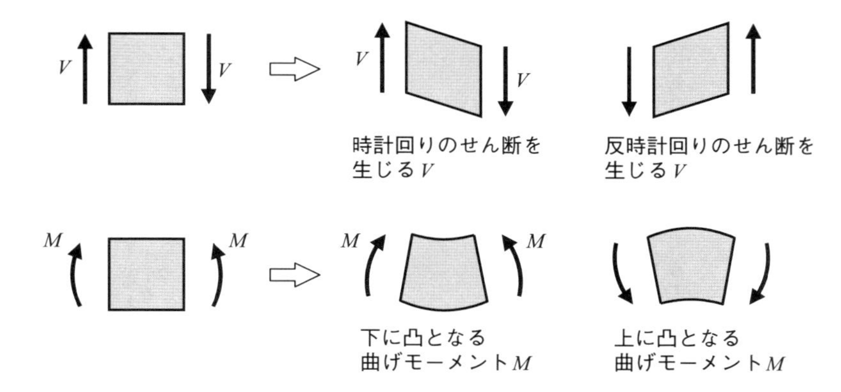


**図 5-4　符号の約束**

$M$は曲げようとするモーメントである。これらをそれぞれせん断力（shearing force）と曲げモーメント（bending moment）という。本書では，図 5-4 に示すように，時計回りのせん断を与える$V$を＋，反時計回りのせん断を与える$V$を－と約束する。また，はりを下に凸となるように曲げる曲げモーメントを＋，上に凸となるように曲げるそれを－と約束する。

## 5.3　せん断力と曲げモーメントの求め方

内力であるせん断力$V$と曲げモーメント$M$は，はりの長さ方向に変化する。はりの左端より$x$の位置にある X－X 断面の$V$と$M$は，図 5-5 に示すように，$x$より左側の反力を含む横荷重を静力学的に等価となるように$x$の位置でまとめることにより得られる。言い換えれば，せん断力と曲げモーメントの符号の約束を考慮すると，$x$の位置における$V$は，$x$より左側にある横荷重を上向きの力をプラス，下向きの力をマイナスとしてたし合わせればよい。また，$M$は$x$よりも左側にある横荷重が$x$の位置に作るモーメントを，上向きの力が作るモーメントをプラス，下向きの力が作るモーメントをマイナスとしてたし合わせることによる求められる。これらを式の形で表現すると，

$$V = \left( \Sigma F_i \right)_L \tag{5-1}$$

$$M = \left( \Sigma M_i \right)_L \tag{5-2}$$

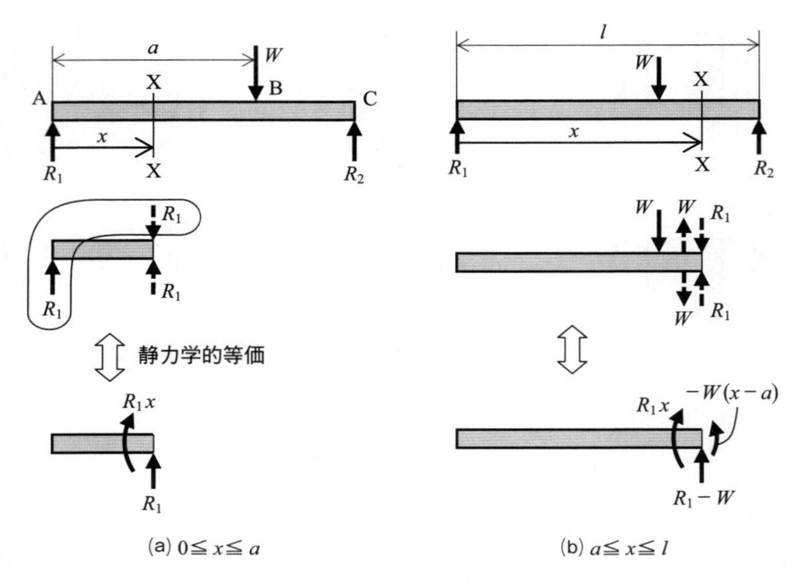


**図 5-5　せん断力と曲げモーメントの意味**

なお，$x$ より右側の力の作用を考えてもよいが，その場合には，

$$V=-\left(\Sigma F_i\right)_R \tag{5-3}$$

$$M=\left(\Sigma M_i\right)_R \tag{5-4}$$

となることに注意したい。なお，添字の $L$ は“左側”を意味し，$R$ は“右側”を意味する。これらの式を用いるとき，横荷重が作用する位置を境に式が変わるため，場合分けして式の成立範囲を明示する必要がある。たとえば，図 5-5 に示す例では，$x$ の原点をはりの左端におくとき，

$0\leqq x\leqq a$ では，

$$V=R_1$$

$$M=R_1x$$

$a\leqq x\leqq l$ では，

$$V=R_1-W$$

$$M=R_1x-W(x-a)$$

せん断力 $V$ と曲げモーメント $M$ の変化する様子を示すために，横軸に位置 $x$ を，また縦軸にそれぞれ $V$ と $M$ を取って表示すると，図 5-6 となる。これらをそれぞれ，せん断力図（shearing force diagram，略して SFD）と曲げモーメント図（bending moment diagram，略して BMD）という。なお，反力 $R_1$ と $R_2$ は，力のつり合いと，ある点，たとえばC点におけるモーメントのつり合い式，

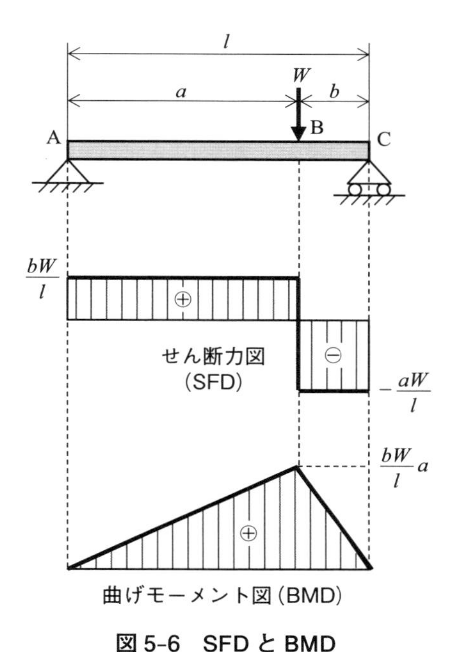

図 5-6　SFD と BMD

$$R_1 + R_2 - W = 0$$

$$R_1 l - Wb = 0$$

より，

$$R_1 = \frac{bW}{l}$$

$$R_2 = \frac{aW}{l}$$

## 5.4　はりに対する重ね合わせの原理

複雑な荷重状態にあるはりを，単純な荷重状態に分けて各状態の $V$ と $M$ を求め，それらをたし合わせることにより解析することができる。以下，重ね合わせの原理の片持はりと単純はりへの応用例を示す。

図 5-7 (a)に示すように，2 つの集中荷重 $P_1$ と $P_2$ を受ける片持はりに対し，その SFD と BMD を，重ね合わせの原理を用いて求める。集中荷重 $P_1$ と $P_2$ がそれぞれ単独に作用するものとし，まず $P_1$ のみが作用するときを考える。先端に原点をもつ座標 $x$ をおくと，せん断力 $V$ と曲げモーメント $M$ はそれぞれ，

$$V = -P_1$$

$$M = -P_1 x$$

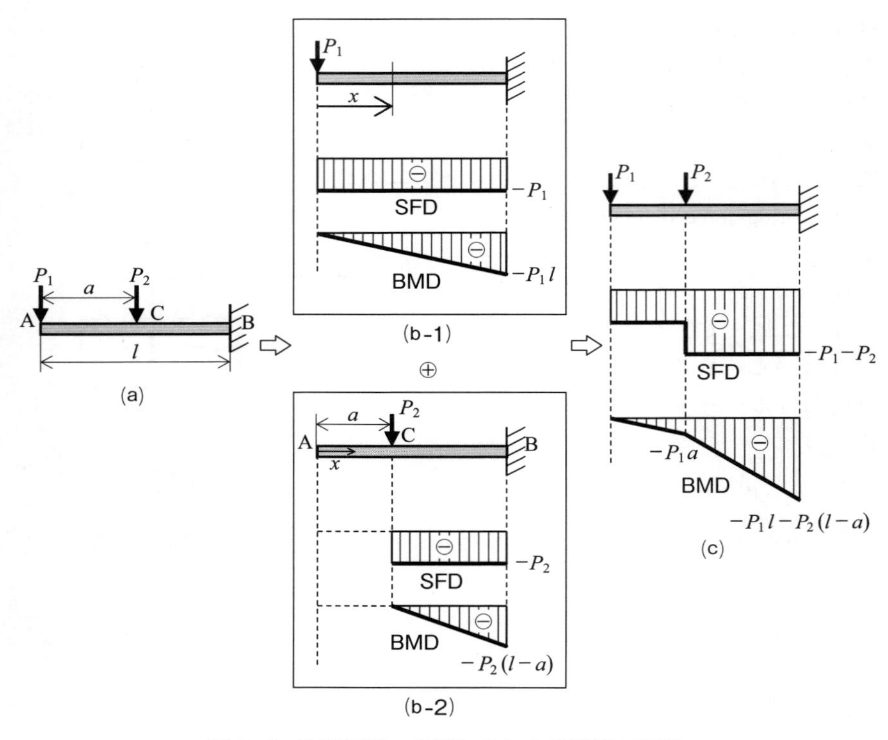


**図 5-7　片持はりへの重ね合わせの原理の適用**

これらの式を用いて SFD と BMD を求めると，同図(b-1)となる。次に，中間に $P_2$ のみが作用するとき，同じ原点をもつ座標 $x$ を用いると，$V$ と $M$ は，

AC 間（$0 \leqq x \leqq a$）では，

$$V=0$$

$$M=0$$

CB 間（$a \leqq x \leqq l$）では，

$$V=-P_2$$

$$M=-P_2(x-a)$$

これより SFD と BMD は，同図(b-2)となる。$P_1$ と $P_2$ が同時に作用するときの SFD と BMD は，これらを重ね合わせる（たし合わせる）ことにより得られ，

同図(c)となる。また，$V$ と $M$ の式も，重ね合わせにより，

AC 間（$0 \leqq x \leqq a$）では，

$$V = -P_1$$

$$M = -P_1 x$$

CB 間（$a \leqq x \leqq l$）では，

$$V = -P_1 - P_2$$

$$M = -P_1 x - P_2 (x-a)$$

となる。

次に，2つの集中荷重を受ける単純はり（図 5-8）について，SFD と BMD を求める。まず，$W_1$ が単独に作用する場合を考え，反力 $R_1'$，$R_2'$ を求める。支点 B におけるモーメントのつり合いより，

$$R_1' l - W_1 (l - a_1) = 0$$

$$\therefore \ R_1' = \frac{W_1 (l - a_1)}{l}$$

上下方向の力のつり合いより，

$$R_1' + R_2' - W_1 = 0$$

$$\therefore \ R_2' = \frac{W_1 \, a_1}{l}$$

なお，支点 A におけるモーメントのつり合いを考えても同様な結果が得られる。

$AC_1$ 間（$0 \leqq x \leqq a_1$）では，

$$V = R_1'$$

$$M = R_1' x$$

$C_1B$ 間（$a_1 \leqq x \leqq l$）では，

$$V = R_1' - W_1$$

$$M = R_1' x - W_1 (x - a_1)$$

これらを図示すると，同図(b-1)となる。同様にして，$W_2$ が単独に作用する場合について求めると，反力 $R_1''$ と $R_2''$ は，

$$R_1'' = \frac{W_2 (l - a_2)}{l} \quad , \quad R_2'' = \frac{W_2 \, a_2}{l}$$

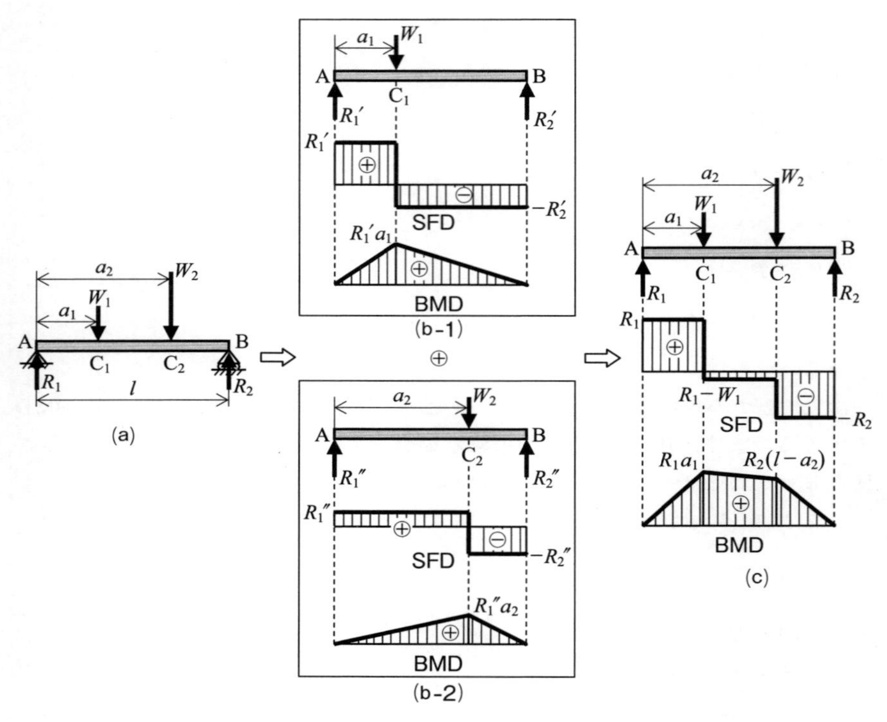


**図 5-8　単純はりへの重ね合わせの原理の適用**

また，$V$と$M$は，$AC_2$ 間（$0 \leqq x \leqq a_2$）では，

$$V = R_1''$$

$$M = R_1'' x$$

$C_2B$ 間（$a_2 \leqq x \leqq l$）では，

$$V = R_1'' - W_2$$

$$M = R_1'' x - W_2(x - a_2)$$

これらを図示すると，同図(b-2)となる。これらを重ね合わせると，$W_1$と$W_2$が同時に作用するときのSFDとBMDが得られる（同図(c)）。なお，反力$R_1$と$R_2$は，重ね合わせにより，

$$R_1 = R_1' + R_1'' = \frac{W_1(l-a_1)}{l} + \frac{W_2(l-a_2)}{l}$$

$$R_2 = R_2' + R_2'' = \frac{W_1\ a_1}{l} + \frac{W_2\ a_2}{l}$$

以上の結果は，重ね合わせの原理を用いなくとも解くこともできるが，より複雑な荷重系に対しては基本となる解の重ね合わせから結果が得られるため，この方法は極めて有用である。

## 5.5　分布荷重の取り扱い

せん断力 $V$ と曲げモーメント $M$ は，分布荷重が作用する場合にも式(5-1)と(5-2)により求めることができるが，やや複雑となる。分布荷重には，一様に分布する荷重（一様分布荷重）や三角状分布荷重の他に，様々な分布荷重がある。その扱い方として，分布荷重を集中荷重の集まりと考えて，細かく分けたものをたし合わせる，すなわち微分と積分を用いる。

### (a)　一様分布荷重の例

図 5-9 に示す片持はりに，はりの長さ方向の単位長さあたり $w_0$ の一様分布荷重が作用するときの $V$ と $M$ を求める。はりの左端から $x$ の位置の $V$ と $M$ を求めるには，分布荷重を細かく分け，それらを集中荷重とみなして $x$ の位置への寄与を求める。すなわち，はりの左端から $\xi$ の位置にある微小素片 $d\xi$ に作用する力は $w_0 d\xi$（これを集中荷重とみなす）であり，$x$ の位置へ及ぼすせん断力 $dV$ は符号を考慮して，

$$dV = -w_0\, d\xi$$

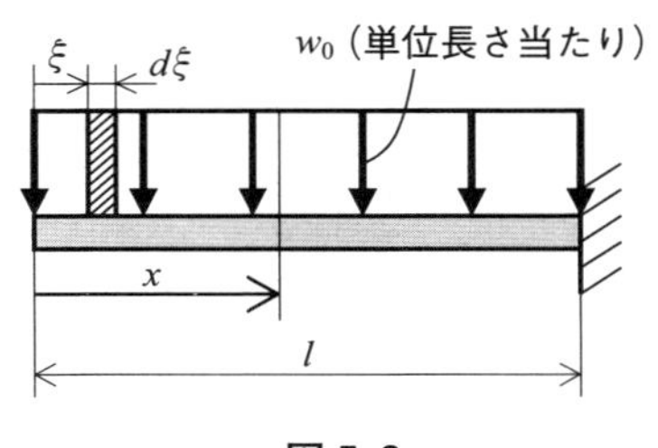

図 5-9

したがって，

$$V = \int dV = \int_0^x -w_0\, d\xi = -w_0\, x$$

また，曲げモーメント $dM$ は，

$$dM = -w_0(x-\xi)\, d\xi$$

したがって，

$$M = \int dM = \int_0^x -w_0(x-\xi)\, d\xi = -\frac{w_0}{2}x^2$$

一様分布荷重や三角状分布荷重等のように，単純な分布荷重では，積分をすることなく，次のようにして $V$ と $M$ を容易に求めることができる（以下，これを第2の方法という）。すなわち，一様分布荷重の場合，図 5-10 に示すように，せん断力 $V$ は $x$ の位置より左側の部分に作用する力を合計したものであり，

$$V = -w_0 x$$

また，曲げモーメント $M$ は，$x$ より左側の力が中心（力の重心）位置に集中するものとして，その力が $x$ の位置に作るモーメントを求める。これより，

$$M = -w_0 x \cdot \frac{x}{2} = -\frac{w_0 x^2}{2}$$

むろんのこと，それらの結果は微分・積分による結果に一致する。SFD と BMD は，図 5-11 となる。

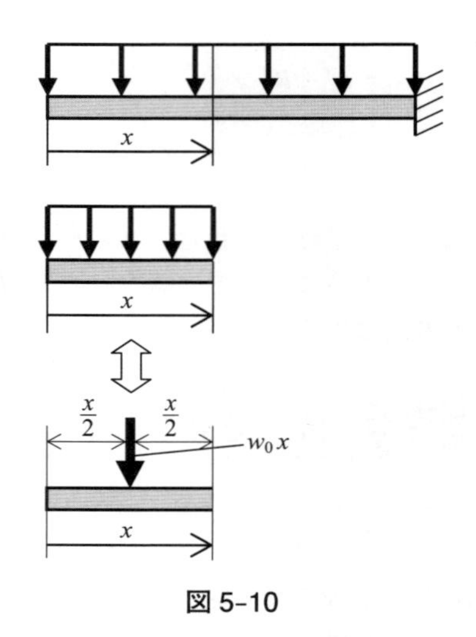


図 5-10

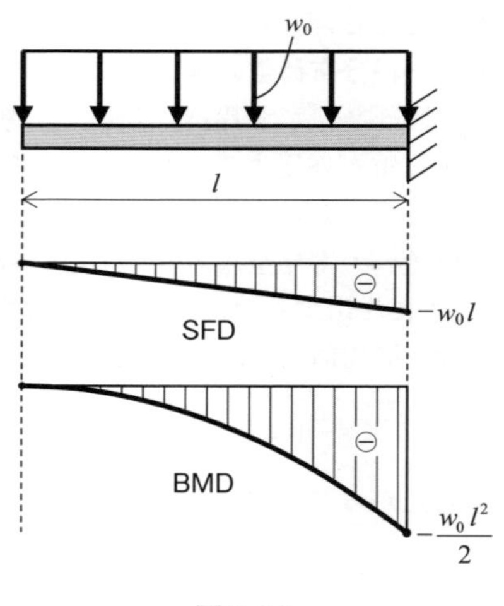


図 5-11

もう一つの例として，図 5-12 (a) に示すように，単純はりに一様分布荷重がはりの全長にわたり作用するときの $V$ と $M$ を第2の方法で求め，その SFD と BMD を描く。まず，両端の支点の反力 $R_1$ と $R_2$ は，作用する荷重の対称性から，

$$R_1 = R_2 = \frac{q_0 l}{2}$$

軸 $x$ の原点を左端におくと，任意の位置 $x$ における $V$ は，同図(b)のように，$x$ より左側に作用する力を考えて，せん断力 $V$ は，

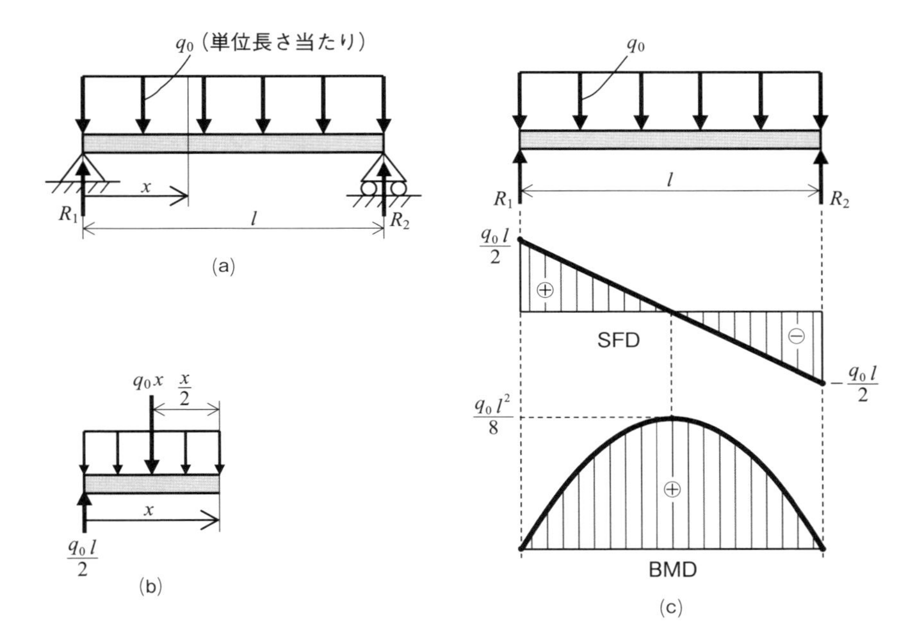


図 5-12

$$V = \frac{q_0 l}{2} - q_0 x = \frac{q_0}{2}(l - 2x)$$

また，曲げモーメント $M$ は，$x$ より左端に作用する分布荷重がすべて力の重心位置（$x/2$）に作用するものとし，その力 $q_0 x$ が $x$ の位置に作るモーメントを先に述べた符号の約束を考慮して求める。また，反力の作るモーメントを考慮すると $M$ は，

$$M = \frac{q_0 l}{2} x - q_0 x \cdot \frac{x}{2} = \frac{q_0 x}{2}(l - x)$$

これらの式をもとに SFD と BMD を描くと，同図(c)となる。

**(b)　三角状分布荷重の例**

図 5-13(a)に示すように，片持はりに三角状分布荷重が作用するときの $V$ と $M$ を求める。分布荷重の強さとして，右端においてはりの長さ方向対して単位長さたり $q_0$ が作用するものとする。軸 $x$ の原点を左端におき，任意の位置 $x$ における $V$ と $M$ を求める。位置 $x$ における分布荷重の強さ $q$ は，

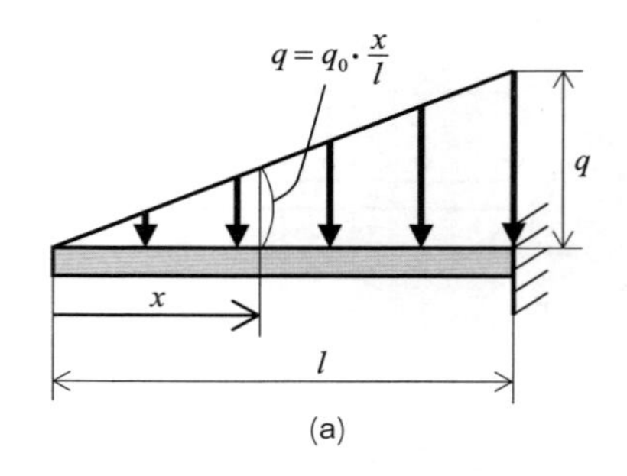


$$q = q_0 \cdot \frac{x}{l}$$

となり，$x$の左側に作用する力は$qx/2$である。これより，

$$V = -\frac{qx}{2} = -\frac{q_0 x^2}{2l}$$

また，すべての力が力の重心位置（左端より$(2/3)x$あるいは$x$の位置から$(1/3)x$）に加わるとして，その力が$x$の位置に作るモーメントを求めると，

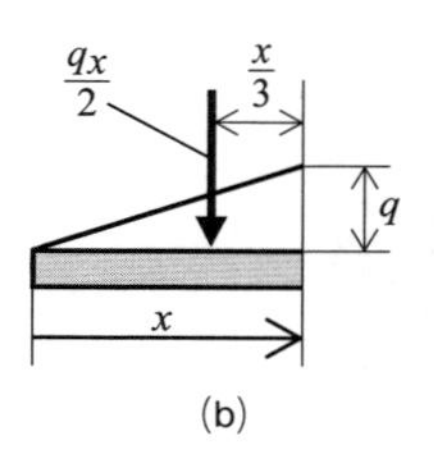


$$M = -\frac{qx}{2} \cdot \frac{x}{3} = -\frac{q_0 x^3}{6l}$$

これらの式からSFDとBMDを描くと，同図(c)となる。

一般的な分布荷重が作用する場合には，力の重心位置を求めるのが困難なため，積分（集中荷重の重ね合わせ）に頼らざるを得ない。図5-14に示す片持はりでは，$x$の位置の$V$と$M$はそれぞれ，

$$V = -\int_0^x w d\xi$$

$$M = -\int_0^x w(x-\xi) d\xi$$

また，単純はり（図5-15）では反力を加味して，

$$V = R_A - \int_0^x w d\xi$$

$$M = R_A x - \int_0^x w(x-\xi) d\xi$$

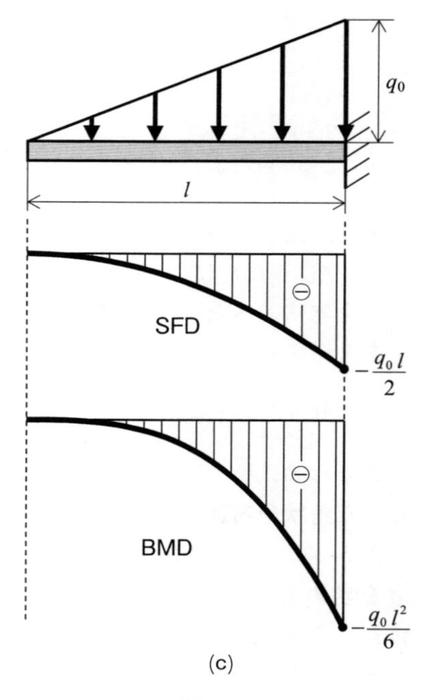


図5-13

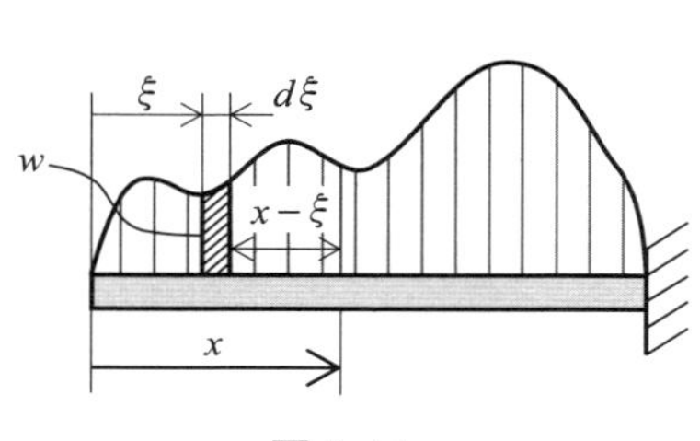


図 5-14

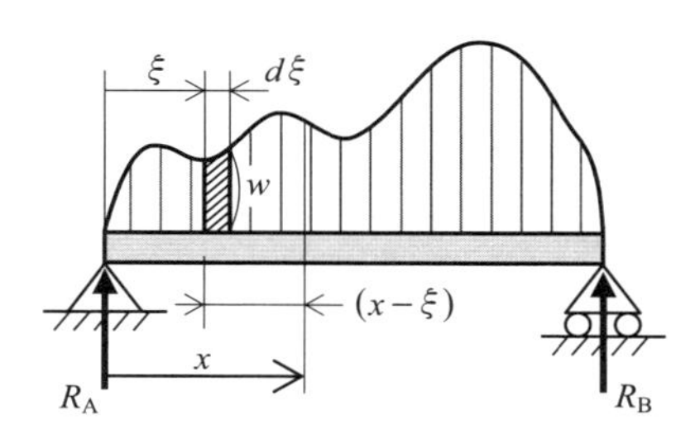


図 5-15

## 例題 1

長さ $l = 100$ cm の単純はりに，三角状分布荷重（右端で $q_0 = 50$ kgf/cm）が作用する。せん断力 $V$ と曲げモーメント $M$ を求め，図示せよ。

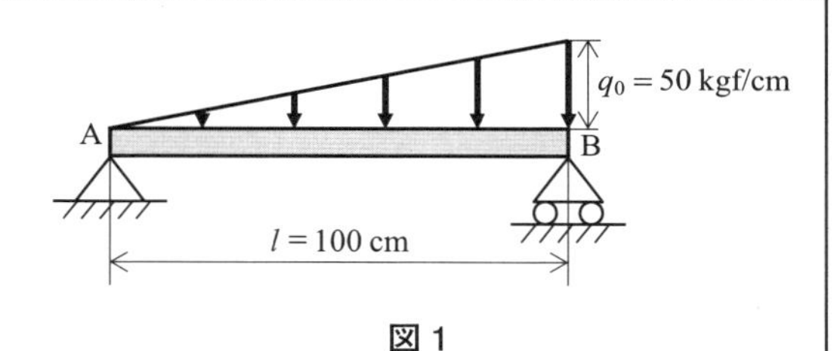


図 1

まず，反力 $R_1$ と $R_2$ を求める。三角状分布荷重は，図 2 のように，三角形の重心位置にすべての力 $W$ が作用することと静力学的に等価である。

$$W = \frac{1}{2} l q_0 = \frac{1}{2} \times 100 \times 50 = 2500 \text{ kgf} \quad ①$$

であるので，B 点でのモーメントのつり合いを考えると，

$$R_1 \cdot l - W \cdot \left( \frac{l}{3} \right) = 0$$

$$\therefore R_1 = \frac{1}{3} W = 833.3 \text{ kgf} \quad ②$$

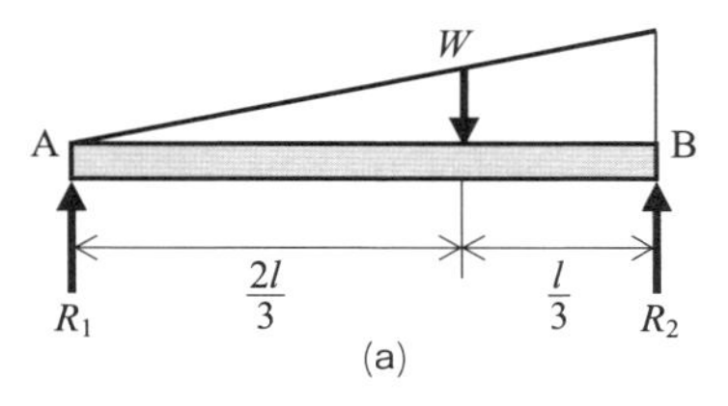


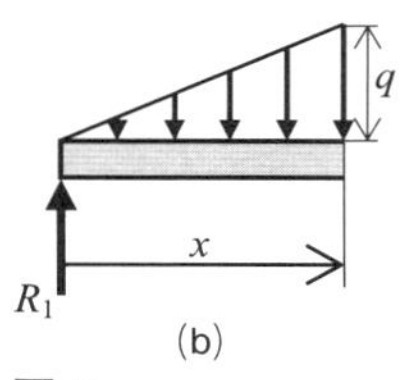


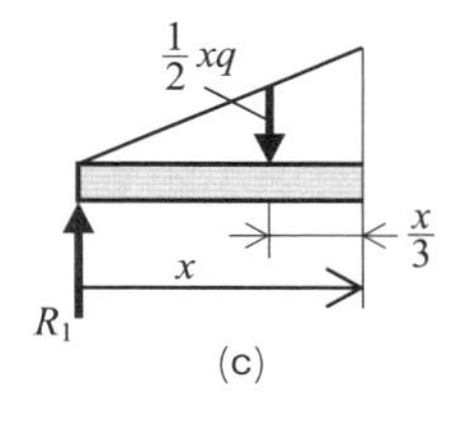


図 2

力のつり合い式

$$R_1 + R_2 - W = 0$$

より，

$$R_2 = W - R_1 = \frac{2}{3}W = 1666.7\ \text{kgf} \qquad ③$$

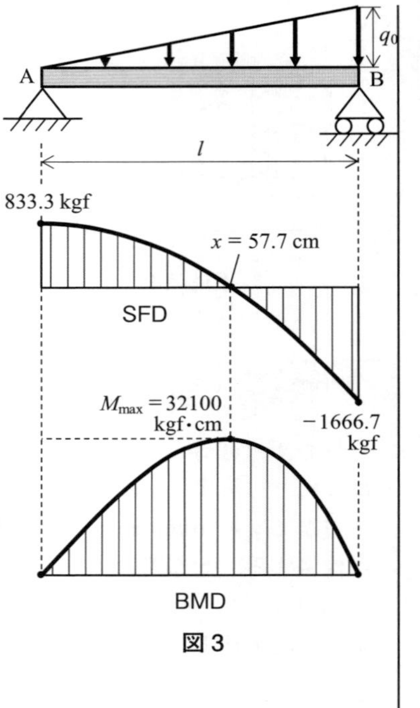

図 3

次に，左端 A に原点をおく $x$ 軸を用いると，$x$ の位置における $V$ と $M$ はそれより左側に作用する力をたし合わせたものである。$x$ の位置における分布荷重の強さ $q$ は，

$$q = \frac{x}{l} q_0 \qquad ④$$

したがって，

$$V = R_1 - \frac{1}{2}xq = \frac{1}{3}W - \frac{q_0}{2l}x^2$$

$$= 833.3 - 0.25x^2\ \text{kgf} \qquad ⑤$$

また，$M$ は，$x$ より左側に作用する力（$xq/2$）がすべて重心位置に作用するものとして扱えばよい。したがって，

$$M = R_1 x - \left(\frac{1}{2}xq\right)\cdot\left(\frac{1}{3}x\right) = \frac{1}{3}Wx - \frac{x^3 q_0}{6l} = 833.3x - 0.0833x^3\ \text{kgf}\cdot\text{cm} \qquad ⑥$$

$V$ と $M$ を図示すると，図 3 となる。なお，$M$ の最大となる位置と大きさは，5.6 節で述べるように，$V=0$ となる位置（$x = 57.7$ cm）で，

$$M_{max} = M_{x=57.7} \fallingdotseq 32100\ \text{kgf}\cdot\text{cm} \qquad ⑦$$

## 例題 2

図に示す突き出しはりに，$W = 100$ kgf の集中荷重が作用したとき（図 1(a)）と 100 kgf が一様に分布したとき（同図(b)）の $V$ と $M$ を求め，比較せよ。

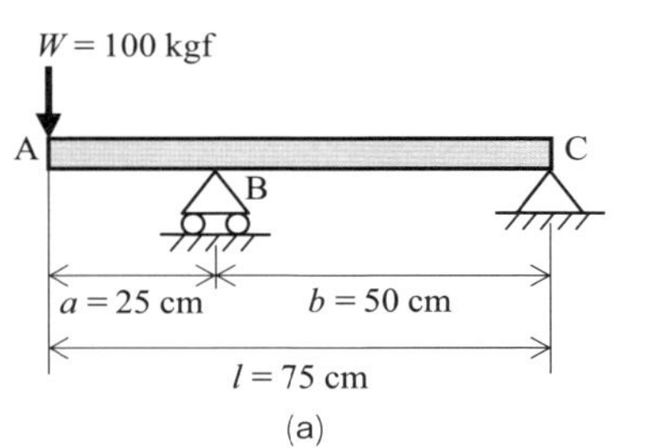

(a)

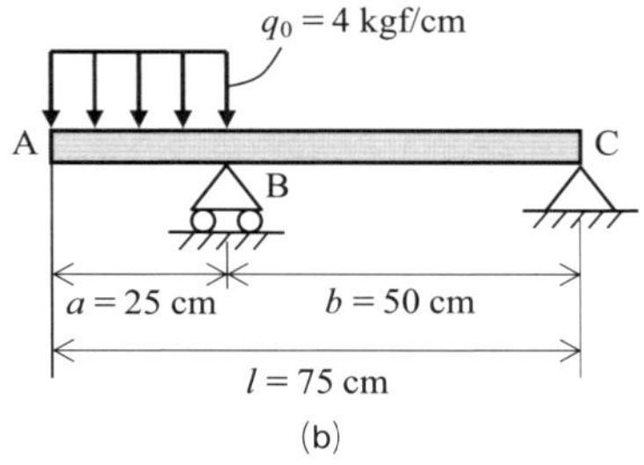

(b)

図1

図1(a)の場合：

C点についてモーメントのつり合い式を作ると（図2(a)），

$$-Wl + R_1 b = 0$$

$$\therefore\ R_1 = \frac{l}{b}W \quad ①$$

力のつり合い式

$$R_1 + R_2 - W = 0$$

より，

$$R_2 = W - R_1 = W\left(1 - \frac{l}{b}\right) = -\frac{a}{b}W \quad ②$$

なお，負号は反力が反対方向に作用することを意味する。

A点に原点をおく $x$ 軸に対して，$0 \leqq x \leqq a$ では，$x$ の位置の $V$ と $M$ は（同図(b)参照）それぞれ，

$$V = -W = -100\ \text{kgf} \quad ③$$

$$M = -Wx = -100x\ [\text{kgf·cm}] \quad ④$$

$a \leqq x \leqq l$ では（同図(c)参照），

$$V = -W + R_1 = \frac{a}{b}W = 50\ \text{kgf} \quad ⑤$$

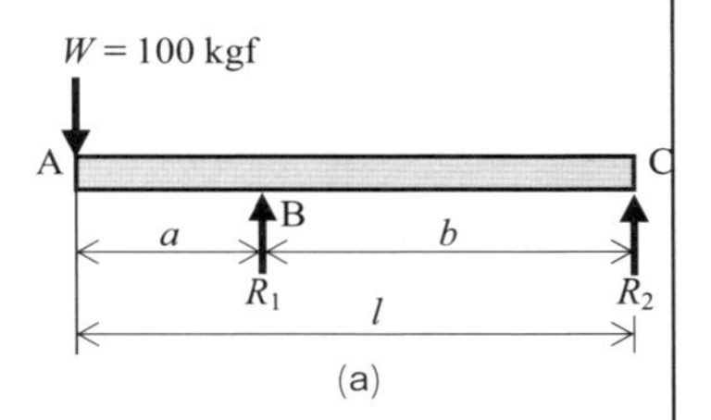

(a)

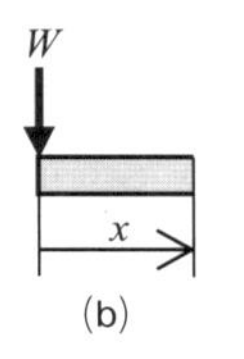

(b)

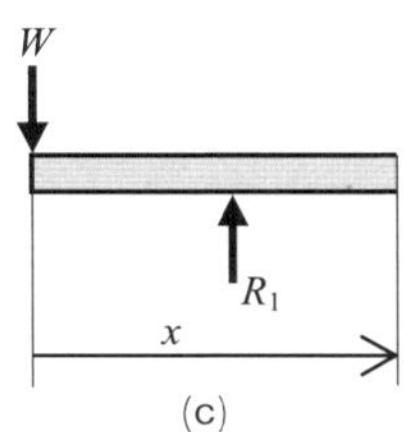

(c)

図2

$$M=-Wx+R_1(x-a)=-Wx+\frac{l}{b}W(x-a)=-Wx+\frac{l}{b}Wx-\frac{la}{b}W$$

$$=\frac{a}{b}Wx-\frac{al}{b}W=\frac{a}{b}W(x-l)=50(x-75)\ \text{kgf}\cdot\text{cm} \quad ⑥$$

図 1(b)の場合：

一様分布荷重が重心位置に作用するものとして（図 3(a)），C 点についてのモーメントのつり合い式を作ると，

$$-W\left(\frac{a}{2}+b\right)+R_1 b=0$$

$$\therefore\ R_1=\frac{1}{b}\left(\frac{a}{2}+b\right)W \quad ⑦$$

ここに，$W=aq_0$ である。力のつり合い式

$$R_1+R_2-W=0$$

より，

$$R_2=W-R_1=-\frac{a}{2b}W \quad ⑧$$

A 点に原点をおく $x$ 軸に対して，$0\leqq x\leqq a$ では（同図(b)参照），$x$ の位置の $V$ と $M$ はそれぞれ，

$$V=-q_0x=-4x\,[\text{kgf}] \quad ⑨$$

$$M=-q_0x\cdot\frac{x}{2}=-\frac{q_0x^2}{2}$$

$$=-2x^2\ \text{kgf}\cdot\text{cm} \quad ⑩$$

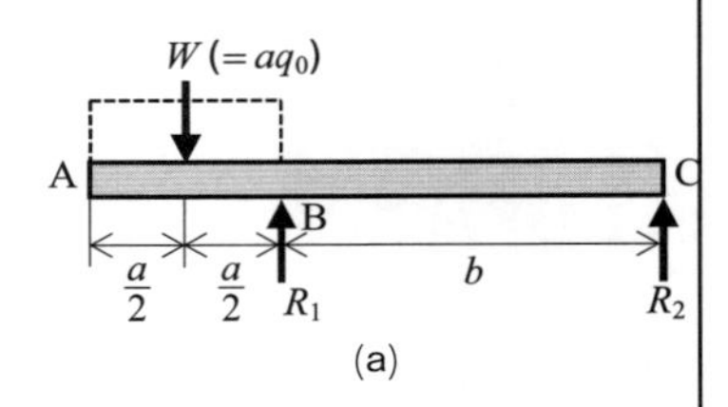

(a)

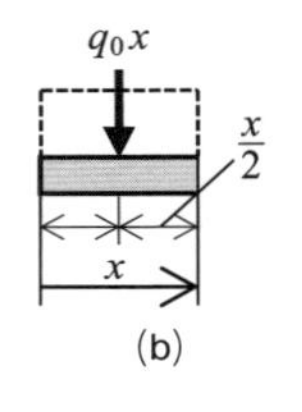

(b)

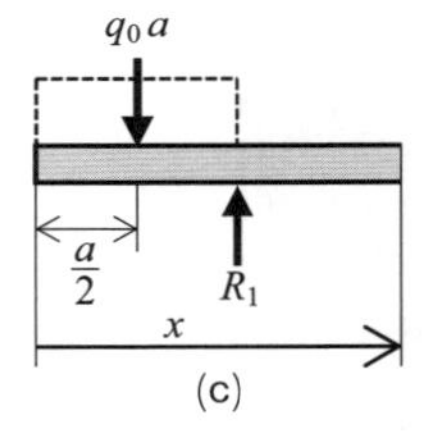

(c)

**図 3**

$a\leqq x\leqq l$ では（同図(c)参照），

$$V=-q_0a+R_1=-q_0a+\frac{1}{b}\left(\frac{a}{2}+b\right)q_0a=\frac{a^2q_0}{2b}=25\ \text{kgf} \quad ⑪$$

$$M=-q_0a\left(x-\frac{a}{2}\right)+R_1(x-a)=\frac{a^2q_0}{2b}(x-l)=25(x-75)\ \text{kgf}\cdot\text{cm} \quad ⑫$$

以上の式をもとに SFD と BMD を描くと，図 4 となる。これらより，同一荷重が作用しても，分布荷重となっている方が曲げモーメントの最大値は小さくなることがわかる。

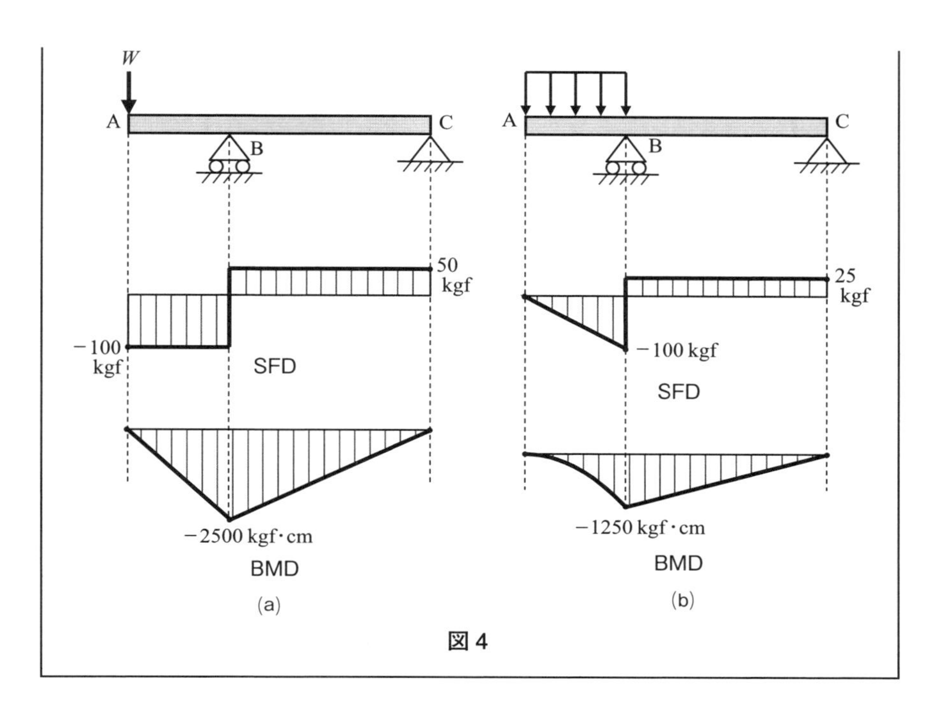


図４

### (c)　外部から偶力が作用する例

図 5-16 (a)に示すように，外部から偶力（トルク）$M_0$ が作用するときの $V$ と $M$ を求める。反力 $R_1$ と $R_2$ を仮定し，支点 B におけるモーメントのつり合いを考えると，

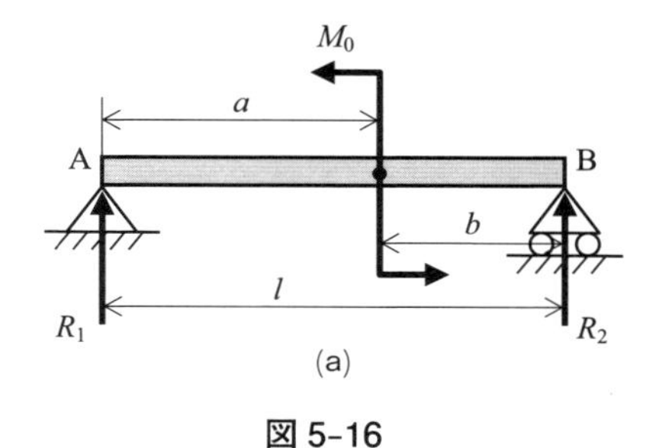


図 5-16

$$R_1 l - M_0 = 0$$

$$\therefore R_1 = \frac{M_0}{l}$$

また，支点 A のモーメントのつり合いを考えると，

$$R_2 l + M_0 = 0$$

$$\therefore R_2 = -\frac{M_0}{l}$$

ここで，$R_2$ の負号は，仮定した方向と逆に反力が生じることを示している。支点 A に原点をおく $x$ 軸をとり，$V$ と $M$ を求める。

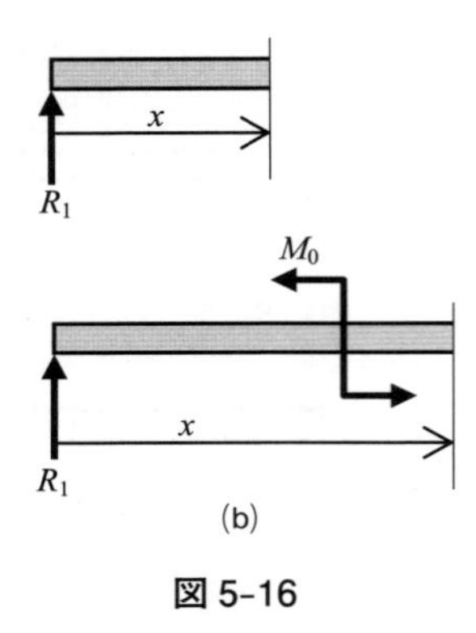


(b)

図 5-16

(c)

図 5-16

$0 \leqq x \leqq a$ では（同図(b)参照），

$$V = R_1$$

$$M = R_1 x$$

また，$a \leqq x \leqq l$ では，

$$V = R_1$$

$$M = R_1 x - M_0$$

これらの式を図にすると，SFD と BMD は同図(c)となる。

## 5.6 荷重，せん断力，曲げモーメントの関係

横荷重を受けるはりでは，荷重 $q$，せん断力 $V$ と曲げモーメント $M$ の間には，次の重要な関係が存在する。図 5-17 に示すように，分布荷重 $q$（単位長さあたり）が作用する微小部分 $dx$ について力のつり合いとモーメントのつり合いを考える。断面 mn に作用するせん断力を $V$，また曲げモーメントを $M$ とすると，$dx$ だけ離れた m′n′ 断面に作用するせん断力と曲げモーメントはそれぞれ $V+dV$，$M+dM$ とおくことができる。微小要素部分の力のつり合いより，

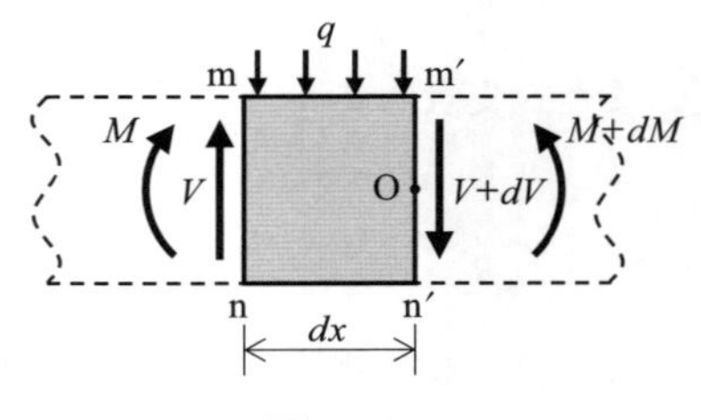


図 5-17

$$V - q\,dx - (V + dV) = 0$$

$$\therefore \frac{dV}{dx} = -q \qquad (5\text{-}5)$$

また，断面 m′n′ 上にある任意の一点 O についてのモーメントのつり合いを考えると，

$$M + V\,dx - q\,dx \cdot \frac{dx}{2} - (M + dM) = 0$$

左辺第 3 項は 2 次の微小量であり，これを省略すれば，

$$\frac{dM}{dx} = V \qquad (5\text{-}6)$$

せん断力と横荷重の関係式（式 (5-5)）は，分布荷重が作用しない場合には，

$$\frac{dV}{dx} = 0 \qquad (5\text{-}7)$$

となる。せん断力と曲げモーメントの関係式（式 (5-6)）は，分布荷重が作用しない場合も同じである。

これらをまとめると，分布荷重の有無に関わらず次の関係式で表現できる。

$$\frac{d^2 M}{dx^2} = \frac{dV}{dx} = -q \qquad (5\text{-}8)$$

第 6 章で述べるように，はりの強度計算では曲げモーメントの最大となる位置とその大きさを知ることが重要であるが，$M$ が極値をとる条件は，

$$\frac{dM}{dx} = 0$$

より，式 (5-6) から $V=0$ となる位置 $x$ を求め，この値を $M$ の式に代入して $M$ の最大値を求める方法がしばしばとられる。

# 演習問題

**1** 船体は，曲げを受けるはりと考えることができる。一様な単位長さあたり $w$ の自重が作用する船体に図(a)のような波が作用するときの状態を，図(b)のモデルに置き換えることができるものとしてせん断力図と曲げモーメント図を求めよ。

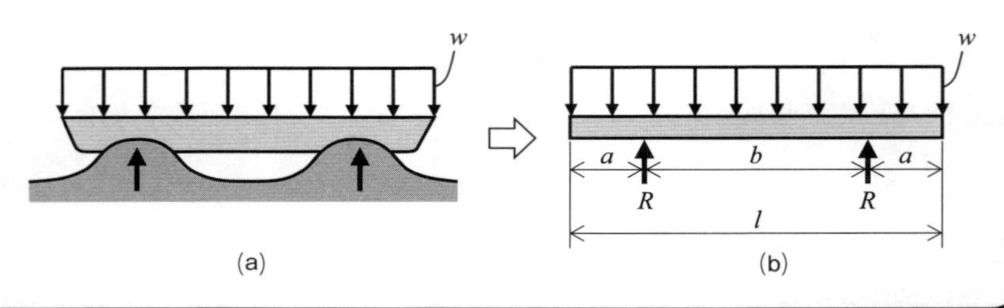


海技試験出題問題

**2** 図に示すように，支点 A および B で支えられている長さ 4 m の単純ばりにおいて，その長さを 4 等分する 3 点にそれぞれ 200 N（20 kgf），400 N（40 kgf）および 600 N（60 kgf）の垂直な集中荷重をかけるときの最大曲げモーメントは，いくらか。

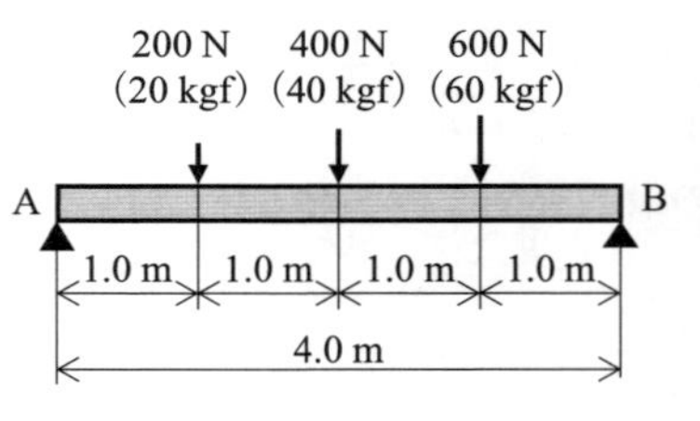


注：計算は，SI（国際単位系）または重力単位系いずれで行ってもよい。

**3**　図に示すように，単純はりの一部に $w=100\,\mathrm{kgf/m}$ の一様分布荷重が作用するとき，反力 $R_1$ と $R_2$ を求め，せん断力図と曲げモーメント図を求めよ。

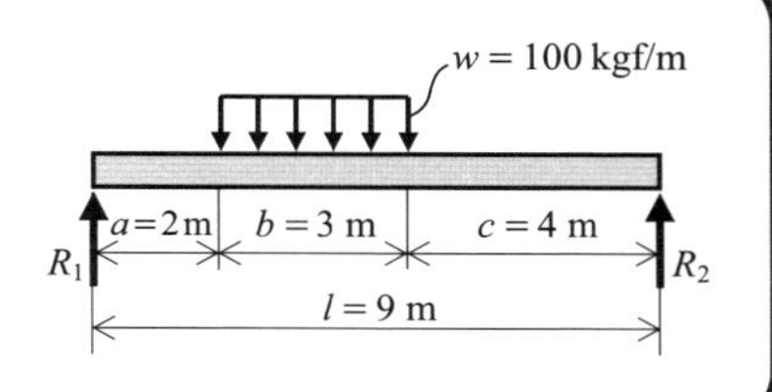


**4**　図に示す水槽の壁を片持ちはりとみなし，そのせん断力図と曲げモーメント図を求めよ。ただし，壁の単位厚さについて考えよ。また，水の比重量は $\gamma$ とする。

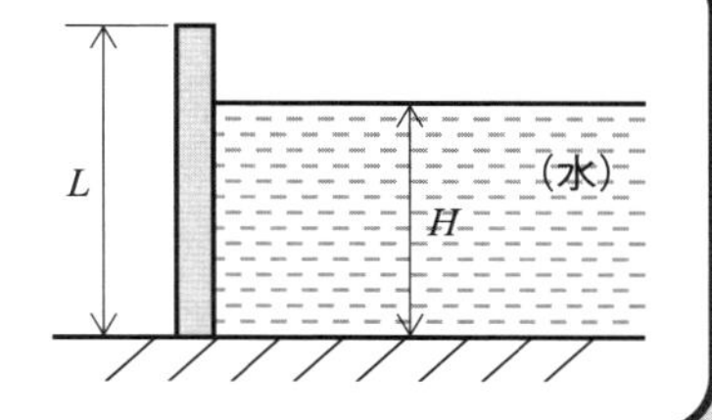


**5**　図のように，単純はりの両端 A，B に外部から偶力 $M_A$ と $M_B$ が作用する。反力 $R_A$ と $R_B$ を求め，かつせん断力図と曲げモーメント図を求めよ。

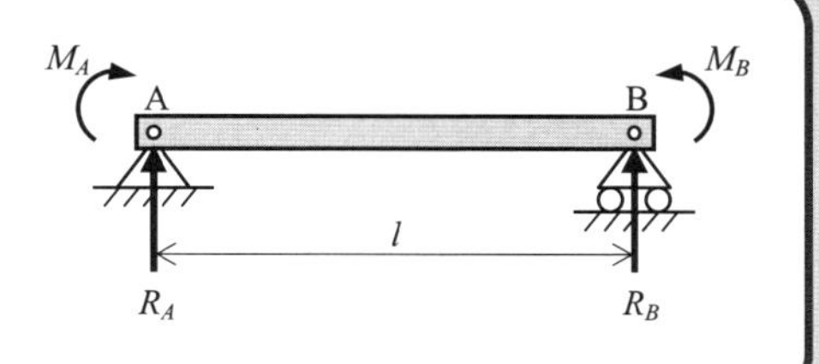

## コラム《5》　せん断力と曲げモーメント

はりに生じる応力や変形を求める上で，せん断力と曲げモーメントの概念を理解し，正しく計算することは非常に重要である。本章で示した式（5-1～5-4）は，それらを求めるための式であるが，この式に数値を代入すれば解が得られるというものではないため，戸惑う学生もいる。個々の計算では，その基本的考え方に従って式を立てる必要がある。なお，単純はりに1つの集中荷重が作用する場合などの基本問題は，便覧やハンドブックなどに解が掲載されているので，それらを利用して実際の荷重が作用する問題を重ね合わせの原理を用いて求めることもできる。せん断力と曲げモーメントを求める上でもうひとつ分かりにくい点は，それらがはりの長さ方向に変化することであり，そのため位置の変数 $x$ を正しく使って表現・処理することができない学生が時々見受けられる。

# 第6章　はりに生じる応力

本章では，せん断力と曲げモーメントにより生じる応力について学ぶ。
また，その際に必要となるはりの断面の情報についても学ぶ。

## 6.1　断面一次モーメント，断面二次モーメント

### (a)　断面一次モーメント

せん断力と曲げモーメントを知ってはりに生じる応力を求めるには，はり断面の図心の位置と図心を通る軸についての断面二次モーメントが必要となる。

図 6-1 に示す平面図形（面積：$A$）の O$x$ 軸に関する断面一次モーメント $S_x$ は，微小面積 $dA$ が $x$ 軸に作る面積モーメント $ydA$ を図形全体に総和したものであり，次式で定義される。

$$S_x = \int_A ydA \tag{6-1}$$

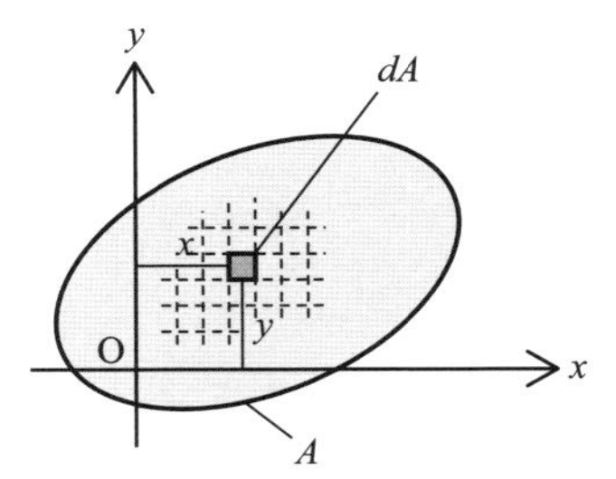

図 6-1

同様に，O$y$ 軸についての断面一次モーメントは，

$$S_y = \int_A xdA \tag{6-2}$$

図 6-2 に示すように，平面図形が 1 点 G（$\bar{x}$, $\bar{y}$）に集中したと仮定したとき，軸 O$x$ に関する面積モーメント $A\bar{y}$ が，元の平面図形の O$x$ 軸に関する断面一次モーメントに等しくなるような点 G を，その図形の図心という。すなわち，

$$A\bar{y} = \int_A ydA \tag{6-3}$$

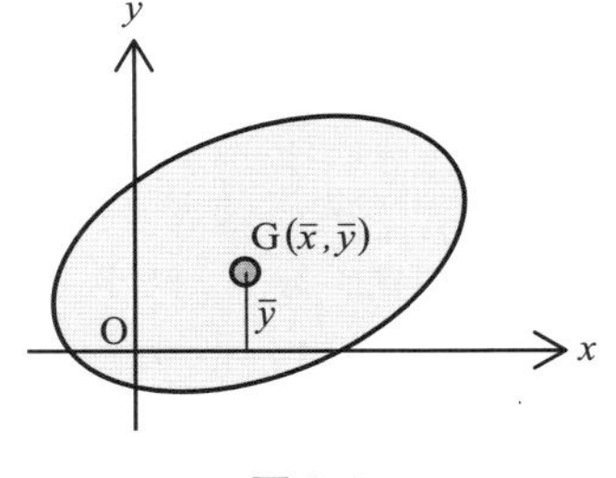

図 6-2

これより，図心位置は，

$$\bar{y} = \frac{1}{A}\int_A ydA \tag{6-4}$$

同様に，

$$\bar{x}=\frac{1}{A}\int_A xdA \qquad (6\text{–}5)$$

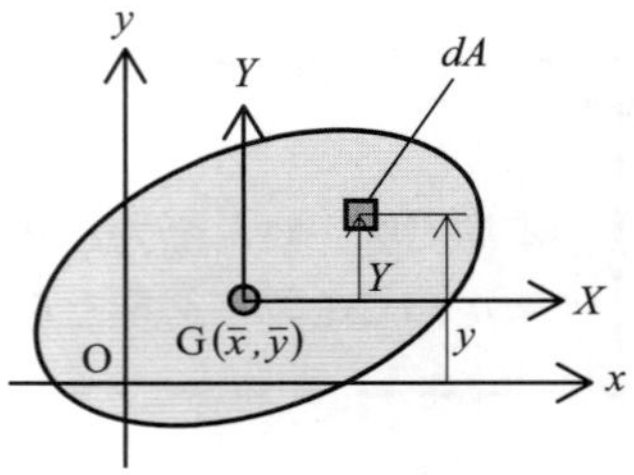

図心 G を通り，O$x$ 軸に平行な軸 G$X$ に関する断面一次モーメント $S_X$ は，次に示すように 0 となる。すなわち，図 6-3 を参考にして $S_X$ を求めると，

図 6-3

$$\begin{aligned}S_X&=\int_A YdA=\int_A(y-\bar{y})dA\\&=\int_A ydA-\int_A \bar{y}dA=\int_A ydA-\bar{y}\int_A dA\\&=\int_A ydA-\frac{1}{A}\int_A ydA\cdot A=0\end{aligned} \qquad (6\text{–}6)$$

同様にして，

$$S_Y=0 \qquad (6\text{–}7)$$

### (b) 断面二次モーメント

図 6-1 に示した任意の平面図形の O$x$ 軸に関する断面二次モーメント $I_x$ は，微小面積 $dA$ が $x$ 軸に作る断面二次モーメント $y^2dA$ を図形全体に総和したものであり，次式で定義される。

$$I_x=\int_A y^2dA \qquad (6\text{–}8)$$

同様に，O$y$ 軸についての断面二次モーメントは，

$$I_y=\int_A x^2dA \qquad (6\text{–}9)$$

はりの応力を求めるには，図心を通る軸に関する断面二次モーメントが必要である。図心 G を通り，O$x$ 軸に平行な軸 G$X$ に関する断面二次モーメント $I_X$ と，O$x$ 軸に関する断面二次モーメント $I_x$ の間には次の関係がある（図 6-4 参照）。

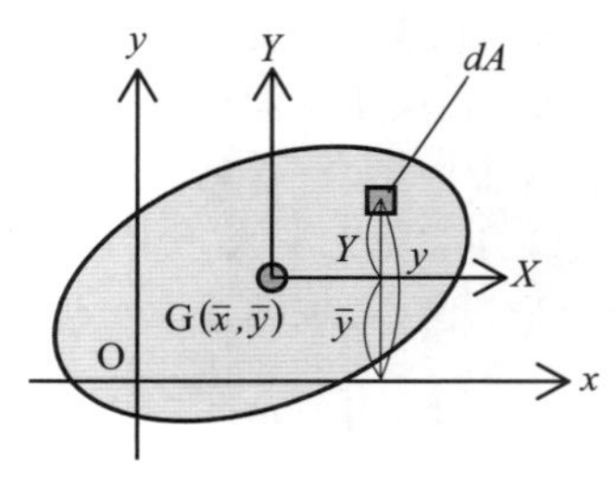


図 6-4

$$\begin{aligned}I_x&=\int_A y^2dA=\int_A(\bar{y}+Y)^2dA\\&=\int_A \bar{y}^2dA+2\bar{y}\underbrace{\int_A YdA}_{0}+\int_A Y^2dA=\bar{y}^2A+I_X\end{aligned} \qquad (6\text{–}10)$$

同様に，

$$I_y = \bar{x}^2 A + I_Y \tag{6-11}$$

これらの式は，平行軸の定理といい，任意の軸に関する断面二次モーメントから図心を通る軸に関する断面二次モーメントを求める際にしばしば利用される。

以下，いくつかの重要な断面について断面二次モーメントの求め方を示す。

(1)　長方形断面

図心 G を通り辺 AB，CD に平行な軸 $z$ に関する断面二次モーメントを求める。長方形断面では，図心位置は自明であるが，式 (6-3) または (6-4) を用いて確認する。式 (6-3) より，

$$A\bar{y} = \int_A y dA = \int_0^h by dy = b\left[\frac{y^2}{2}\right]_0^h = \frac{bh^2}{2}$$

$$\therefore \ \bar{y} = \frac{1}{A}\cdot\frac{bh^2}{2} = \frac{h}{2} \tag{6-12}$$

次に，$h/2$ に軸 $z$ をおき，$z$ 軸に関する断面二次モーメントを求める。式 (6-8) より，

$$I_z = \int_A y^2 dA = \int_{-\frac{h}{2}}^{\frac{h}{2}} y^2 b dy = 2\int_0^{\frac{h}{2}} y^2 b dy$$

$$= 2b\left[\frac{y^3}{3}\right]_0^{\frac{h}{2}} = \frac{bh^3}{12} \tag{6-13}$$

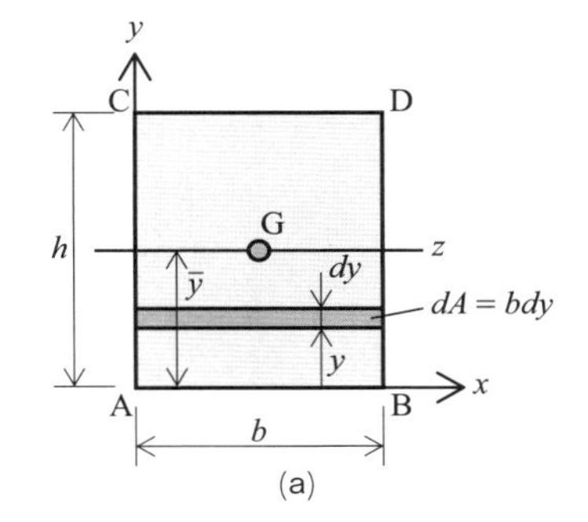

(a)

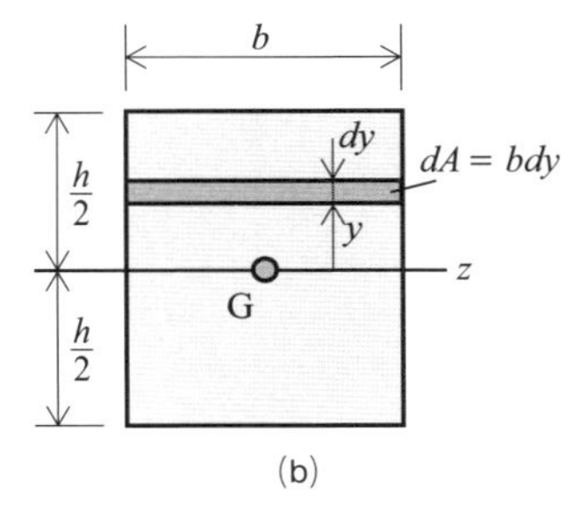

(b)

図 6-5

(2)　三角形断面

辺 AB に平行で図心を通る軸 $z$ に関する断面二次モーメントを求める。図心位置は，式 (6-3) より，

$$A\bar{y} = \int_A y dA = \int_0^h y\frac{(h-y)}{h} b dy = \left[\frac{by^2}{2} - \frac{by^3}{3h}\right]_0^h = \frac{bh^2}{6}$$

$$\therefore \ \bar{y} = \frac{1}{A}\cdot\frac{bh^2}{6} = \frac{2}{bh}\cdot\frac{bh^2}{6} = \frac{h}{3} \tag{6-14}$$

まず，軸 AB（軸 $x$）に関する断面二次モーメントを求める。

$$I_{AB}=\int_A y^2 dA=\int_0^h y^2\frac{b(h-y)}{h}dy$$
$$=\frac{b}{h}\left[\frac{hy^3}{3}-\frac{y^4}{4}\right]_0^h=\frac{bh^3}{12}$$

(6-15)

平行軸の定理（式(6-10)）を用いて図心を通る軸 $z$ に関する断面二次モーメントを求めると，

$$I_z=I_{AB}-\left(\frac{h}{3}\right)^2 A=\frac{bh^3}{12}-\frac{h^2}{9}\cdot\frac{bh}{2}=\frac{bh^3}{36}$$
$$(\because I_{AB}=I_z+\bar{y}^2 A)$$

(6-16)

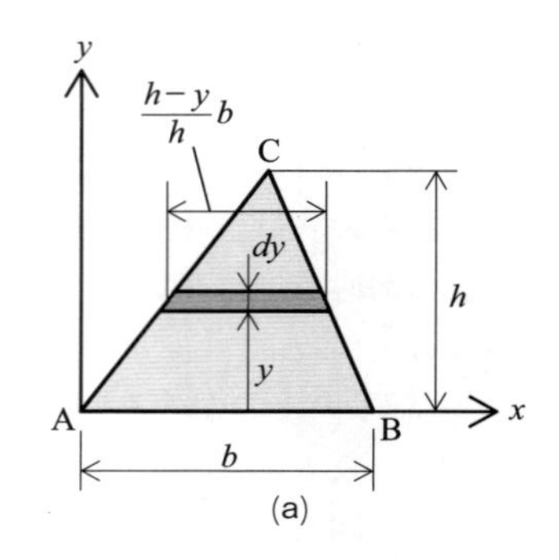

(a)

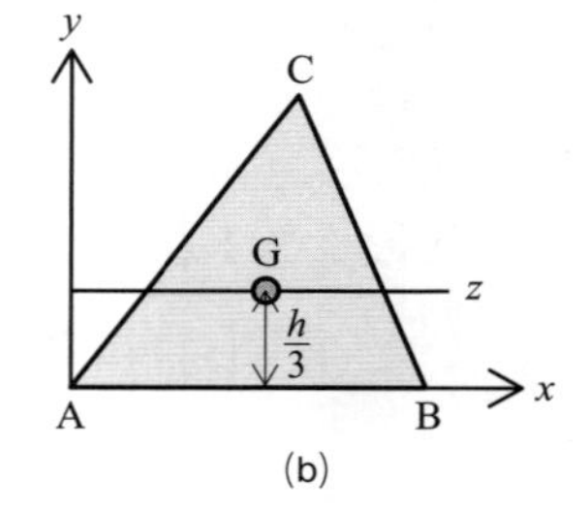

(b)

図 6-6

(3) 円形断面（円環含む）

図心である円の中心を通る軸に関する断面二次モーメントを求める。式(6-8)をそのまま用いるのはやっかいであるので，まず次式で定義される断面二次極モーメント $I_P$ を求める。

$$I_P=\int_A \rho^2 dA=\int_0^{\frac{d}{2}} 2\pi\rho\cdot\rho^2 d\rho$$
$$=\left[2\pi\frac{\rho^4}{4}\right]_0^{\frac{d}{2}}=\frac{\pi d^4}{32} \qquad (6\text{-}17)$$

$\rho^2=x^2+y^2$ より，

$$I_P=\int_A x^2 dA+\int_A y^2 dA$$
$$=I_y+I_x \qquad (6\text{-}18)$$

また $I_x=I_y$ より，

$$I_x=I_y=\frac{\pi d^4}{64} \qquad (6\text{-}19)$$

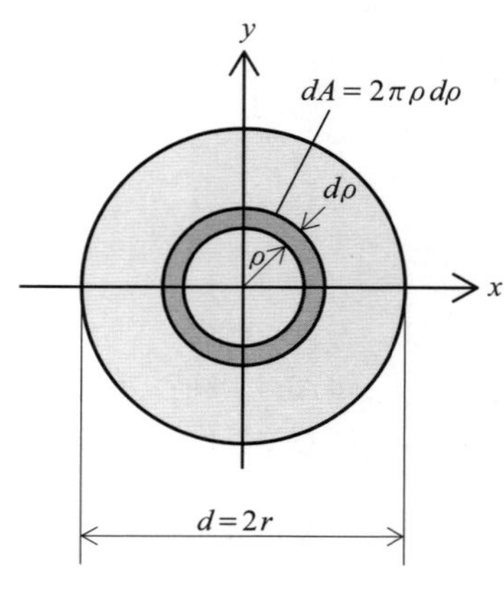


図 6-7

中空の円環断面の断面二次モーメントは，式(6-19)を応用して容易に求めることができる。すなわち，直径 $D_1$ の中実丸棒の断面二次モーメント $I_{D1}$ から直径 $D_2$ の中実丸棒のそれ $I_{D2}$ を差し引いた値が円環断面の断面二次モーメント $I_z$ となる。

$$I_z = I_{D1} - I_{D2} = \frac{\pi D_1^4}{64} - \frac{\pi D_2^4}{64} = \frac{\pi}{64}\left(D_1^4 - D_2^4\right) \tag{6-20}$$

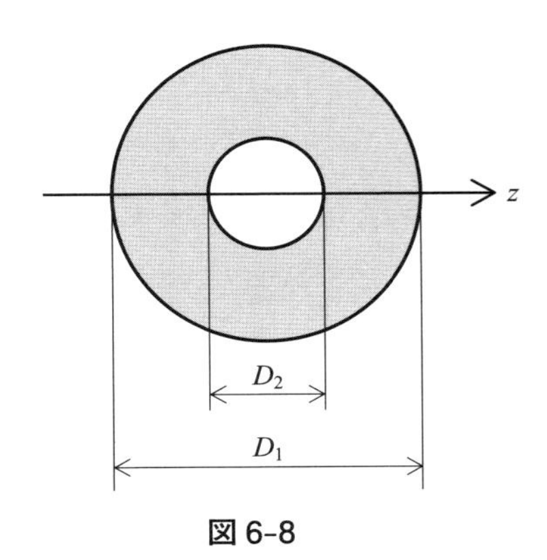


図 6-8

(4)　I 形断面

図 6-9(a)に示す I 形断面の $z$ 軸に関する断面二次モーメント $I_z$ は，同図(b)の長方形断面の断面二次モーメント $I_1$ から同図(c)の断面二次モーメント $I_2$ を差し引くことにより容易に得られる。すなわち，

$$I_z = I_1 - I_2 = \frac{bh^3}{12} - \frac{b_1 h_1^3}{12} = \frac{1}{12}\left(bh^3 - b_1 h_1^3\right) \tag{6-21}$$

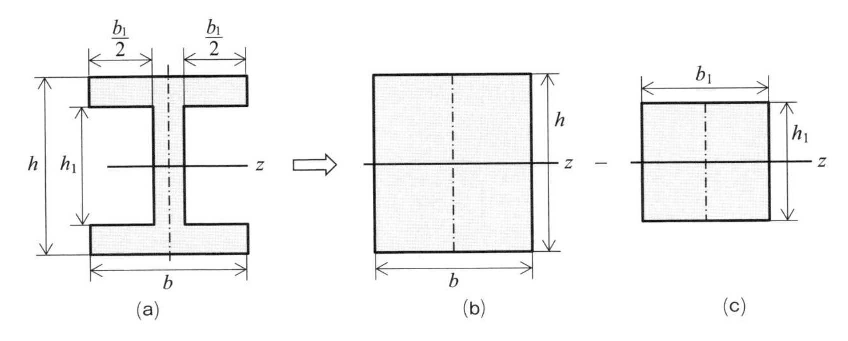


図 6-9

## 例題 1

図 1 に示す T 形断面の図心位置 $h_G$ および図心を通る軸 $z$ に関する断面二次モーメントを求めよ。

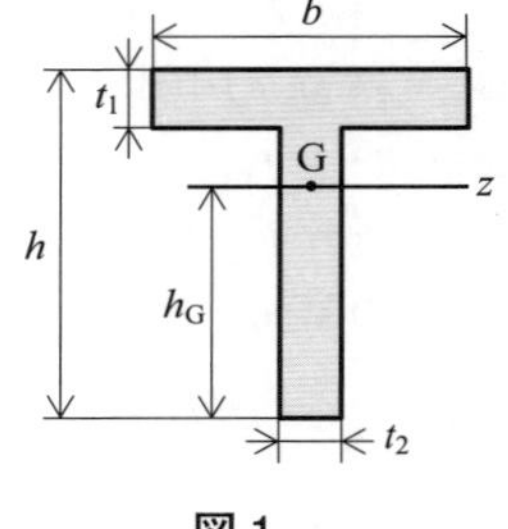

図 1

図 2 のように $xy$ 座標をおき，式 (6-4) を適用すると，

$$\bar{y} = \frac{1}{A}\left\{\int_0^{h-t_1} y \cdot t_2 dy + \int_{h-t_1}^{h} y \cdot b dy\right\}$$

$$= \frac{1}{A}\left\{t_2\left[\frac{y^2}{2}\right]_0^{h-t_1} + b\left[\frac{y^2}{2}\right]_{h-t_1}^{h}\right\}$$

$$= \frac{1}{A}\left\{t_2 \cdot \frac{(h-t_1)^2}{2} + b \cdot \frac{h^2}{2} - b \cdot \frac{(h-t_1)^2}{2}\right\}$$

$$= \frac{1}{2A}\left\{t_2(h-t_1)^2 + bt_1(2h-t_1)\right\} \qquad ①$$

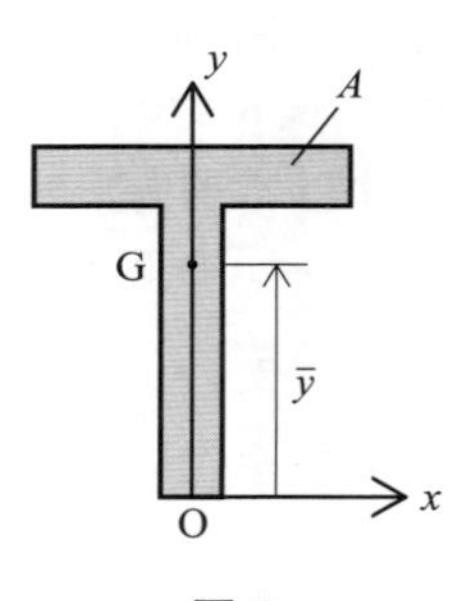

図 2

ここに $A$ は，T 形断面の面積であり，

$$A = t_2(h-t_1) + bt_1 \qquad ②$$

したがって，

$$\bar{y} = h_G = \frac{t_2(h-t_1)^2 + bt_1(2h-t_1)}{2\{bt_1 + t_2(h-t_1)\}} \qquad ③$$

図 3 を考慮して T 形断面の O$x$ 軸に関しての断面二次モーメント $I_x$ を求める。

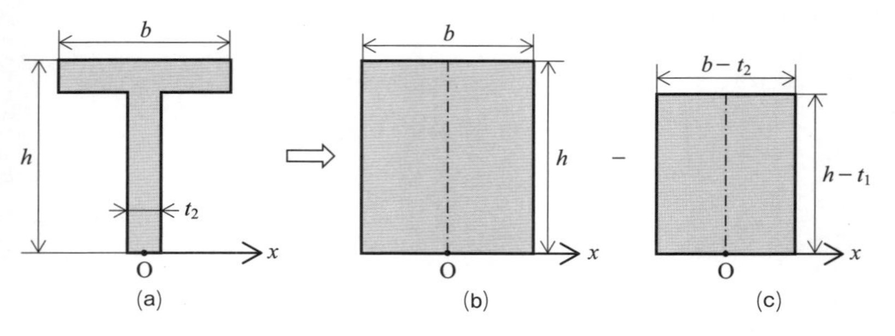

図 3

O$x$軸に関する幅$a$，高さ$c$の長方形断面の断面二次モーメントは，式(6-13)と平行軸の定理（式(6-10)）を用いると，

$$\frac{ac^3}{12}+\left(\frac{c}{2}\right)^2\cdot ac=\frac{ac^3}{3}$$

より，図3を考慮すると，

$$I_x=\frac{bh^3}{3}-\frac{(b-t_2)(h-t_1)^3}{3} \quad ④$$

したがって，図心を通る軸$z$についての断面二次モーメント$I_z$は，

$$I_z=I_x-\bar{y}^2\cdot A=\frac{bh^3-(b-t_2)(h-t_1)^3}{3}-\left[\frac{t_2(h-t_1)^2+bt_1(2h-t_1)}{2\{bt_1+t_2(h-t_1)\}}\right]^2\cdot\{t_2(h-t_1)+bt_1\}$$

$$=\frac{bh^3-(b-t_2)(h-t_1)^3}{3}-\frac{\{t_2(h-t_1)^2+bt_1(2h-t_1)\}^2}{4\{bt_1+t_2(h-t_1)\}} \quad ⑤$$

## 6.2 曲げ応力

はりに生じる応力は，曲げモーメントによる応力とせん断力による応力に分けて扱うことができる。そこで，まず曲げモーメントによる応力（これを曲げ応力（bending stress）という）について考える。

図6-10(a)のようにはりを曲げると，上面は元の長さより縮み下面は伸びる。このため，上面には圧縮の，下面には引張の垂直応力が生じる。したがって，その中間には伸び縮みが生じず，応力が発生しない層（面）がある。この層（面）を中立面（neutral surface）といい，またこの面とはりの横断面が交差する線を中立軸（neutral axis，略してNA）という。任意の横断面に生じる曲げ応力を求めるために，次の仮定をおく。

(i)　はりの横断面は曲げを受けた後も平面を保つ。

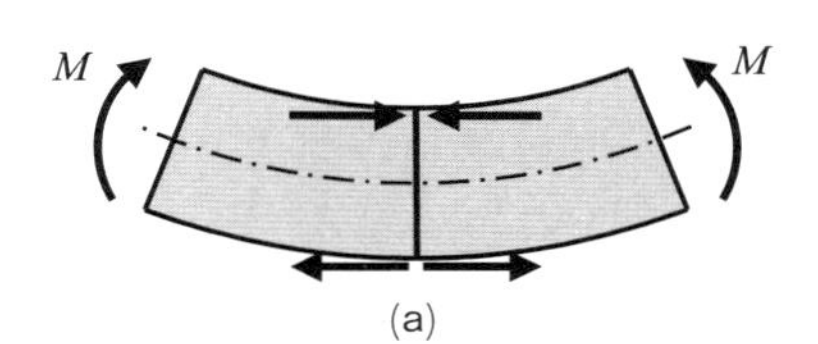


(a)

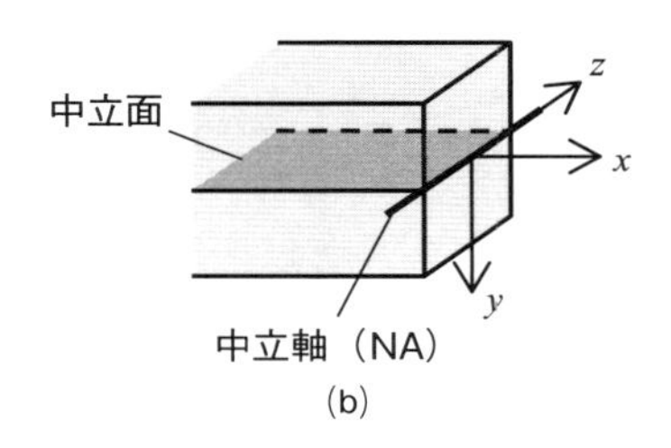


(b)

図6-10

(ii) その面は，はりの軸線（はりの横断面の図心をつらねた線）に直交する。これらはベルヌーイ・オイラーの仮定といわれるもので，この仮定に立脚した理論値は，実験値とよく一致することが確認されている。

図 6-11 に示すように，互いに微小長さ $dx$ 離れた横断面が曲った後に $d\theta$ の角度で交わるとき，その交線（あるいは交点）O を曲率中心（center of curvature）といい，また曲率中心から中立面までの距離 $\rho$ を曲率半径（radius of curvature）という。中立面（図中の ab 部）より $y$ 離れた層 cd の垂直ひずみ $\varepsilon_x$ は，

$$\varepsilon_x = \frac{\overline{cd} - \overline{ab}}{\overline{ab}} = \frac{(\rho + y)d\theta - \rho d\theta}{\rho d\theta} = \frac{y}{\rho} \tag{6-22}$$

したがって，曲げ応力（垂直応力 $\sigma_x$）はフックの法則から，

$$\sigma_x = \varepsilon_x E = \frac{y}{\rho} \cdot E \tag{6-23}$$

はりの横断面に生じる曲げ応力を立体的に描くと，図 6-12 となる。曲げ応力の式 (6-23) では，$y$ の原点すなわち中立軸の位置，およびはりの曲率半径 $\rho$ が未知であり，それらは次のようにして求める。

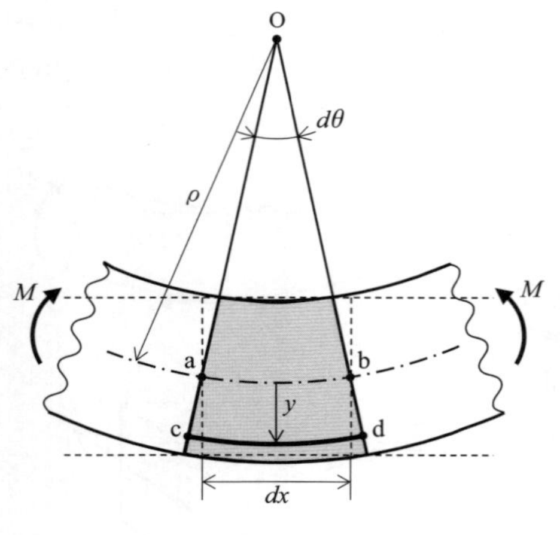


図 6-11

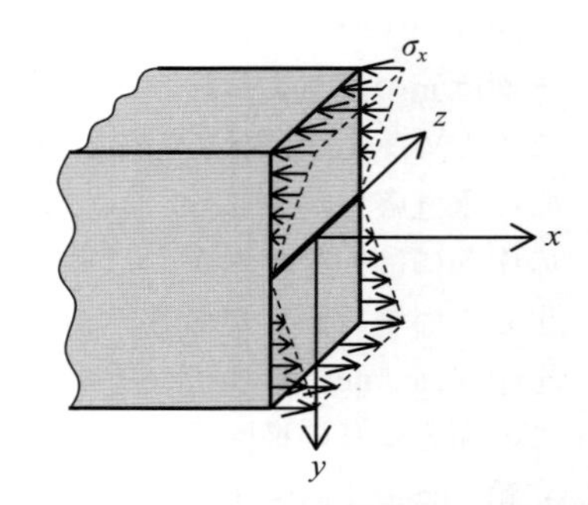


図 6-12　曲げ応力および座標系

(1)　中立軸の位置の決定

$x$ 軸に沿う軸力（はりの長さ方向の力）は作用しないので，

$$\int_A \sigma_x dA = \int_A \frac{E}{\rho} y dA = \frac{E}{\rho}\int_A y dA = 0$$

$$\therefore \int_A y dA = 0 \qquad (6\text{–}24)$$

$\int_A ydA$ は，断面一次モーメントを意味するが，それが0となるのは，式(6–6)で示したように，$y$ の原点が図心を通る場合のみである。したがって，中立軸は図心を通る軸に一致する。たとえば，図6–13に示すように，長方形断面では，高さ方向の中央部（$h/2$）が中立軸であり，曲げモーメントが作用しても曲げ応力は発生しない。同じく，二等辺三角形断面では，底面から1/3の高さの位置が中立軸であり，曲げ応力は発生しない。

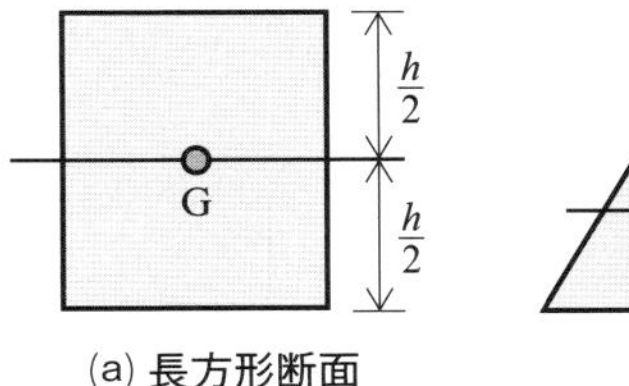

(a) 長方形断面　(b) 三角形断面

図6–13

(2)　曲率半径 $\rho$ の決定

横荷重により生じる曲げモーメントは，曲げ応力が中立軸に関して作るモーメントの総和に等しいので（図6–14参照），

$$M = \int_A (\sigma_x dA) y = \int_A \frac{E}{\rho} y^2 dA = \frac{E}{\rho}\int_A y^2 dA = \frac{E}{\rho} I_z$$

$I_z$：中立軸に関する断面二次モーメント

$$\therefore \frac{1}{\rho} = \frac{M}{EI_z} \qquad (6\text{–}25)$$

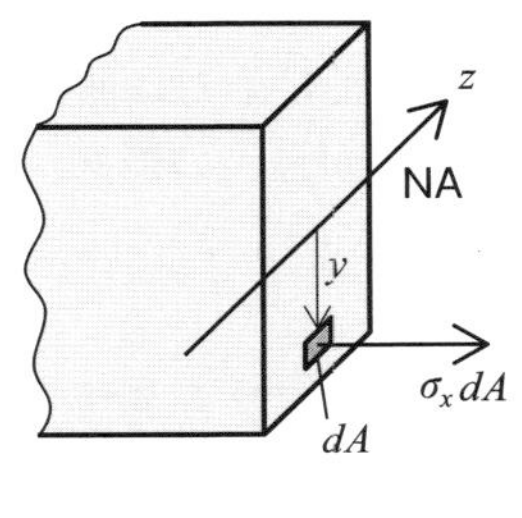

図6–14

式（6–25）を式（6–23）に代入すれば，

$$\sigma_x = \frac{M}{I_z} y \qquad (6\text{–}26)$$

この式から，はりの断面内の任意の位置 $y$ における曲げ応力を求めることができる。曲げ応力は $y$ に比例するので，中立軸（NA）から最遠点（外縁）に最大の応力が生じる。引張の最大応力 $(\sigma_x)_{\max}$ は，はりの凸面側（図

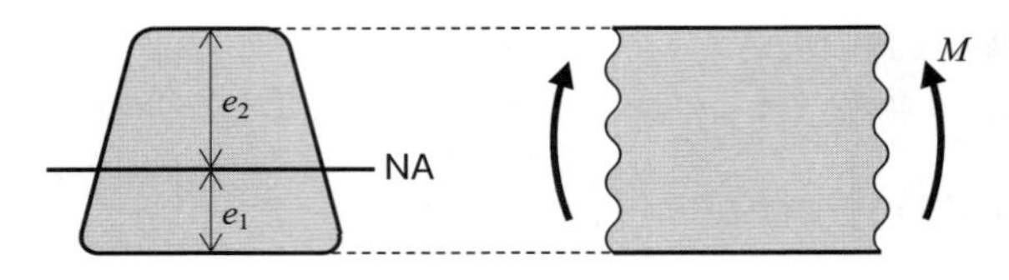


図 6-15

6-15 では下面）に生じ，

$$(\sigma_x)_{\max} = \frac{M}{I_z} e_1 = \frac{M}{\left(\dfrac{I_z}{e_1}\right)} = \frac{M}{Z_1} \tag{6-27}$$

また，圧縮の最大応力 $(\sigma_x)_{\min}$ は，はりの凹面側に生じる。なお，$y$ 座標の進む方向を下向に取っているので，式（6-26）に代入する際に凹面側の外縁部は，$y = -e_2$ とすることに注意したい。これより，

$$(\sigma_x)_{\min} = \frac{M}{I_z}(-e_2) = -\frac{M}{\left(\dfrac{I_z}{e_2}\right)} = -\frac{M}{Z_2} \tag{6-28}$$

式(6-27)および(6-28)のカッコ内の値は，はりの断面の形状寸法のみが関わるものであり，これらを $Z_1$，$Z_2$ で表し，断面係数という。はりの断面が上下対称な，たとえば長方形断面などは $e_1 = e_2$ であり，$Z_1 = Z_2$ である。

これらの式からわかるように，断面が長さ方向に一様なはりでは，最大の曲げ応力は曲げモーメント $M$ が最大となる断面に生じる。したがって，$M$ が最大の断面がもっとも破損しやすいため，一般にその断面を危険断面という。

## 6.3 せん断応力

はりの断面にせん断力 $V$ が作用するとき，せん断応力は一様ではなく，次に示すような分布をとる。まず，長方形断面を例にとり，これを説明する。図 6-16(a)に示すように幅 $b$ に沿って一様でかつ $V$ に平行にせん断応力が分布するものとし，中立軸から $y_1$ 離れた位置のせん断応力 $\tau_{xy}$ を求める。

この位置の微小領域 $dy$ にせん断応力 $\tau_{xy}$ が作用すれば，第 4 章で述べたように，この面と直角な面にも大きさの等しいせん断応力 $\tau_{yx}$ が作用する（同図(b)）。

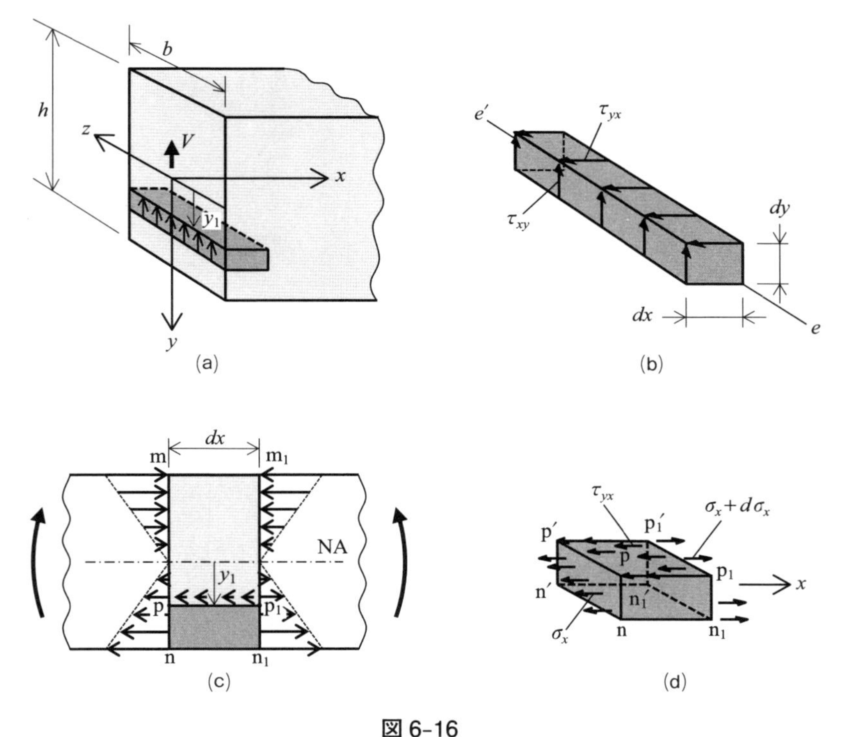


図 6-16

同図(c)中のうすずみ部 $\mathrm{p\,n\,n_1\,p_1}$ の $x$ 方向の力のつり合いを考える。$\mathrm{mn}$ 断面の任意の位置 $y$ の曲げ応力と $dx$ だけ離れた $\mathrm{m_1n_1}$ 断面のそれは，それぞれ，

$$\sigma_x = \frac{M}{I}y \quad , \quad \sigma_x + d\sigma_x = \frac{M+dM}{I}y$$

これらから，断面 $\mathrm{n\,p\,p'\,n'}$ 上に作用する垂直応力による $x$ と逆方向に作用する力は，

$$\int_{y_1}^{\frac{h}{2}} \frac{M}{I} y dA$$

断面 $\mathrm{n_1\,p_1\,p_1{}'\,n_1{}'}$ 上に分布する垂直応力による $x$ 方向の力は，

$$\int_{y_1}^{\frac{h}{2}} \frac{M+dM}{I} y dA$$

また，頂面 $\mathrm{p\,p_1\,p_1{}'\,p'}$ に作用するせん断応力 $\tau_{yx}$ による $x$ と逆方向の力は，

$$\tau_{yx} b\,dx$$

以上の力のつり合いを考えれば,

$$\int_{y_1}^{\frac{h}{2}} \frac{M+dM}{I} y\,dA - \int_{y_1}^{\frac{h}{2}} \frac{M}{I} y\,dA - \tau_{yx} b\,dx = 0$$

整理すれば,

$$\int_{y_1}^{\frac{h}{2}} \frac{dM}{I} y\,dA - \tau_{yx} b\,dx = 0$$

したがって,

$$\tau_{yx} = \frac{1}{b\,dx} \int_{y_1}^{\frac{h}{2}} \frac{dM}{I} y\,dA = \frac{dM}{dx} \cdot \frac{1}{bI} \int_{y_1}^{\frac{h}{2}} y\,dA = \frac{V}{bI} \int_{y_1}^{\frac{h}{2}} y\,dA = \frac{VS}{bI} \qquad (6\text{–}29)$$

ここに,

$$S = \int_{y_1}^{\frac{h}{2}} y\,dA = \int_{y_1}^{\frac{h}{2}} y\,b\,dy = b\left[\frac{y^2}{2}\right]_{y_1}^{\frac{h}{2}} = \frac{b}{2}\left(\frac{h^2}{4} - {y_1}^2\right)$$

したがって,

$$\tau_{yx} = \tau_{xy} = \frac{V}{bI} \cdot \frac{b}{2}\left(\frac{h^2}{4} - {y_1}^2\right) \qquad (6\text{–}30)$$

せん断応力は $y_1 = 0$ で最大となり，最大せん断応力 $\tau_{\max}$ は,

$$(\tau_{xy})_{\max} = (\tau_{xy})_{y_1=0} = \frac{3}{2}\left(\frac{V}{bh}\right)$$

$$= \left(\frac{3}{2}\right) \tau_{mean} \qquad (6\text{–}31)$$

$\tau_{mean}$：平均せん断応力 $\left(= \frac{V}{bh}\right)$

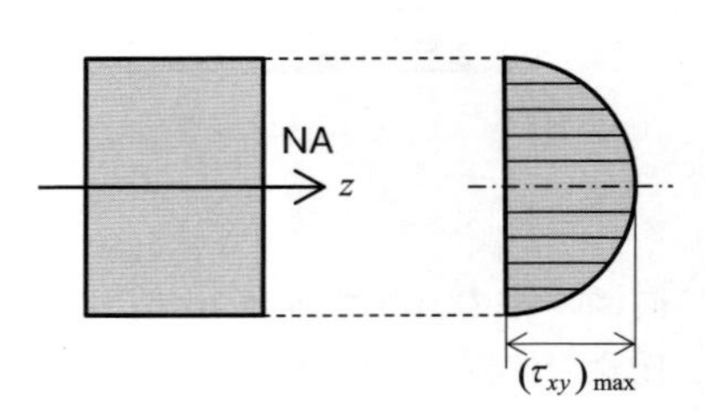

図 6–17

これより，せん断応力は中立軸上で最大，上下縁で 0 となる放物線状に分布する（図 6–17）。

以上の議論は，図 6–18 のような一般的な断面に対しても成り立つ。このときの一般式は次のようになる。すなわち，中立軸から $y_1$ の位置のせん断応力 $\tau$ は,

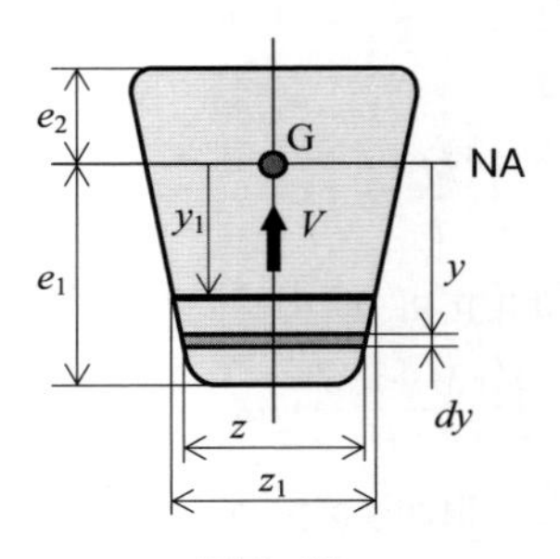

図 6–18

$$\tau = \frac{V}{z_1 I}\int_{y_1}^{e_1} yz\,dy \tag{6-32}$$

なお，例題で示すように，一般にはりに生じるせん断応力は曲げ応力に比べて小さいため，はりの強度を考える際には二義的と考えることが多い。

### 例題２

図１に示す片持はりの，危険断面における最大曲げ応力と最大せん断応力を求めよ。

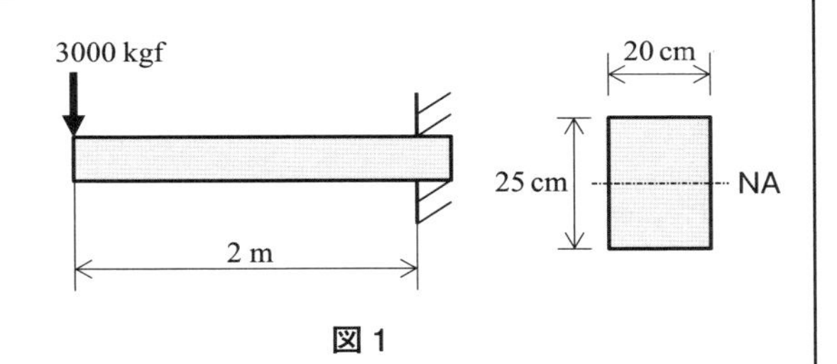


図１

せん断力図と曲げモーメント図は図２となり，曲げモーメントが最大となる位置は右端固定部にあり，この位置が危険断面となる。長方形断面の NA についての断面二次モーメント $I$ は，

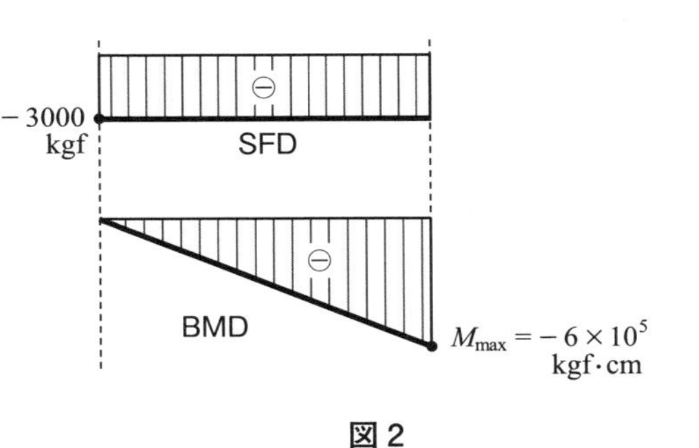


図２

$$I = \frac{bh^3}{12} \tag{①}$$

また，断面係数 $Z$ は，

$$Z = \frac{I}{\left(\frac{h}{2}\right)} = \frac{bh^2}{6} = \frac{20\times25^2}{6} = 2083.3\ \text{cm}^3 \tag{②}$$

したがって，最大曲げ応力 $\sigma_{max}$ は，

$$\sigma_{max} = \frac{M_{max}}{Z} = \frac{6\times10^5}{2083.3} = 288\ \text{kgf/cm}^2 \quad \text{（引張，圧縮応力は等しい）} \tag{③}$$

また，最大せん断応力 $\tau_{\max}$ は，式(6-31)より，

$$\tau_{\max}=\frac{3}{2}\cdot\frac{V}{bh}=1.5\times\frac{3000}{20\times25}=9\ \mathrm{kgf/cm^2} \quad ④$$

これらの結果は，$\sigma_{\max}\gg\tau_{\max}$ であることを示している。

**例題 3**

図 5-6 に示した単純はりの危険断面における最大曲げ応力を求めよ。なお，はりの断面は，外径 $D_1$ 内径 $D_2$ の円筒断面とする。

曲げモーメントが最大となる危険断面は，せん断力図が基線を切る位置（$V=0$ の位置）であり，最大曲げモーメント $M_{\max}$ は，

$$M_{\max}=\frac{bW}{l}a \quad ①$$

中立軸についての断面二次モーメント $I_z$ および断面係数は，式(6-20)より，それぞれ，

$$I_z=\frac{\pi}{64}\left(D_1^4-D_2^4\right) \quad , \quad Z=\frac{I_z}{\left(\frac{D_1}{2}\right)}=\frac{\pi}{32D_1}\left(D_1^4-D_2^4\right) \quad ②,\ ③$$

最大曲げ応力 $\sigma_{\max}$ は，

$$\sigma_{\max}=\frac{M_{\max}}{Z}=\frac{bWa}{l}\cdot\frac{32D_1}{\pi\left(D_1^4-D_2^4\right)} \quad ④$$

## 6.4 変断面はりの応力

これまで述べたはりは，長さ方向に均一な断面を対象としたが，軽量化や経済性等のため，図 6-19 に例示するような変断面が用いられることが多い。それらの曲げ応力も各断面における断面二次モーメント $I_z$ を用いれば，式(6-27)より得られる。

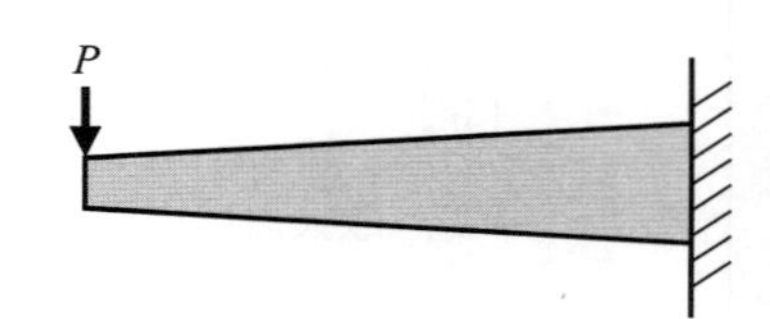

図 6-19　変断面はりの例

この式で，

$$\frac{M}{Z} = 一定 \tag{6-33}$$

となるように断面を変化させれば，どこでも同じ最大曲げ応力となるはり（これを平等強さのはりという）となる。ここでは，重ね板ばねの基本となる図6-20に示す長方形断面をもつ片持はりについて，すなわちはり断面の高さ $h$ 一定，幅 $b$ が変化する場合について考える。荷重端から距離 $x$ の位置における曲げモーメント $M$ は，

$$M = -Wx$$

断面係数 $Z$ は，

$$Z = \frac{bh^2}{6}$$

最大曲げ応力 $\sigma_{\max}$ は，

$$\sigma_{\max} = \left| \frac{M}{Z} \right| = \frac{6Wx}{bh^2}$$

この式で，$x$ によらず $\sigma_{\max}$ を一定にするためには $x/b$ を一定とすればよく，すなわち，はりの幅 $b$ を自由端から固定端に向かって直線的に増加させればよい（図6-20）。許容応力 $\sigma_w = \sigma_{\max}$ となるように固定端における幅 $b_0$ を決めると，

$$b_0 = \frac{6Wl}{\sigma_w h^2} \tag{6-34}$$

これを実際の板ばねとするには，幅形状が大きすぎるため，図6-20のように $x$ 軸について上下対称な細い板とし，これらを図6-21のように重ね合わせて用いられることが多く，これを重ね板ばねという。

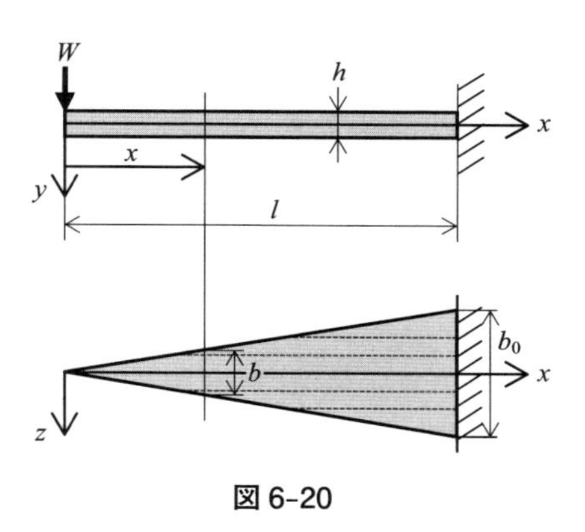

図6-20

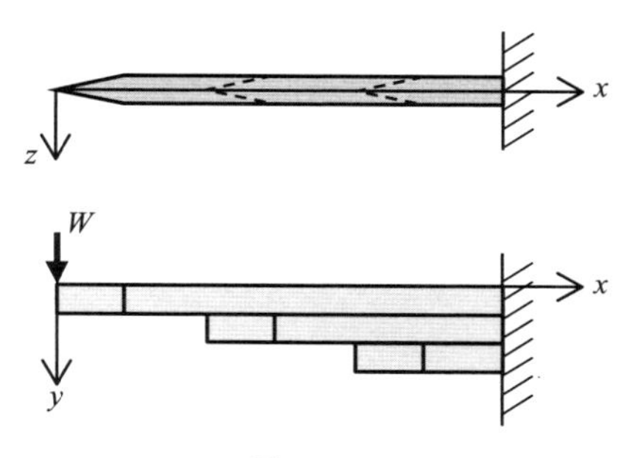

図6-21

# 演習問題

海技試験出題問題

**1**　幅 15 cm，高さ 20 cm の長方形断面の木製水平片持ばりの自由端に 1350 N（135 kgf）の荷重をつるし，はりに生じる最大曲げ応力が 7.5 MPa（75 kgf/cm²）を超えないようにするには，はりの長さをいくらにすればよいか。ただし，この材料の密度を 500 kg/m³ とし，断面係数 $Z$ を

$$Z=\frac{1}{6}bh^2 \qquad 〔b：幅，h：高さ〕$$

とする。

注：計算は，SI（国際単位系）または重力単位系いずれで行ってもよい。

**2**　図に示すように，マストを風圧による横荷重を受ける片持はりと仮定し，固定端における最大曲げ応力を求めよ。ただし，固定端におけるマストの直径 $d=60$ cm，$W_1$，$W_2$，$W_3$，$W_4$ は共に 5 kN とし，荷重作用位置は図中の通りとする。

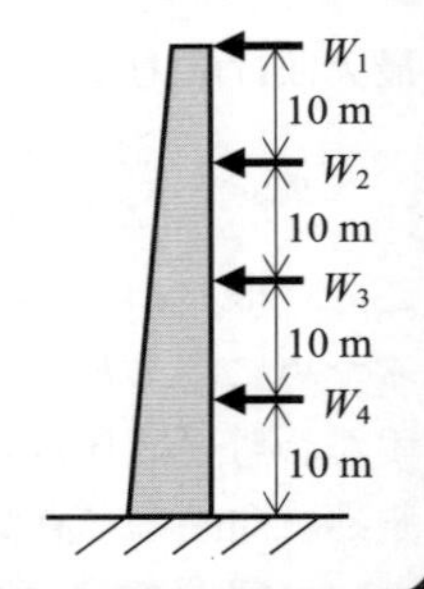


海技試験出題問題

**3**　13 kN·m（1300 kgf·m）の最大曲げモーメントが作用する鋼棒において，断面が円形の場合および断面が長方形で高さが幅の 2 倍の場合について，それぞれの寸法はいくら以上にすればよいか。ただし，許容曲げ応力を 85 MPa（850 kgf/cm²），断面係数 $Z_1$ および $Z_2$ は，それぞれ図示のとおりとする。

注：計算は，SI（国際単位系）または重力単位系いずれで行ってもよい。

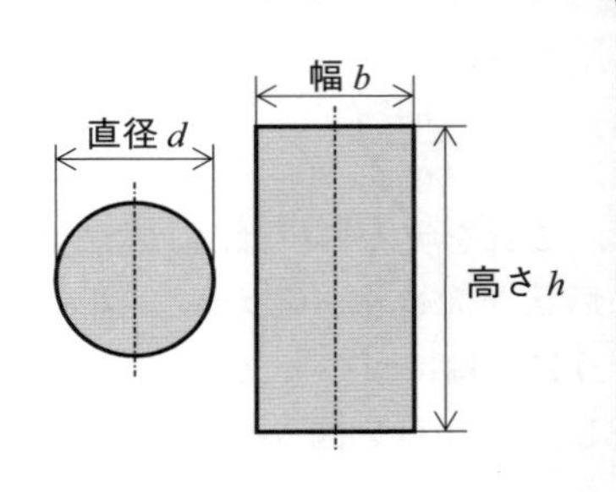


$$Z_1=\frac{\pi}{32}d^3,\quad Z_2=\frac{1}{6}bh^2$$

**4**　図に示す回転軸において，その降伏点 $\sigma_Y$ が 30 kgf/mm$^2$ であるとき，耐えうる安全な荷重 $P$ を求めよ。ただし，段付部の応力集中は無視するものとし，$a=30$ mm，$b=40$ mm，$d=14$ mm，$D=20$ mm とする。また反力 $R$ は，一様に作用するものとする。

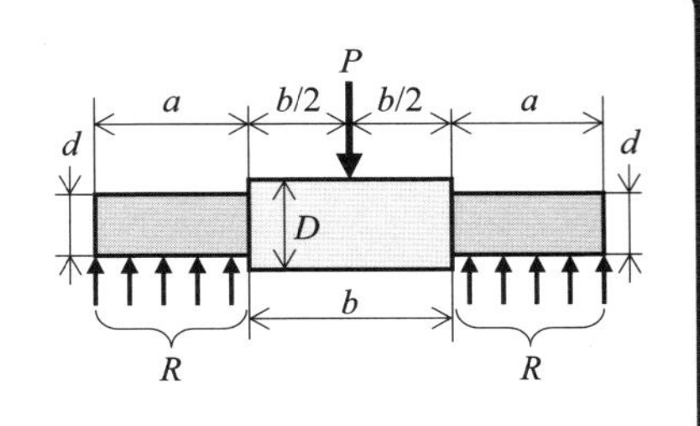


海技試験出題問題

**5**　図に示すような断面（幅および面積がそれぞれ等しい。）をもつ長さの等しい2つの単純ばり(A)および(B)において生じる最大曲げ応力が等しいとき，これらのはりの断面に作用する曲げモーメントの比は，いくらか。ただし，(A)および(B)の材料は，同じものとし，それぞれの断面係数は，下欄を参考にすること。

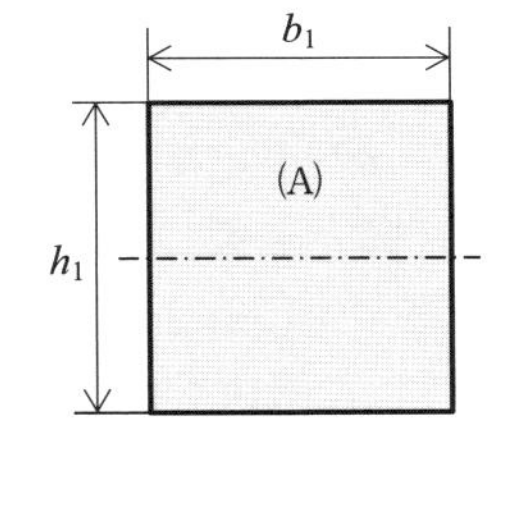


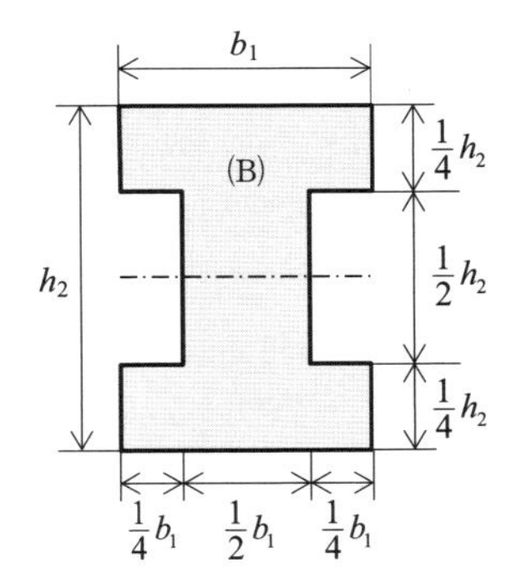


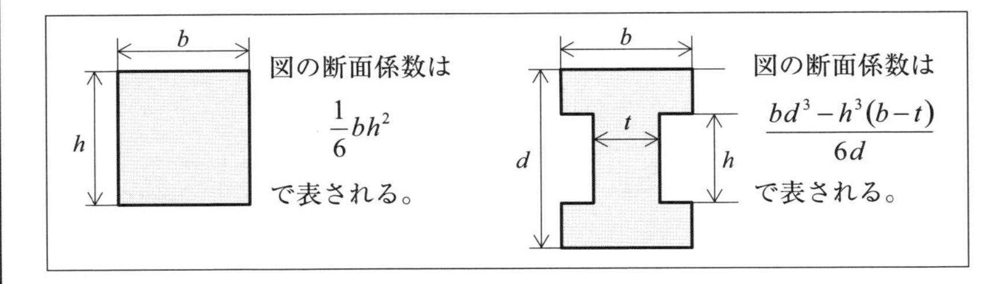

## コラム《6》　船体の曲げ変形

船体は，両端自由なはりとみなすことができる。静止中における船体では，せん断力と曲げモーメントに関係する船体の縦方向の分布荷重は，重量分布と浮力分布の差となる。静かな海に静止している船舶では，一般に，この分布荷重で生じるせん断力は，船首船尾から船長の 25 ％付近で最大となり，また最大の曲げモーメントは船長の中央部付近に生じる。航行中の船舶では波浪等により状況は大きく変化し，図に示すように，曲げにより甲板側が引張を受ける場合と逆に圧縮を受ける場合があり，これらの状態をそれぞれホギング（hogging）とサギング（sagging）という。

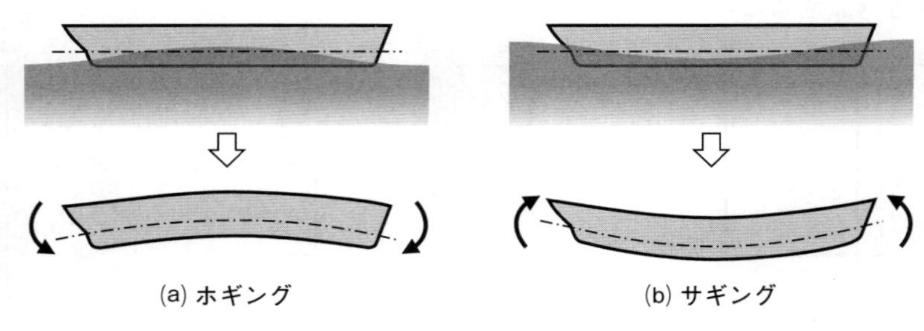

(a) ホギング　　(b) サギング

**船体の曲げ変形**

# 第7章　はりの変形

はりの設計では，強度に加え剛性（変形）を考慮する必要がある。また，後述する不静定はりの解析では，反力などを求める際に変形を加味する必要がある。そこで，本章でははりのたわみ曲線の微分方程式を導出するとともに，その式を用いて変形を求める方法について学ぶ。

## 7.1　たわみ曲線の微分方程式

はりの変形は，軸線（図心を連ねた線）の変形で代表させるのが通常である。軸線が変形後に呈する曲線をたわみ曲線という。たわみ曲線を求めるための仮定として，たわみ曲線の任意の位置における曲率は，その位置の曲げモーメントの値のみにより定まるものとする。

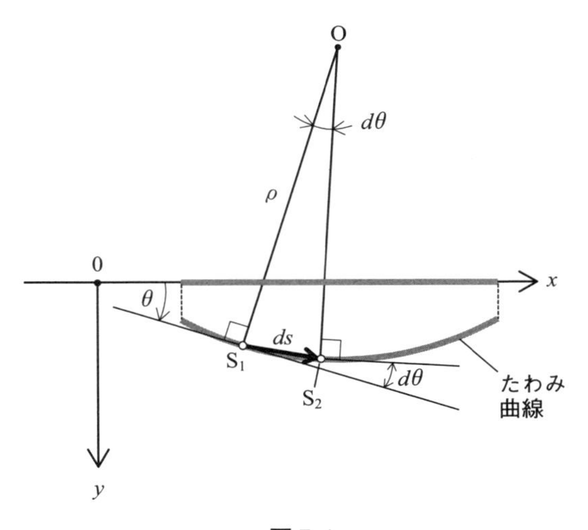


図 7-1

図 7-1 に示す，$x$ 軸上に置かれた真直はりのたわみ曲線を考えるため，$x$ 軸に対して垂直下向きにたわみを示す座標 $y$ をおく。また，はりの軸線に沿う座標を $s$（左から右に向かう方向を＋とする座標）とする。点 $S_1$ におけるたわみ曲線の接線が $x$ 軸となす角を $\theta$ とすると，$ds$ 離れた位置 $S_2$ では接線が $d\theta$ だけ変化する。$S_1$ でのたわみ曲線に対する法線と $S_2$ でのそれが交わる点を O とすると，O が微小部分 $ds$ の曲率中心となる。そのときの曲率半径を $\rho$ とすると，簡単な幾何学的考察から接線の傾きの変化割合 $d\theta$ は $S_1$ と $S_2$ における法線のなす角度に等しく，これより，

$$ds = -\rho d\theta \tag{7-1}$$

上式の負号は，はりが下向き凸に変形するときの $M$ を＋としたとき，変形は正の増分 $ds$ に対して $d\theta$ は負（$\theta$ と反対方向）となることを意味している。これより，曲率（$1/\rho$）は，

$$\frac{1}{\rho} = -\frac{d\theta}{ds} \tag{7-2}$$

はりに生じる変形は十分に小さいので図 7-2 を参照すると，

$$ds \fallingdotseq dx \ , \quad \theta \fallingdotseq \tan\theta = \frac{dy}{dx} \tag{7-3}$$

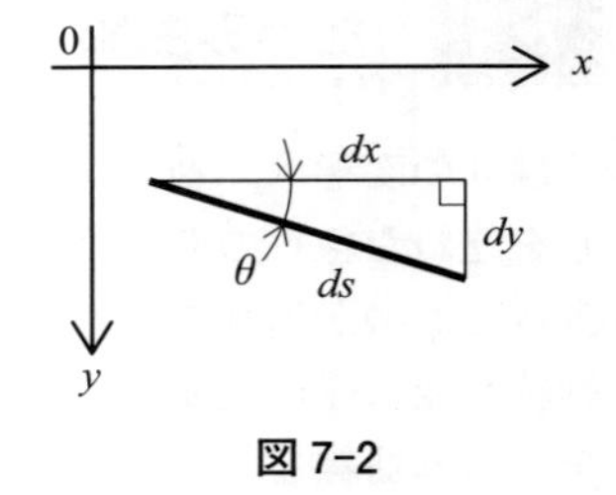

図 7-2

式 (7-3) を式 (7-2) に代入すれば，

$$\frac{1}{\rho} = -\frac{d}{dx}\left(\frac{dy}{dx}\right) = -\frac{d^2 y}{dx^2} \tag{7-4}$$

曲率 $1/\rho$ は，前章の式 (6-25) より，

$$\frac{1}{\rho} = \frac{M}{EI}$$

これらを等置すると，

$$\frac{d^2 y}{dx^2} = -\left(\frac{M}{EI}\right) \tag{7-5}$$

この式を，たわみ曲線の微分方程式という。これよりたわみ角 $\theta$ とたわみ $y$ は，それぞれ，

$$\theta = \frac{dy}{dx} = -\int \frac{M}{EI} dx \tag{7-6-1}$$

$$y = -\iint \frac{M}{EI} dx dx \tag{7-6-2}$$

なお，不定積分における積分定数は，支持条件などから決定する。これらの式より，曲げ剛性といわれる $EI$ が大きい方が変形しにくくなることがわかる。図 7-1 において $y$ 軸の＋の方向を逆転（上向き＋）すると，たわみ曲線の微分方程式は，

$$\frac{d^2 y}{dx^2} = \left(\frac{M}{EI}\right) \tag{7-7}$$

となる。以下，片持はりおよび単純はりに生じる変形を，式 (7-5) を用いて解く方法について述べる。

### (a) 片持はり

(1) 先端に集中荷重が作用する場合

図 7-3 のように座標をとると，$x$ の位置における曲げモーメント $M$ は，

$$M = -Wx$$

これをたわみ曲線の微分方程式（式(7-5)）に代入すれば，

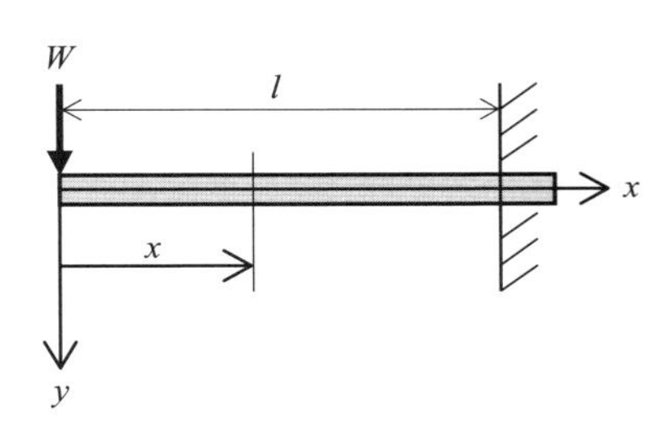


図 7-3

$$EI\frac{d^2y}{dx^2} = -M = Wx$$

なお，$EI$ がはりの全長に渡り一定のときは，式(7-5)をこのような形にして計算した方が扱いやすい。

両辺を積分すると，

$$EI\frac{dy}{dx} = \frac{W}{2}x^2 + \mathrm{C}$$

積分定数 C は，固定端 $x = l$ でたわみ角 $dy/dx = 0$ より，

$$\mathrm{C} = -\frac{W}{2}l^2$$

さらに積分すると，

$$EIy = \frac{Wx^3}{6} - \frac{Wl^2x}{2} + \mathrm{C}'$$

積分定数 C′ は $x = l$ で $y = 0$ より，

$$\mathrm{C}' = \frac{Wl^3}{2} - \frac{Wl^3}{6} = \frac{Wl^3}{3}$$

したがってたわみ角とたわみは，

$$\frac{dy}{dx} = \frac{1}{EI}\left(\frac{W}{2}x^2 - \frac{Wl^2}{2}\right) = \frac{W}{2EI}\left(x^2 - l^2\right) \tag{7-8}$$

$$y = \frac{1}{EI}\left(\frac{W}{6}x^3 - \frac{Wl^2}{2}x + \frac{Wl^3}{3}\right) = \frac{W}{6EI}\left(x^3 - 3l^2x + 2l^3\right) \tag{7-9}$$

最大のたわみ角とたわみは $x = 0$ で生じ，それぞれ次のようになる。

$$\left(\frac{dy}{dx}\right)_{\max} = \left(\frac{dy}{dx}\right)_{x=0} = -\frac{Wl^2}{2EI} \tag{7-10}$$

$$y_{\max} = y_{x=0} = \frac{Wl^3}{3EI} \qquad (7\text{–}11)$$

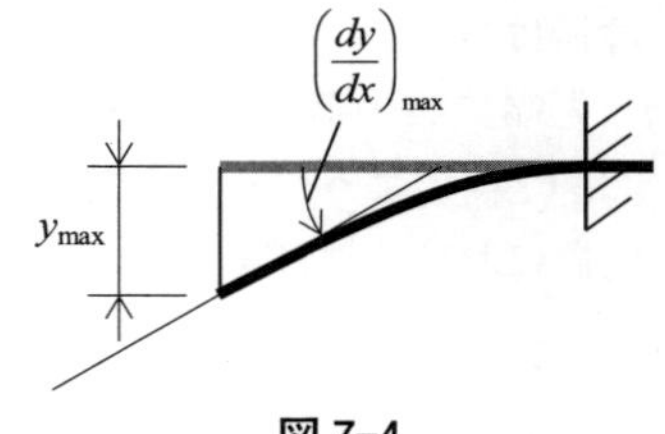

図 7–4

たわみ角に付いた負号は，たわみ角が反時計回りであることを意味している（図 7–4 参照）。

(2)　中間に集中荷重が作用する場合

$x=a$ の位置におけるはりの回転角 $i$ は，式(7–10)で $l=b$ としたときのたわみ角の絶対値に等しく，また $y_1$ は式(7–11)で同じく $l=b$ としたときの値に等しいので，はり先端の最大たわみ $y_{\max}$ は（図 7–5 参照），

$$y_{\max} = y_1 + ai$$
$$= \frac{Wb^3}{3EI} + a\left(\frac{Wb^2}{2EI}\right)$$
$$= \frac{Wb^2}{6EI}(2b+3a) \qquad (7\text{–}12)$$

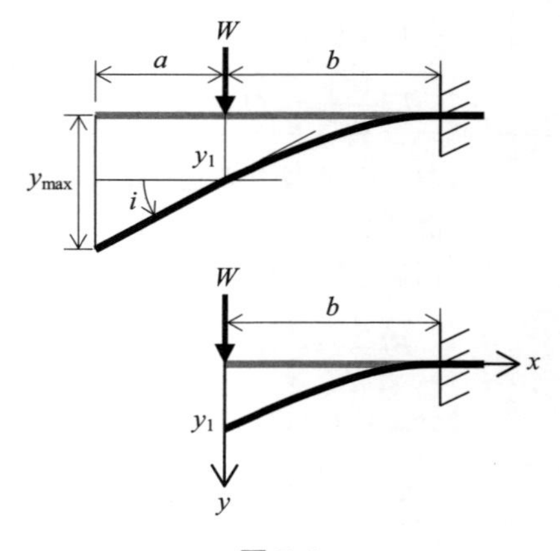

図 7–5

(3)　一様分布荷重が作用する場合

図 7–6 のように座標をとれば，$x$ の位置における曲げモーメントは，

$$M = -\frac{qx^2}{2}$$

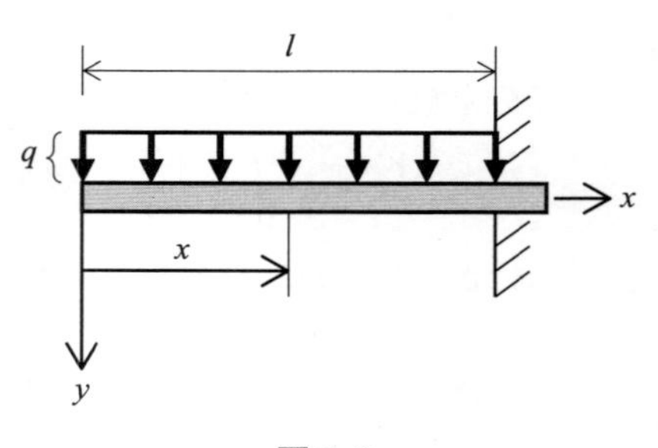

図 7–6

これをたわみ曲線の微分方程式(7–5)に代入し，同様にして積分し，たわみ角とたわみを求める。

$$EI\frac{d^2y}{dx^2} = -M = \frac{qx^2}{2}$$

両辺を積分すると，

$$EI\frac{dy}{dx} = \frac{qx^3}{6} + \mathrm{C}$$

積分定数 C は，固定端 $x=l$ でたわみ角 $dy/dx=0$ より，

$$C=-\frac{ql^3}{6}$$

さらに積分すると，

$$EIy=\frac{qx^4}{24}-\frac{ql^3}{6}x+C'$$

積分定数 C′ は $x=l$ で $y=0$ より，

$$C'=\frac{ql^4}{8}$$

したがってたわみ角とたわみは，

$$\frac{dy}{dx}=\frac{q}{6EI}\left(x^3-l^3\right) \tag{7-13}$$

$$y=\frac{q}{24EI}\left(x^4-4l^3x+3l^4\right) \tag{7-14}$$

最大のたわみ角とたわみは $x=0$ で生じ，次のようになる。

$$\left(\frac{dy}{dx}\right)_{\max}=\left(\frac{dy}{dx}\right)_{x=0}=-\frac{ql^3}{6EI} \tag{7-15}$$

$$y_{\max}=y_{x=0}=\frac{ql^4}{8EI} \tag{7-16}$$

たわみ角に付いた負号は，たわみ角が反時計回りであることを意味している。

**(b)　単純はり**

(1)　中間に１つの集中荷重が作用する場合

曲げモーメントの式が荷重点を境にして異なるので，たわみ曲線の微分方程式も別々に書く。

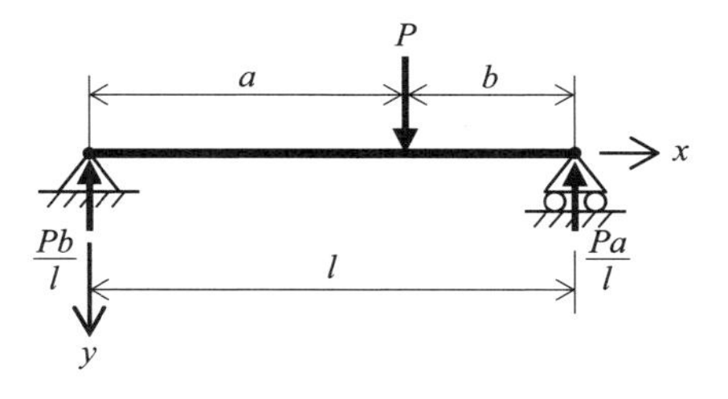


図 7-7

$$EI\frac{d^2y}{dx^2}=-M=-\frac{Pb}{l}x$$

$(x\leqq a)$

$$EI\frac{d^2y}{dx^2}=-M=-\frac{Pb}{l}x+P(x-a)$$

$(x\geqq a)$

これらの式を積分すれば,

$$EI\frac{dy}{dx}=-\frac{Pb}{2l}x^2+C_0 \qquad (x\leqq a)$$

$$EI\frac{dy}{dx}=-\frac{Pb}{2l}x^2+\frac{P(x-a)^2}{2}+C_1 \qquad (x\geqq a)$$

荷重点において両式は等しい傾斜をもつ（図 7-8 参照）ので,

$$\left(\frac{dy}{dx}\right)_{x\leq a}=\left(\frac{dy}{dx}\right)_{x\geq a} \qquad (at\ \ x=a)$$

$$\rightarrow \quad C_0=C_1$$

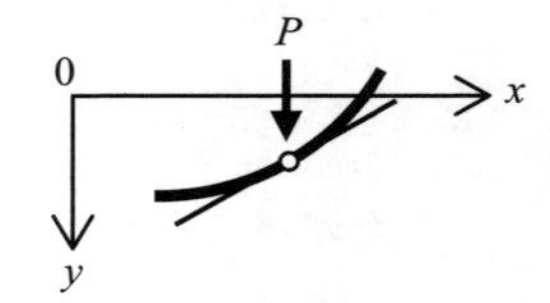


図 7-8

再び積分すれば,

$$EIy=-\frac{Pbx^3}{6l}+C_0x+C_2 \qquad (x\leqq a)$$

$$EIy=-\frac{Pbx^3}{6l}+\frac{P(x-a)^3}{6}+C_0x+C_3 \qquad (x\geqq a)$$

これらの式は，荷重作用点で等しいたわみを与えなければならないので,

$$C_2=C_3$$

$C_0$ および $C_2$（または $C_3$）は，はりの両端におけるたわみが 0 であることより求める。

$$x=0 \ \ で \ \ y=0 \quad \therefore\ C_2=0$$

$$x=l \ \ で \ \ y=0 \quad \therefore\ C_0=\frac{Pb\left(l^2-b^2\right)}{6l}$$

以上をまとめると,

$$\frac{dy}{dx}=\frac{Pb}{6lEI}\left(l^2-b^2-3x^2\right) \qquad (x\leqq a) \qquad (7\text{-}17\text{-}1)$$

$$\frac{dy}{dx}=\frac{Pb}{6lEI}\left(l^2-b^2-3x^2\right)+\frac{P(x-a)^2}{2EI} \qquad (x\geqq a) \qquad (7\text{-}17\text{-}2)$$

$$y=\frac{Pbx}{6lEI}\left(l^2-b^2-x^2\right) \qquad (x\leqq a) \qquad (7\text{-}18\text{-}1)$$

$$y=\frac{Pbx}{6lEI}\left(l^2-b^2-x^2\right)+\frac{P(x-a)^3}{6EI} \qquad (x\geqq a) \qquad (7\text{-}18\text{-}2)$$

最大のたわみは $a>b$ のときは，荷重点より左側の $dy/dx=0$ の点に生じる。

$$\therefore\ l^2-b^2-3x^2=0 \quad \rightarrow \quad x=\sqrt{\frac{l^2-b^2}{3}}$$

これを式 (7-18-1) に代入すれば，

$$y_{\max}=\frac{Pb\left(l^2-b^2\right)^{3/2}}{9\sqrt{3}\,lEI} \tag{7-19}$$

(2)　一様分布荷重が作用する場合

$x$ の位置における曲げモーメント $M$ は，

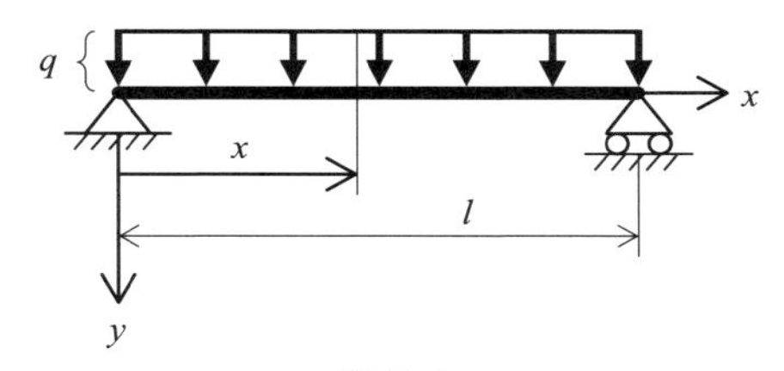


図 7-9

$$M=\frac{ql}{2}x-\frac{qx^2}{2}$$

これをたわみ曲線の微分方程式に代入すると，

$$EI\frac{d^2y}{dx^2}=-M=-\frac{qlx}{2}+\frac{qx^2}{2}$$

両辺を積分すると，

$$EI\frac{dy}{dx}=-\frac{qlx^2}{4}+\frac{qx^3}{6}+\mathrm{C}$$

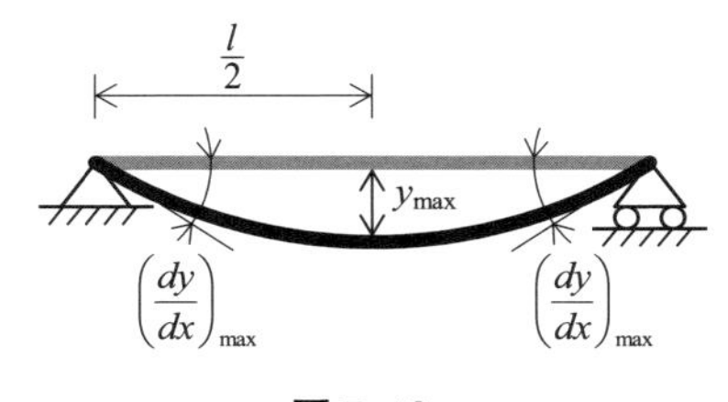


図 7-10

対称性よりスパンの中央 $x=l/2$ におけるたわみ角は 0 となる。

$x=\dfrac{l}{2}$　で　$\dfrac{dy}{dx}=0$　より，

$$\mathrm{C}=\frac{ql^3}{24}$$

$$\therefore\ EI\frac{dy}{dx}=-\frac{qlx^2}{4}+\frac{qx^3}{6}+\frac{ql^3}{24} \tag{7-20}$$

さらに積分し，$x=0$ で $y=0$ となることを考慮すると，

$$EIy=-\frac{qlx^3}{12}+\frac{qx^4}{24}+\frac{ql^3}{24}x+\mathrm{C}_1 \tag{7-21}$$

式 (7-20) と (7-21) よりたわみ角，たわみが定まる。

$$\text{最大たわみ}\quad y_{\max}=y_{x=\frac{l}{2}}=\frac{5ql^4}{384EI} \tag{7-22}$$

$$\text{最大たわみ角} \quad \left(\frac{dy}{dx}\right)_{\max} = \left(\frac{dy}{dx}\right)_{x=0} = \frac{ql^3}{24EI} \qquad (7\text{-}23)$$

なお，$x=l$ における最大たわみ角も絶対値は $x=0$ におけるそれに等しい。

(3) 支点に外部から偶力を受ける場合

支点 A と B に外部から偶力 $M_a$ と $M_b$ が作用するとき，反力 $R_a$ と $R_b$ は次のようになる（図 7-11 参照）。

上下方向の力のつり合いより，

$$R_a + R_b = 0$$

また，B 点のモーメントのつり合いより

$$R_a l - M_a + M_b = 0$$

$$\therefore R_a = \frac{M_a - M_b}{l}$$

$$R_b = \frac{M_b - M_a}{l}$$

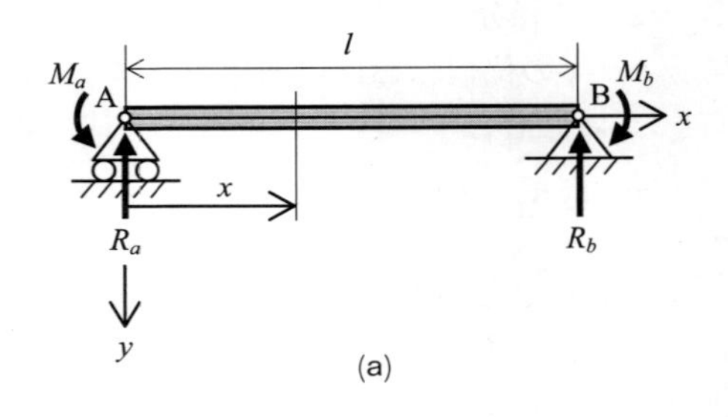


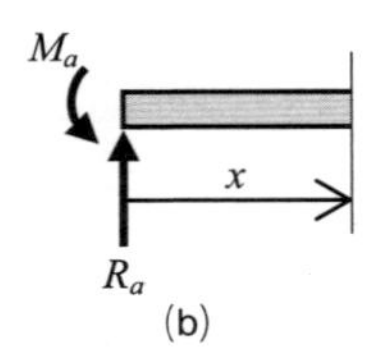


図 7-11

$x$ の位置での曲げモーメント $M$ は，

$$M = R_a x - M_a$$

たわみ曲線の微分方程式を用いると，

$$EI\frac{d^2y}{dx^2} = -M = -R_a x + M_a$$

$$EI\frac{dy}{dx} = -\frac{1}{2}R_a x^2 + M_a x + C_1$$

$$EIy = -\frac{1}{6}R_a x^3 + \frac{1}{2}M_a x^2 + C_1 x + C_2$$

$x=0$ で $y=0$ より，

$$C_2 = 0$$

$x=l$ で $y=0$ より，

$$C_1=\frac{1}{6}R_a l^2-\frac{1}{2}M_a l=\frac{1}{6}\left(\frac{M_a-M_b}{l}\right)l^2-\frac{1}{2}M_a l=-\frac{1}{3}M_a l-\frac{1}{6}M_b l$$

$$\therefore\ \frac{dy}{dx}=\frac{1}{EI}\left\{-\frac{1}{2}\left(\frac{M_a-M_b}{l}\right)x^2+M_a x-\frac{1}{3}M_a l-\frac{1}{6}M_b l\right\} \tag{7-24}$$

たとえば，支点Aにおけるたわみ角は，

$$\left(\frac{dy}{dx}\right)_{x=0}=-\frac{l}{6EI}(M_b+2M_a) \tag{7-25}$$

支点Bにおけるたわみ角は，

$$\left(\frac{dy}{dx}\right)_{x=l}=\frac{l}{6EI}(M_a+2M_b) \tag{7-26}$$

また，たわみ $y$ は，

$$y=\frac{1}{EI}\left\{-\frac{1}{6}\left(\frac{M_a-M_b}{l}\right)x^3+\frac{1}{2}M_a x^2-\left(\frac{1}{3}M_a l+\frac{1}{6}M_b l\right)x\right\} \tag{7-27}$$

**例題 1**

図1に示す単純はりの中央Cに生じるたわみを求めよ。

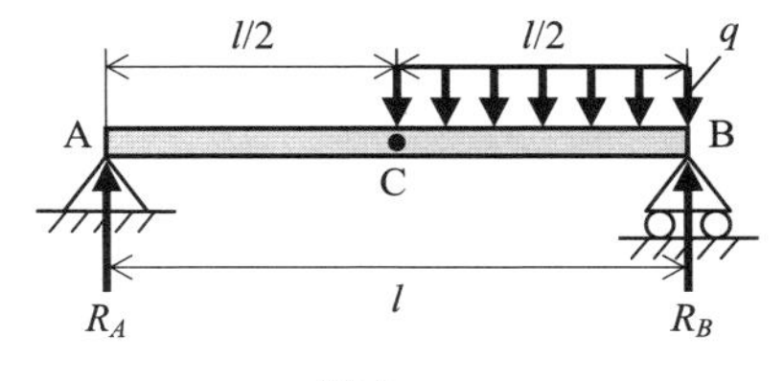

図1

たわみ曲線の微分方程式を用いて計算しても良いが，ここでは重ね合わせの原理から求める。すなわち，図2(a)のように一様分布荷重を微小荷重に分割し，それぞれを集中荷重として，それらがC点のたわみに及ぼす効果を積算する。左端より $\xi$ 離れた位置の微小荷重 $q\,d\xi$ によるC点のたわみ $\delta y$ は，同図(b)の解析解（式(7-18-1)）を利用して，$a=\xi$，$P=q\,d\xi$，$b=l-\xi$ とすると，

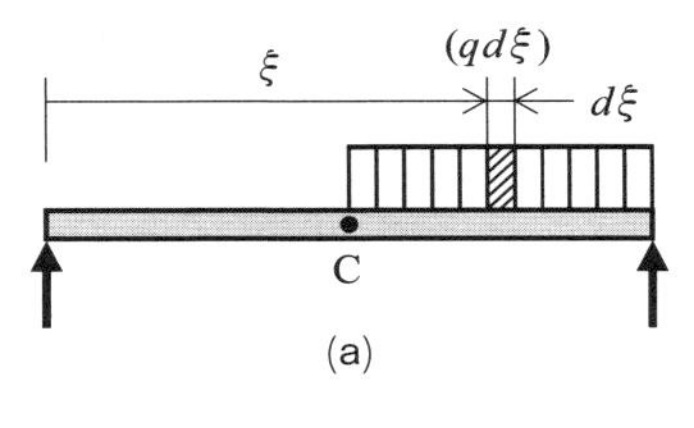

(a)

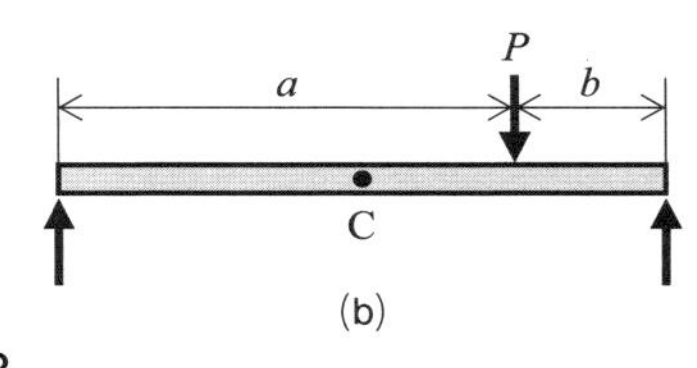

(b)

図2

$$\delta y = \frac{(qd\xi)(l-\xi)(l/2)}{6lEI}\left\{l^2-(l-\xi)^2-\left(\frac{l}{2}\right)^2\right\} \quad ①$$

したがって，$l/2 \leqq \xi \leqq l$ に作用する一様分布荷重による C 点のたわみ $y$ は，

$$y=\int \delta y=\int_{l/2}^{l}\left[\frac{q(l-\xi)}{12EI}\left(-\xi^2+2l\xi-\frac{l^2}{4}\right)\right]d\xi=\frac{q}{12EI}\int_{l/2}^{l}\left(\xi^3-3l\xi^2+\frac{9l^2}{4}\xi-\frac{l^3}{4}\right)d\xi$$

$$=\frac{q}{12EI}\left[\frac{\xi^4}{4}-l\xi^3+\frac{9l^2}{8}\xi^2-\frac{l^3}{4}\xi\right]_{l/2}^{l}=\frac{5ql^4}{768EI} \quad ②$$

なお，はりの全長にわたって一様分布荷重 $q$ が分布する場合の C 点のたわみは，この 2 倍となり，式 (7-22) に一致する。

## 例題 2

図 1 のように，単純はりの中間に外部から偶力 $M_0$ が作用するとき，そのたわみ曲線を求め，図示せよ。

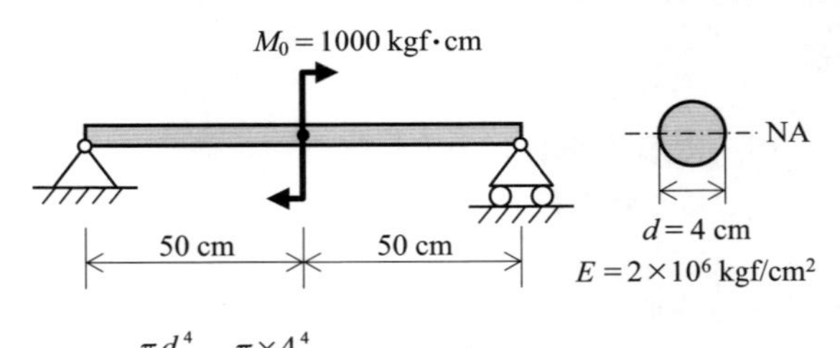


$$I=\frac{\pi d^4}{64}=\frac{\pi\times 4^4}{64}=12.57\ \mathrm{cm}^4$$

$$EI=2\times10^6\times12.57=2.51\times10^7\ \mathrm{kgf\cdot cm^2}$$

**図 1**

まず，図 2 (a)に示す反力 $R_1$，$R_2$ を求める。力のつり合いより，

$$R_1+R_1=0 \quad ①$$

B 点におけるモーメントのつり合いより，

$$R_1\cdot l+M_0=0 \quad ②$$

$$\therefore\ R_1=-\frac{M_0}{l}=\frac{-1000}{100}=-10\ \mathrm{kgf} \quad ③$$

$$R_2 = -R_1 = 10\ \text{kgf} \quad ④$$

なお，反力 $R_1$ は実際には図２(b)の方向に作用する。

次に，左端に $x$ の原点を取り，曲げモーメント $M$ を求める。

$0 \leqq x \leqq 50\ \text{cm}$ では，

$$M = -10x\ [\text{kgf·cm}] \quad ⑤$$

$50 \leqq x \leqq 100\ \text{cm}$ では，

$$M = -10x + 1000\ \text{kgf·cm} \quad ⑥$$

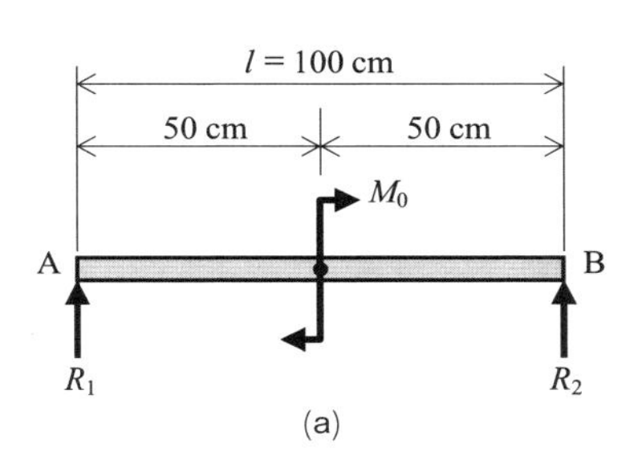

(a)

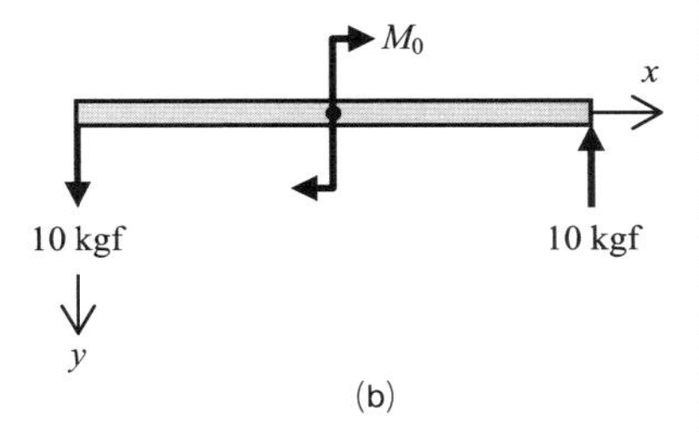

(b)

**図２**

これらを用いてたわみ曲線を求める。

$0 \leqq x \leqq 50\ \text{cm}$ では，

$$EI\frac{d^2y}{dx^2} = -M = 10x \quad ⑦$$

$$EI\frac{dy}{dx} = 5x^2 + C_1 \quad ⑧$$

$$EIy = \frac{5}{3}x^3 + C_1x + C_2 \quad ⑨$$

$50 \leqq x \leqq 100\ \text{cm}$ では，

$$EI\frac{d^2y}{dx^2} = -M = 10x - 1000 \quad ⑩$$

$$EI\frac{dy}{dx} = 5x^2 - 1000x + C_3 \quad ⑪$$

$$EIy = \frac{5}{3}x^3 - 500x^2 + C_3x + C_4 \quad ⑫$$

$x=0$ で $y=0$ より，

$$C_2 = 0 \quad ⑬$$

$x=100\ \text{cm}$ で $y=0$ より，

$$0 = \frac{5\times100^3}{3} - 500\times100^2 + C_3\times100 + C_4 \quad ⑭$$

$x=50\ \text{cm}$ で $(dy/dx)_{x\leqq50} = (dy/dx)_{x\geqq50}$ より，

$$5\times50^2 + C_1 = 5\times50^2 - 1000\times50 + C_3 \quad ⑮$$

また，$x = 50\,\text{cm}$ で $y_{x \leqq 50} = y_{x \geqq 50}$ より，

$$\frac{5 \times 50^3}{3} + C_1 \times 50 = \frac{5 \times 50^3}{3} - 500 \times 50^2 + C_3 \times 50 + C_4 \tag{16}$$

式⑮より，

$$C_1 = C_3 - 50000 \tag{17}$$

式⑰を⑯に代入し，$C_4$ について解くと，

$$(C_3 - 50000) \times 50 = C_3 \times 50 - 500 \times 50^2 + C_4$$

$$\therefore\ C_4 = -1250000 \tag{18}$$

式⑭より，

$$C_3 = \frac{1}{100}\left\{-\frac{5 \times 100^3}{3} + 500 \times 100^2 - (-1250000)\right\} = 45833.3 \tag{19}$$

また，式⑰より，

$$C_1 = 45833.3 - 50000 = -4166.7 \tag{20}$$

以上より，

$0 \leqq x \leqq 50\,\text{cm}$ では，

$$y = \frac{1}{2.51 \times 10^7}\left(\frac{5x^3}{3} - 4166.7x\right)\ \text{cm} \tag{21}$$

$50 \leqq x \leqq 100\,\text{cm}$ では，

$$y = \frac{1}{2.51 \times 10^7}\left(\frac{5x^3}{3} - 500x^2 + 45833.3x - 1250000\right)\ \text{cm} \tag{22}$$

これらの式を用いてたわみ曲線を図示すると，図 3 となる。

たわみ量が最大となる位置は，

$$\frac{dy}{dx} = \frac{1}{2.51 \times 10^7}\left(5x^2 - 4166.7\right) = 0 \tag{23}$$

より，

$$x = \sqrt{\frac{4166.7}{5}} \fallingdotseq 28.9\ \text{cm} \tag{24}$$

したがって最大のたわみ量 $y_{\max}$ は，

$$y_{\max} = \frac{1}{2.51 \times 10^7}\left(\frac{5 \times 28.9^3}{3} - 4166.7 \times 28.9\right) = -3.19 \times 10^{-3}\ \text{cm}$$

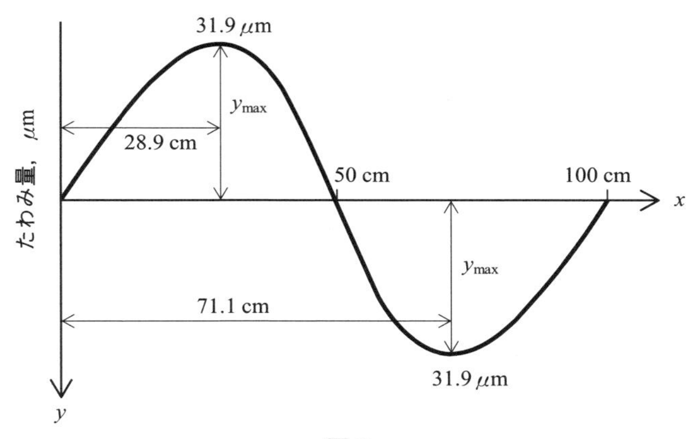


**図３**

$$= -31.9\ \mu\text{m} \qquad ㉕$$

また，対称性より，

$$x = 71.1\ \text{cm} \quad で \quad y_{\max} = 31.9\ \mu\text{m} \qquad ㉖$$

## 例題３

図に示す異なる断面二次モーメントをもつ単純はりのたわみ角とたわみを求めよ。

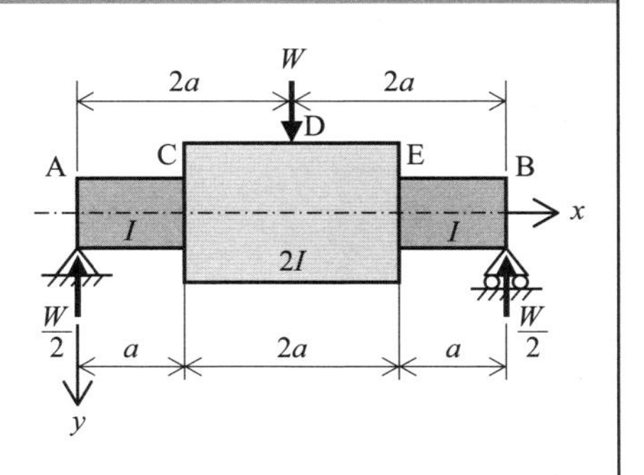


曲げモーメント $M$ は，左端に原点をおく $x$ 軸に対して，$0 \leqq x \leqq 2a$ では，

$$M = \frac{W}{2}x \qquad ①$$

したがって，AC 間では，

$$\left(\frac{d^2 y}{dx^2}\right)_{\text{AC}} = -\frac{Wx}{2EI} \qquad ②$$

$$\left(\frac{dy}{dx}\right)_{AC} = -\frac{Wx^2}{4EI} + C_1 \quad ③$$

$$y_{AC} = -\frac{Wx^3}{12EI} + C_1 x + C_2 \quad ④$$

CD 間でも曲げモーメントの式は同じであるが，断面二次モーメントが異なるため，たわみ曲線の微分方程式を分けて扱う。これより，

$$\left(\frac{d^2y}{dx^2}\right)_{CD} = -\frac{Wx}{4EI} \quad ⑤$$

$$\left(\frac{dy}{dx}\right)_{CD} = -\frac{Wx^2}{8EI} + C_3 \quad ⑥$$

$$y_{CD} = -\frac{Wx^3}{24EI} + C_3 x + C_4 \quad ⑦$$

$x=0$ で $y_{AC}=0$ より，

$$C_2 = 0 \quad ⑧$$

$x=2a$ で $(dy/dx)_{CD}=0$ より，

$$C_3 = \frac{Wa^2}{2EI} \quad ⑨$$

$x=a$ で変形は連続しているので $y_{AC}=y_{CD}$ および $(dy/dx)_{AC}=(dy/dx)_{CD}$ より，

$$C_1 = \frac{5Wa^2}{8EI} \quad , \quad C_4 = \frac{Wa^3}{12EI} \quad ⑩,⑪$$

なお，荷重点の左右で変形は対称となる。

## 例題 4

6.4 節で述べたはりの高さ $h$ が一定の平等強さの片持はり（右図に再掲）の自由端におけるたわみ量 $y_{uni}$ を求めよ。

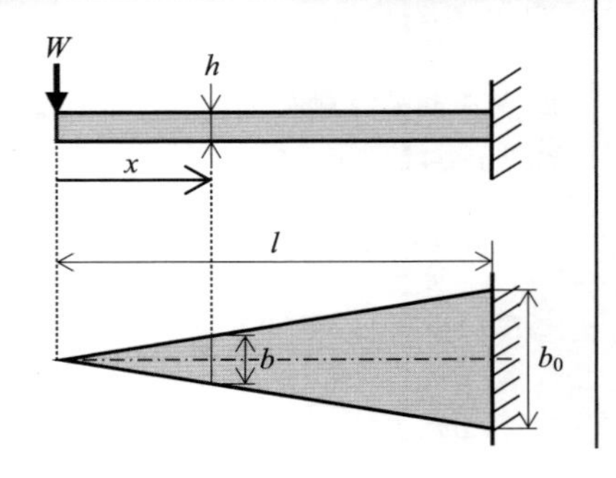


固定端におけるはりの幅を $b_0$ とすると，左端より $x$ の位置における幅 $b$ は，

$$b=\frac{x}{l}\cdot b_0 \quad ①$$

したがって，この位置の断面二次モーメント $I$ は，

$$I=\frac{bh^3}{12}=\frac{b_0h^3}{12}\cdot\frac{x}{l}=I_0\cdot\frac{x}{l} \quad ②$$

ただし，$I_0$ は固定端における断面二次モーメントである。$x$ の位置における曲げモーメント $M=-Wx$ より，たわみ曲線の方程式は，

$$\frac{d^2y}{dx^2}=-\frac{M}{EI}=\frac{Wx}{EI}=\frac{Wl}{EI_0}=\text{一定}\equiv \mathrm{C} \quad ③$$

積分すると，

$$\frac{dy}{dx}=\mathrm{C}x+\mathrm{C}_1 \quad ④$$

さらに積分すると，

$$y=\frac{1}{2}\mathrm{C}x^2+\mathrm{C}_1x+\mathrm{C}_2 \quad ⑤$$

$x=l$ で $dy/dx=0$ より，

$$\mathrm{C}l+\mathrm{C}_1=0 \quad ⑥$$

また $x=l$ で $y=0$ より，

$$\frac{1}{2}\mathrm{C}l^2+\mathrm{C}_1l+\mathrm{C}_2=0 \quad ⑦$$

これらから，

$$\mathrm{C}_1=-\mathrm{C}l \quad ⑧$$

$$\mathrm{C}_2=\frac{1}{2}\mathrm{C}l^2 \quad ⑨$$

したがって，

$$y=\frac{1}{2}\mathrm{C}x^2-\mathrm{C}lx+\frac{1}{2}\mathrm{C}l^2=\frac{1}{2}\mathrm{C}(x-l)^2 \quad ⑩$$

自由端（$x=0$）では，

$$y_{\mathrm{uni}}=\frac{1}{2}\mathrm{C}l^2=\frac{1}{2}\frac{Wl^3}{EI_0} \quad ⑪$$

同じ強度をもつ一様な幅 $b_0$ の片持はりの自由端におけるたわみ量 $y_0$ は，式(7–11)より，

$$y_0 = \frac{Wl^3}{3EI_0} \qquad ⑫$$

これらを比較すると，

$$y_{\mathrm{uni}}/y_0 = 1.5 \qquad ⑬$$

となり，平等強さの場合は一様断面の場合よりも 1.5 倍変形することがわかる。

## 7.2 不静定はりへの応用

つり合い式のみでは反力が定まらない不静定はりを解析する単純な方法として，(a)重ね合わせの原理を用いて，既知の静定はりの結果を組み合わせて支持条件を満足するようにして求める方法，(b)たわみ曲線の微分方程式を利用する方法がある。その他に，第 10 章で述べるエネルギ法や有限要素法等がある。以下では，(a)および(b)の方法について例題を用いて説明する。

### (a) 重ね合わせの原理を用いる方法

(1) 集中荷重を受ける一端固定，他端移動支点のはり

このはりは，図 7-12 (a)に示すように，反力 $R_1$ と $R_2$ および固定端から作用する偶力 $M_0$ が未知数であり，つり合い式のみではそれらが定まらない不静定はりのひとつである。このはりを 2 つの片持はりに置き換えて扱う。同図(b-1)の中間荷重 $W$ による先端のたわみ $y_1$ は，式 (7-12) より，

$$y_1 = \frac{Wb^2}{6EI}(2b+3a)$$

反力 $R_1$ による先端のたわみ

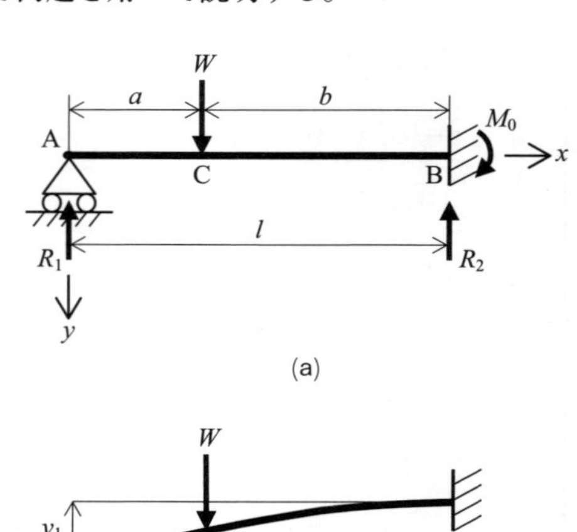


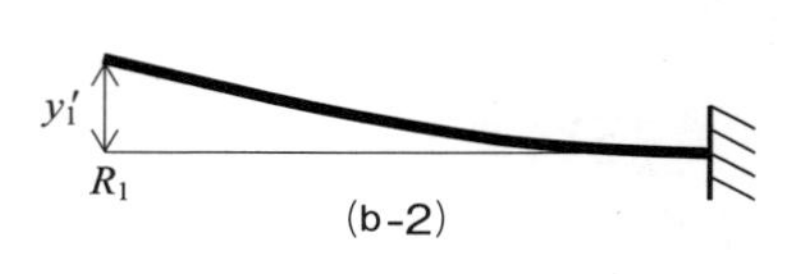


図 7-12

$y_1'$ は，式 (7-11) より，

$$y_1' = \frac{R_1 l^3}{3EI}$$

実際には，はり先端のたわみは０であるので，

$$y_1 = y_1'$$

これから，

$$R_1 = \frac{W(2b+3a)b^2}{2l^3}$$

$R_1$ が定まれば，$R_2$，$M_0$ はつり合い式

$R_1 + R_2 - W = 0$（力のつり合い）

$R_2 l - Wa - M_0 = 0$（A 点についてのモーメントのつり合い）

より定まる。

$$\therefore\ R_2 = \frac{W\left\{2l^3 - (2b+3a)b^2\right\}}{2l^3}$$

$$M_0 = \frac{Wa\left(l^2 - a^2\right)}{2l^2}$$

せん断力と曲げモーメントは，次のようになり，SFD と BMD は，図 7-13 となる。

AC 間　$V = R_1$，$M = R_1 x$

CB 間　$V = R_1 - W$

$M = R_1 x - W(x-a)$

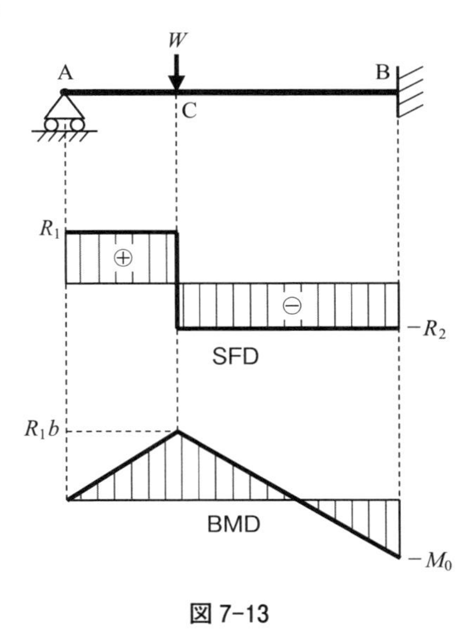


図 7-13

(2)　集中荷重を受ける両端固定はり

図 7-14 のように４つの未知数（$R_1$，$R_2$，$M_1$，$M_2$）に対し，つり合い式は２つのみ（$y$ 方向の力のつり合いとある点についてのモーメントのつり合い）であるので，このはりも不静定はりである。これを同図のように，２つの単純はりに置き換えて扱う。

$P$ による両端の回転角 $\theta_1$ と $\theta_2$ は，式 (7-17-1) および (7-17-2) を用いて求めると，

$$\theta_1 = \frac{Pb}{6lEI}\left(l^2 - b^2\right)$$

$$\theta_2 = \frac{Pb}{6lEI}(2l - b)(l - b)$$

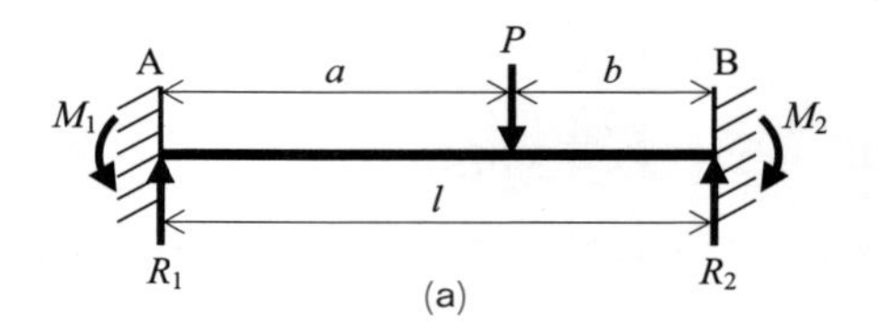

(a)

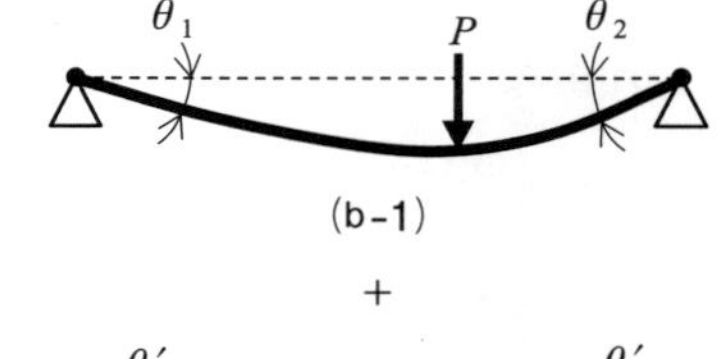

(b-1)

+

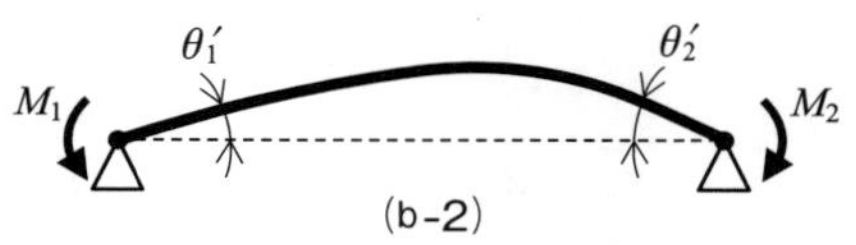

(b-2)

図 7-14

壁から作用する偶力 $M_1$ と $M_2$ による両端の回転角 $\theta_1'$，$\theta_2'$ は，式 (7-25) および (7-26) を用いて求めると，

$$\theta_1' = \frac{M_2 l}{6EI} + \frac{M_1 l}{3EI}$$

$$\theta_2' = \frac{M_1 l}{6EI} + \frac{M_2 l}{3EI}$$

実際には両端が固定され，回転は生じないので，

$$\theta_1 = \theta_1' \quad , \quad \theta_2 = \theta_2'$$

$$\therefore \ M_1 = \frac{Pb^2 a}{l^2} \quad , \quad M_2 = \frac{Pba^2}{l^2}$$

力のつり合いより，

$$R_1 + R_2 - P = 0$$

また，B 点回りのモーメントのつり合いより，

$$R_1 l - M_1 - Pb + M_2 = 0$$

両式より，

$$R_1 = \frac{b^2(3a + b)P}{l^3}$$

$$R_2 = \frac{a^2(a + 3b)P}{l^3}$$

SFD と BMD は，図 7-15 となる。

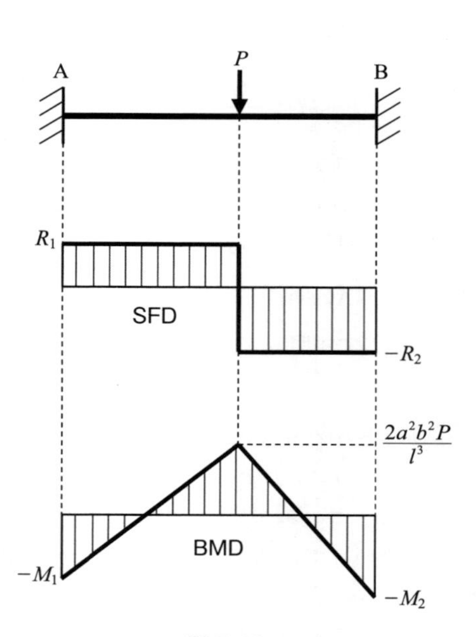


図 7-15

### (b)　たわみ曲線の微分方程式を用いる方法

（1）　分布荷重を受ける一端固定，他端移動支点のはり（図 7-16）

この問題を重ね合わせの原理により扱うこともできるが，曲げモーメントの式がはりの全長にわたって 1 つの式で表記することができるため，たわみ曲線の微分方程式を用いて容易に解くことができる。

はりの左端から $x$ の位置における曲げモーメント $M$ は，

$$M = R_1 x - \frac{w}{2}x^2$$

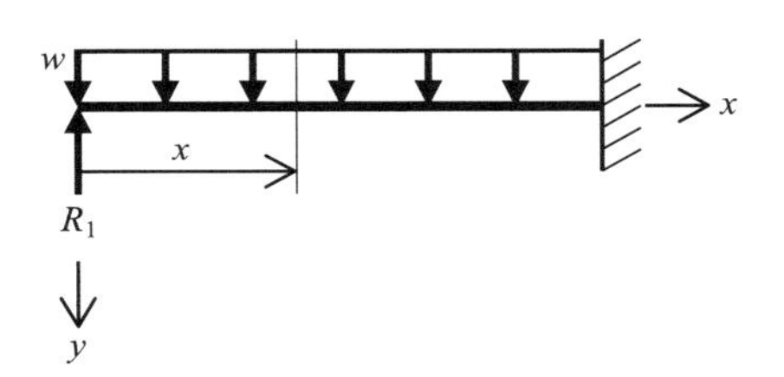


図 7-16

これをたわみ曲線の微分方程式に代入し，積分すると，

$$EI\frac{d^2y}{dx^2} = -M = -R_1 x + \frac{w}{2}x^2$$

$$EI\frac{dy}{dx} = -\frac{R_1 x^2}{2} + \frac{wx^3}{6} + \mathrm{C}_1$$

$$EIy = -\frac{R_1 x^3}{6} + \frac{wx^4}{24} + \mathrm{C}_1 x + \mathrm{C}_2$$

2 つの積分定数と未知反力 $R_1$ を次の境界条件を考慮して解く。

$x = 0$　で　$y = 0$　$\therefore\ \mathrm{C}_2 = 0$

$x = l$　で　$y = 0$　$\therefore\ 0 = -\dfrac{R_1 l^3}{6} + \dfrac{wl^4}{24} + \mathrm{C}_1 l$

および　$dy/dx = 0$　$\therefore\ 0 = -\dfrac{R_1 l^2}{2} + \dfrac{wl^3}{6} + \mathrm{C}_1$

$$\therefore\ \mathrm{C}_1 = \frac{wl^3}{48}$$

$$R_1 = \frac{3wl}{8}$$

これより，せん断力 $V$ と曲げモーメント $M$ はそれぞれ，

$$V = \frac{3wl}{8} - wx$$

$$M = \frac{3wl}{8}x - \frac{wx^2}{2}$$

また，$V=0$ のとき $x=3l/8$ であるので，

$$M_{x=\frac{3l}{8}}=\frac{9wl^2}{128}$$

この値を固定端における $M$ と比較すると，$M_{\max}$（絶対値）は固定端に生じる。SFD と BMD は，図 7-17 のようになる。

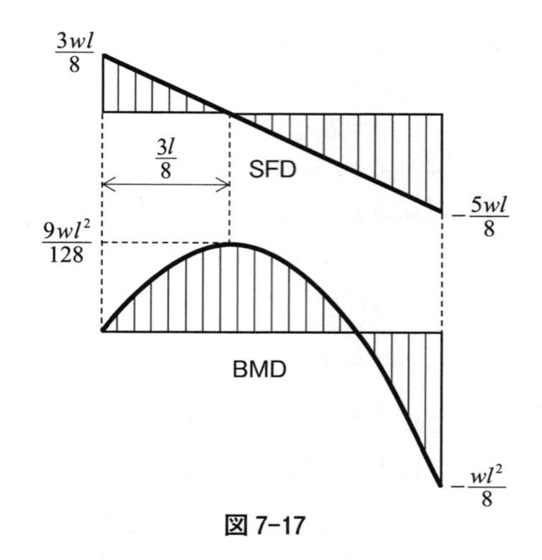


図 7-17

(2) 一様分布荷重を受ける両端固定はり（図 7-18）

この場合も，たわみ曲線の微分方程式を利用して解く。反力 $R_1$ と $R_2$ は対称性から，

$$R_1=R_2=\frac{wl}{2}$$

また，

$$M_1=M_2$$

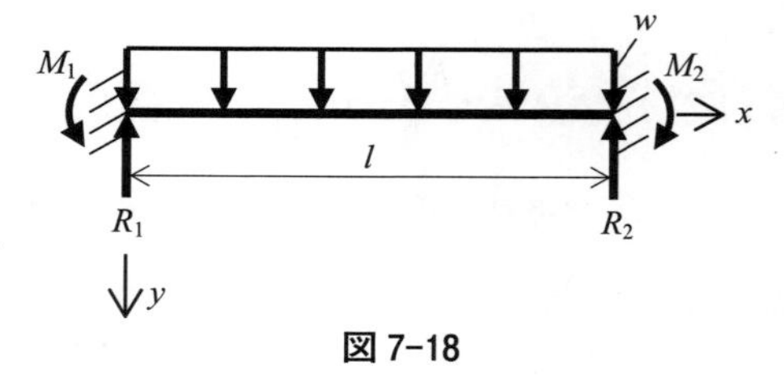


図 7-18

左端より $x$ の位置における曲げモーメント $M$ は，

$$M=R_1x-M_1-\frac{wx^2}{2}$$

$$=-\frac{wx^2}{2}+\frac{wl}{2}x-M_1$$

たわみ曲線の微分方程式に代入すると，

$$EI\frac{d^2y}{dx^2}=-M=\frac{wx^2}{2}-\frac{wlx}{2}+M_1$$

積分して，

$$EI\frac{dy}{dx}=\frac{wx^3}{6}-\frac{wlx^2}{4}+M_1x+\mathrm{C}_1$$

さらに積分すると，

$$EIy=\frac{wx^4}{24}-\frac{wlx^3}{12}+\frac{M_1x^2}{2}+\mathrm{C}_1x+\mathrm{C}_2$$

支持条件を用いると，

$$x=0 \quad で \quad dy/dx=0 \quad \therefore \mathrm{C}_1=0$$

$$x=0 \quad で \quad y=0 \quad \therefore \mathrm{C}_2=0$$

$$x=l \quad で \quad dy/dx=0 \quad \therefore M_1=\frac{wl^2}{12}(=M_2)$$

最大のたわみは $x=l/2$ で生じ，

$$y_{\max}=y_{x=\frac{l}{2}}=\frac{wl^4}{384EI}$$

SFD と BMD は，図 7-19 となる。

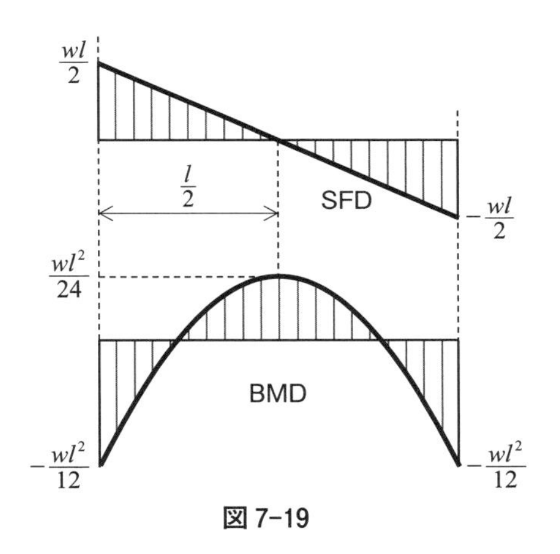


図 7-19

(3)　強制変位の問題

図 7-20 のように左端を $\delta$ だけ垂直に強制変位させるときに生じる反力 $R_A$，$R_B$，および偶力 $M_A$，$M_B$ を求め，たわみ曲線を求める。

左端より $x$ の位置における曲げモーメント $M$ は，

$$M=M_A+R_Ax$$

たわみ曲線の微分方程式は，

$$EI\frac{d^2y}{dx^2}=-M=-(M_A+R_Ax)$$

両辺を $x$ で積分すると，

$$EI\frac{dy}{dx}=-M_Ax-\frac{R_A}{2}x^2+\mathrm{C}_1$$

ここで，$x=0$ で $dy/dx=0$ より，

$$\mathrm{C}_1=0$$

さらに積分すると，

$$EIy=-\frac{M_A}{2}x^2-\frac{R_Ax^3}{6}+\mathrm{C}_2$$

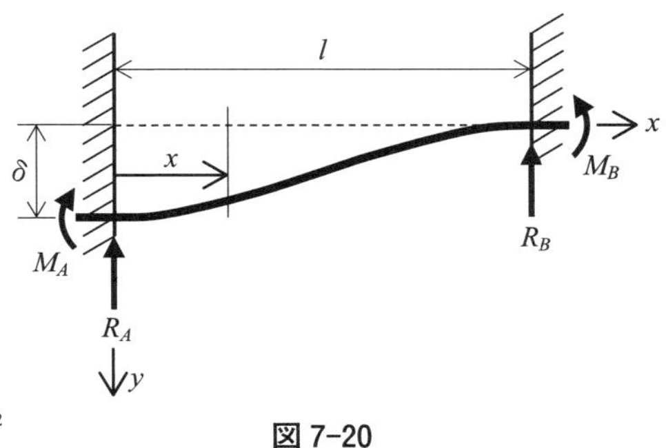


図 7-20

$x=0$ で $y=\delta$ より，

$$C_2 = EI\delta$$

$$\therefore\ EIy = -\frac{M_A x^2}{2} - \frac{R_A x^3}{6} + EI\delta$$

支持条件から，

$$x=l \quad で \quad dy/dx=0 \quad \therefore\ 0 = -M_A l - \frac{R_A l^2}{2}$$

$$x=l \quad で \quad y=0 \quad \therefore\ 0 = -\frac{M_A}{2} l^2 - \frac{R_A l^3}{6} + EI\delta$$

$$\therefore\ R_A = -\frac{12EI\delta}{l^3} \quad , \quad M_A = \frac{6EI\delta}{l^2}$$

また，$R_B$ は力のつり合いより，

$$R_A + R_B = 0$$

$$\therefore\ R_B = -R_A = \frac{12EI\delta}{l^3}$$

したがって，

$$y = \delta\left(\frac{2}{l^3}x^3 - \frac{3}{l^2}x^2 + 1\right)$$

このように，たわみ曲線は三次曲線となる。

**例題 5**

図 1 のように一様分布荷重を受ける両端固定はりの中央をばね定数 $k$ のばねで支えている。このとき中央のたわみ $y_C$ とばねからの反力 $R$ を求めよ。

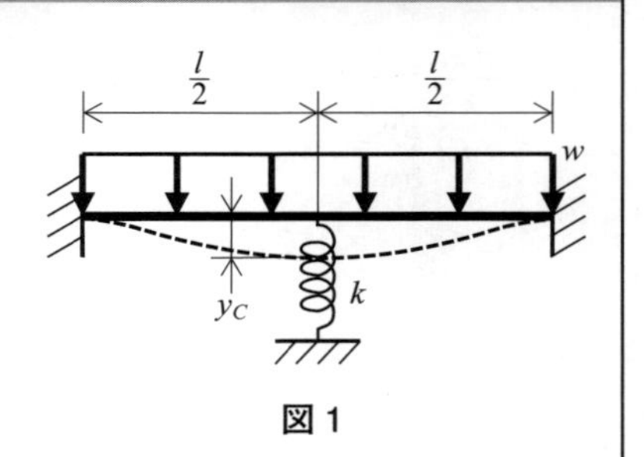

図 1

図 2 のように，このはりを 2 つの荷重系の両端固定はりに分解する。一様分布荷重による中央のたわみ量は，前述の一様分布荷重を受け

る両端固定はりの結果を利用すると，

$$y_1 = \frac{wl^4}{384EI} \quad ①$$

また $R$ による中央のたわみ量は，

$$y_2 = \frac{Rl^3}{192EI} \quad ②$$

実際のたわみ $y_C$ は，

$$y_C = y_1 - y_2 = \frac{l^3}{192EI}\left(\frac{wl}{2} - R\right) \quad ③$$

$k \cdot y_C = R$ より，

$$\frac{R}{k} = \frac{l^3}{192EI}\left(\frac{wl}{2} - R\right) \quad ④$$

$$\therefore\ R = \frac{wl^4 k}{2(192EI + kl^3)} \quad ⑤$$

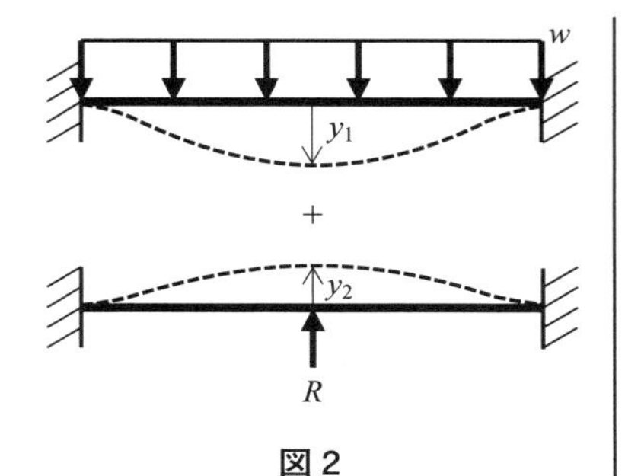


図2

# 演習問題

**1** 同一断面，同一長さをもつ丸棒を，図(a)，(b)のように支持したときの荷重 $W$ の作用点におけるたわみを求め，比較せよ。

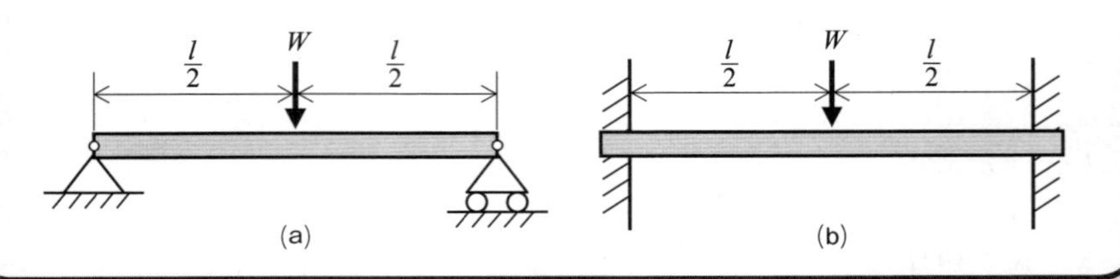


**2** 図に示すような長さ $l$，ヤング率 $E$，断面二次モーメント $I$ のはり機構をもつリレーがある。磁力による力は，はりの先端に作用するものとし，はりの先端がコイル端子に接するのに必要な磁力 $Q$ を求めよ。なお，$Q=0$ のときのすきまは $\delta$ とする。

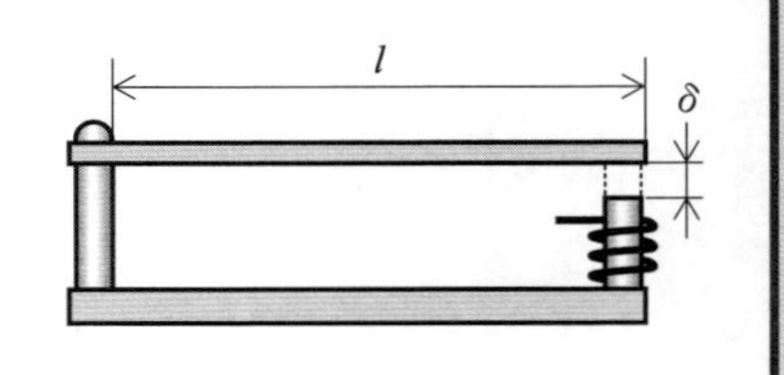


**3** 図のように，両端固定はりの中間に $M_0$ の偶力が外部から作用する。固定端に壁側から生じる反力 $R_A$，$R_B$ と偶力 $M_A$，$M_B$ を求めよ。

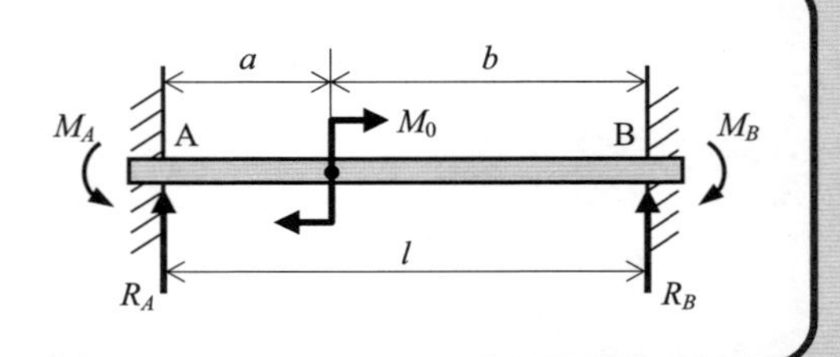

**4**　図のように，等分布荷重 $q=10\,\mathrm{kgf/cm}$ の作用する長さ $l=1\,\mathrm{m}$ の片持はりの自由端をばね定数 $k=20\,\mathrm{kgf/mm}$ のばねで支えた。はりのヤング率 $E=2.1\times10^4\,\mathrm{kgf/mm^2}$，断面二次モーメント $I=1000\,\mathrm{mm^4}$ とするとき，ばねの縮小量$\varDelta$を求めよ。

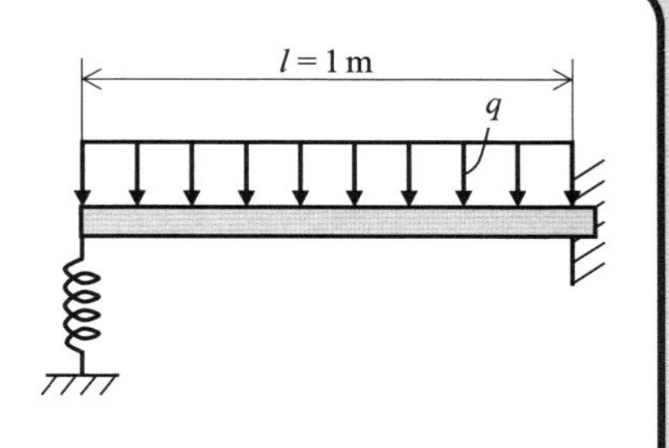


**5**　図に示す，はりの幅 $b$ を一定とした平等強さの片持はりがある。固定端の高さ $h_0$ とはりの長さ $l$ が与えられているとき，(i)任意の位置 $x$ における高さ $h$ を求め，また(ii)はり先端のたわみを求めよ。

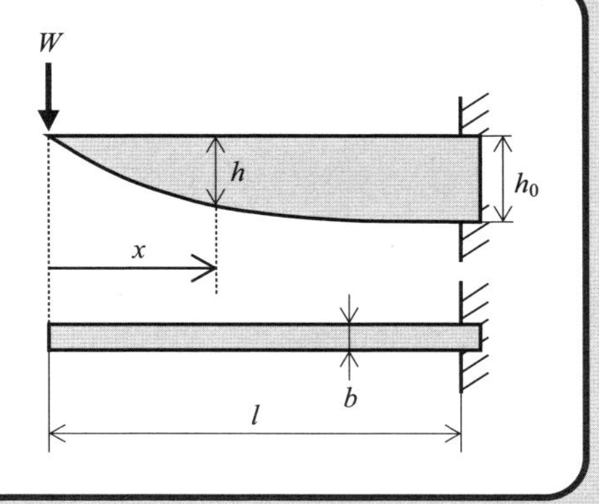

## コラム《7》　等価節点力

はり理論は，有限要素法（finite element method，略して FEM）で骨組解析を行う際にも必要不可欠な知識である。有限要素法では，部材同士をつなぐ節点を通して外力が作用するとしているが，部材に中間荷重が作用するときにはその作用を等価節点力として部材の両端の節点に振り分ける必要がある。たとえば，図のようにラーメン構造（はり要素からなる構造）に外力として一様分布荷重 $w$ が作用する場合には，両端固定はりを考えてその反力とモーメントを求め，それらが逆向きに作用するものとして等価節点力を計算する。なお，各部材に作用する応力などを求めるには，構造全体を解析したのち再度中間荷重を考慮し，はり理論を用いる。

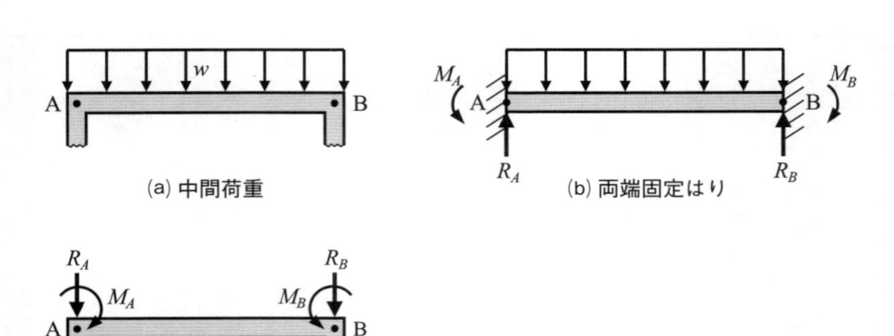


FEM における中間荷重の取り扱い（ラーメン構造の場合）

# 第8章　ねじり

本章では，断面一様な丸軸に生じる変形と応力，またその応用として伝導丸軸，円筒形コイルばねについて学ぶとともに，曲げとねじりが同時に作用するときに生じる応力などについて学ぶ。

## 8.1　丸軸のねじり

### 8.1.1　中実丸軸

一様断面をもつ真直な丸軸の両端にねじりモーメント（トルク）が作用するときの変形を，一端が固定，他端にトルク $T$ が作用するモデルに置き換えて考える（図 8-1 (a)）。トルクを加える前に，軸の側面に軸に平行に直線 AB を引き，また端面に軸の中心 O から半径方向に直線 OB を引いておく。トルク $T$ を加えると，AB は AC に変位し，また OB は直線のまま OC に変位する。このとき，変形前に AB に沿って付した微小素片（長方形）は変位し，相対的に同図(b)のように変形する。このとき，$\angle \mathrm{BAC} = \gamma$ は，直角からの角度の変化量，すなわちせん断ひずみである。また $\angle \mathrm{BOC} = \phi$ をねじり角という。幾何学的関係から，

$$\widehat{\mathrm{BC}} = r\phi = l\tan\gamma \fallingdotseq l\gamma \tag{8-1}$$

したがって，せん断ひずみ $\gamma$ は，

$$\gamma = \frac{r\phi}{l} = r\theta \ , \quad \theta \equiv \frac{\phi}{l} \tag{8-2}$$

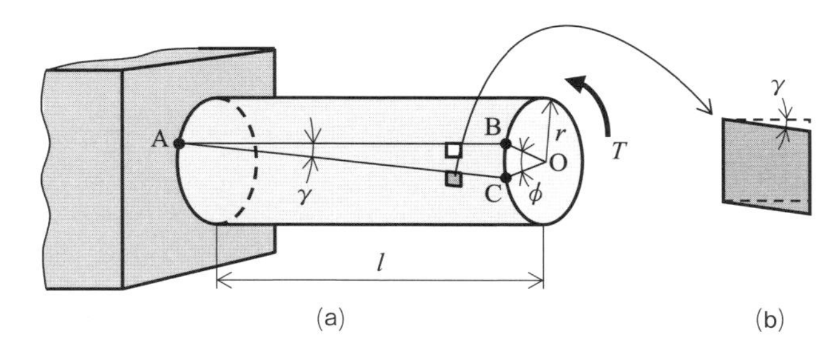


図 8-1

ここで，$\theta$ は単位長さあたりのねじり角であり，これを比ねじり角という。フックの法則（式(2-12)）から，せん断応力 $\tau$ は，

$$\tau = G\gamma = Gr\theta \quad (8\text{–}3)$$

式(8–3)は，軸の内部に対しても同様に成り立ち，中心Oから $\rho$ の位置では，

$$\tau = G\rho\theta \quad (8\text{–}4)$$

すなわち，丸軸をねじったときに生じるせん断応力 $\tau$ は比ねじり角 $\theta$ と中心からの距離 $\rho$ に比例して変化する（図 8–2）。

次に，トルク $T$ とねじり角 $\phi$ の関係を求める。トルク $T$ は，せん断応力 $\tau$ が軸の中心Oに作る偶力に等しいので（図 8–3 参照），

$$T = \int_A \rho\tau\, dA \quad (8\text{–}5)$$

式(8–4)を用いれば，

$$\begin{aligned} T &= \int_A \rho\tau\, dA \\ &= \int_A G\theta\rho^2\, dA = G\theta\int_A \rho^2\, dA \\ &= G\theta I_P \end{aligned} \quad (8\text{–}6)$$

ここに，$I_P = \int_A \rho^2\, dA$ は断面二次極モーメントであり，直径 $d$（$=2r$）の丸軸では，

$$\begin{aligned} I_P &= \int_A \rho^2\, dA = \int_0^r \rho^2\, 2\pi\rho\, d\rho \\ &= 2\pi\left[\frac{\rho^4}{4}\right]_0^r = \frac{\pi r^4}{2} = \frac{\pi d^4}{32} \end{aligned} \quad (8\text{–}7)$$

式(8–6)より，

$$\theta = \frac{T}{GI_P} \quad (8\text{–}8)$$

または，

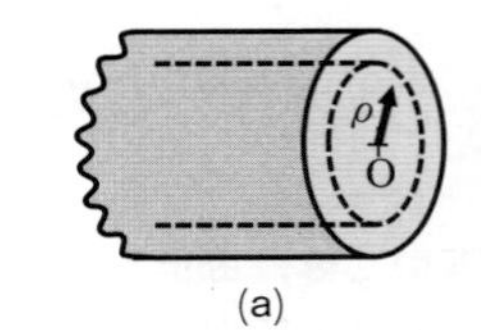

(a)

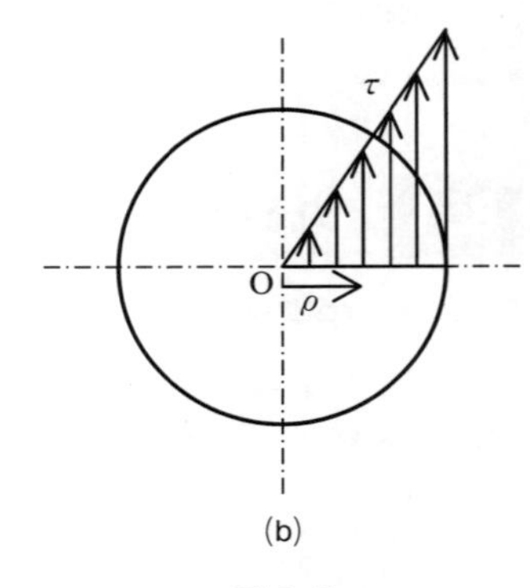

(b)

図 8–2

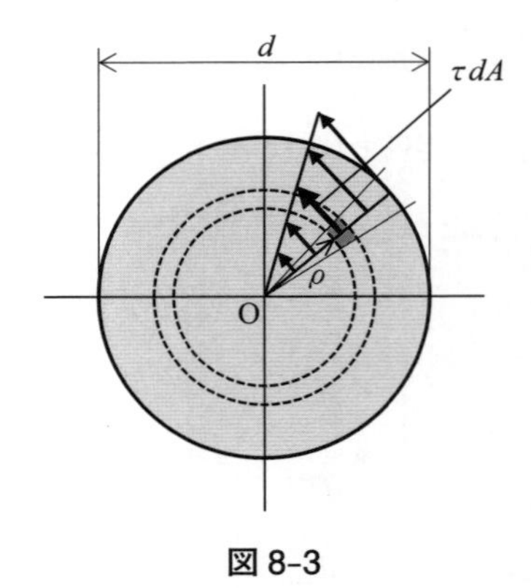


図 8–3

$$\phi = \frac{Tl}{GI_P} = \frac{32Tl}{G\pi d^4} \qquad (8\text{-}9)$$

なお，比ねじり角 $\theta$，ねじり角 $\phi$ はラジアン（rad）表示の角度である。式 (8-8) または (8-9) の分母 $GI_P$ をねじり剛性という。ちなみに，$AE$ は引張／圧縮剛性，$EI$ は曲げ剛性であり，これらはいずれも変形量に直接関係するパラメータである。

式 (8-4) に式 (8-8) を代入すれば，せん断応力 $\tau$ とトルク $T$ の関係は，

$$\tau = \frac{T\rho}{I_P} \qquad (8\text{-}10)$$

最大のせん断応力 $\tau_{\max}$ は外周上（$\rho = r$）に生じ，

$$\tau_{\max} = \frac{Tr}{I_P} = \frac{T}{\left(\dfrac{I_P}{r}\right)} = \frac{T}{Z_P} = \frac{16T}{\pi d^3} \qquad (8\text{-}11)$$

ここで，$Z_P$ はねじりの断面係数である。

## 例題 1

図のように，長さ 10 m の丸軸の両端にトルク $T = 500$ kgf·m が作用するとき，軸直径 $d$ をどのように見込めばよいか。また，そのときのねじり角 $\phi$ を求めよ。ただし，許容せん断応力 $\tau_w = 600$ kgf/cm$^2$，横弾性係数 $G = 8 \times 10^5$ kgf/cm$^2$ とする。

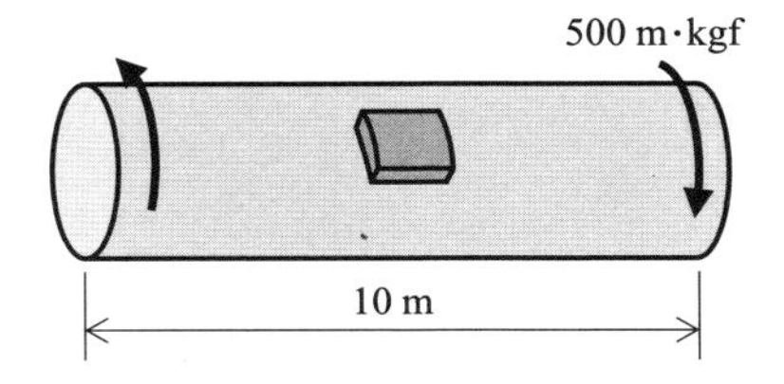


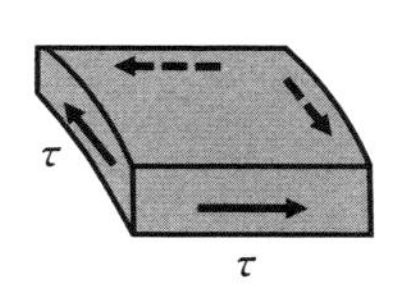


式 (8-11) より最大せん断応力 $\tau_{\max}$ を求め，許容せん断応力 $\tau_w$ と等置すれば，

$$\tau_{\max} = \frac{16T}{\pi d^3} = \tau_w \qquad ①$$

$$\therefore d = \sqrt[3]{\frac{16T}{\pi \tau_w}} = \sqrt[3]{\frac{16 \times 50000}{\pi \times 600}} = 7.5 \text{ cm} \qquad ②$$

式(8-9)より，ねじり角$\phi$は，

$$\phi = \frac{Tl}{GI_P} = \frac{50000 \times 1000}{8 \times 10^5 \times \left( \dfrac{\pi \times 7.5^4}{32} \right)} = 0.2 \text{ rad} \qquad ③$$

この角度は，deg 表示すれば，

$$\frac{180}{\pi} \times 0.2 = 11.5° \qquad ④$$

### 8.1.2 中空丸軸

中実丸軸はトルクのほとんどを外皮部で支え，内部の材料は遊んでいる状態となっている。軸の中心部分を除去して中空にすれば，強度をあまり減じることなく軽い軸を作ることができ，このような軸を中空丸軸という（図8-4参照）。

中空丸軸の場合にも，ねじり角とトルク，せん断応力とトルクの関係は，中実丸軸のそれとまったく同じであり，次式が成り立つ。

$$\phi = \frac{Tl}{GI_P}$$

$$\tau = \frac{T\rho}{I_P}$$

$$\tau_{\max} = \frac{Tr_2}{I_P}$$

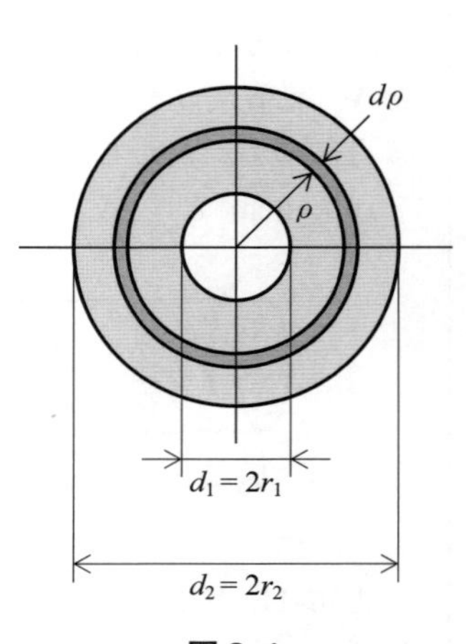


図8-4

中実丸軸と異なるのは，断面二次極モーメント$I_P$のみであり，$I_P$は次式で与えられる。

$$I_P = \int_A \rho^2 \, dA = \int_{r_1}^{r_2} \rho^2 \cdot 2\pi\rho \, d\rho$$

$$= 2\pi \left[ \frac{\rho^4}{4} \right]_{r_1}^{r_2} = \frac{\pi \left( r_2^4 - r_1^4 \right)}{2}$$

$$= \frac{\pi}{32} \left( d_2^4 - d_1^4 \right) \qquad (8\text{-}12)$$

## 8.2 伝導軸

動力は軸受で支えられた丸軸の回転で伝えられることが多い。このとき丸軸にはトルクが作用し，軸径の決定にはねじりによるせん断応力（ねじり応力ともいう）が考慮される。

伝導馬力を $H$，トルクを $T$，軸の回転数を $N$ [rpm] として議論する。馬力は1秒間あたりの仕事量であるから，トルクに1秒間あたりの回転角を掛けたものが馬力となる。

$$H = T \cdot \left(\frac{2\pi N}{60}\right) \tag{8-13}$$

今，伝導馬力を PS 馬力（1 PS = 75 kgf·m/s），トルクを [cm·kgf] で表せば，

$$H = \frac{T \times 2\pi N}{7500 \times 60} \tag{8-14}$$

したがって，$H$ [PS] を伝える丸軸に作用するトルク $T$ [cm·kgf] は，

$$T = \frac{7500 \times 60 H}{2\pi N} \tag{8-15}$$

このトルクにより生じる最大せん断応力 $\tau_{max}$ を材料の使用応力 $\tau_w$ に等しくすることにより，必要な中実丸軸の直径 $d$ [cm] が得られる。すなわち，

$$\tau_{max} = \frac{16T}{\pi d^3} = \tau_w$$

$$d = \sqrt[3]{\frac{16T}{\pi \tau_w}} \tag{8-16}$$

このような動力を伝導する長さ $l$ [cm] の丸軸に生じるねじり角 $\phi$ は，

$$\phi = \frac{Tl}{GI_P} = \left(71620 \cdot \frac{l}{GI_P}\right)\frac{H}{N} \tag{8-17}$$

馬力を SI 単位ワット [W] で表せば，トルク $T$ [N·m] と馬力の関係は式 (8-13) で与えられる。なお，1 W ≒ 1/735 PS である。

**例題 2**

1200 PS，800 rpm で回転している推進軸がある。軸の許容せん断応力を 800 kgf/cm$^2$ とすると，軸直径 $d$ をどのように見込めばよいか。

軸に生じるトルク $T$ は，馬力 $H$ と回転数 $N$ より次式で与えられる（式(8-15)）。

$$T = \frac{7500 \times 60 H}{2\pi N} = \frac{7500 \times 60 \times 1200}{2\pi \times 800} = 107429.6 \text{ kgf·cm} \qquad ①$$

軸に発生する最大せん断応力 $\tau_{\max}$ は式(8-11)より，

$$\tau_{\max} = \frac{16T}{\pi d^3} \qquad ②$$

これを軸の許容せん断応力に等しいと置けば，

$$\tau_{\max} = \tau_w \qquad ③$$

$$\therefore d = \sqrt[3]{\frac{16T}{\pi \tau_w}} = \sqrt[3]{\frac{16 \times 107429.6}{\pi \times 800}} = 8.8 \text{ cm} \qquad ④$$

## 8.3 曲げとねじりを同時に受ける丸軸

歯車やベルトなどによって動力が伝えられる丸軸には，曲げとねじりが同時に作用する。その例として，図 8-5(a)に示すように，一端が固定された丸軸の他端に半径 $a$ の円盤が取り付けられ，その外周に垂直荷重 $P$ が作用する場合を考える。

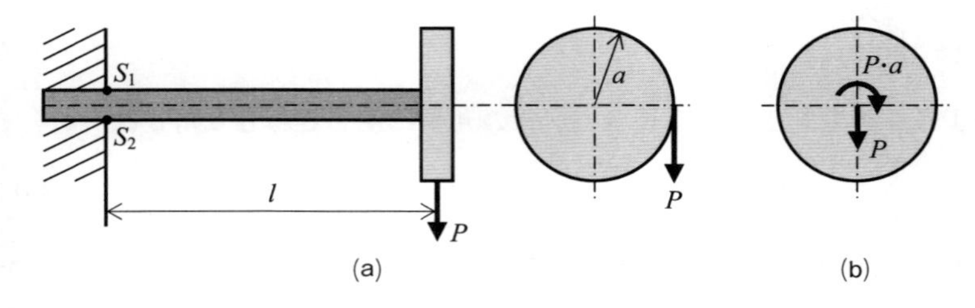


図 8-5

外力 $P$ を軸の中心における等価荷重に置き換えると，同図(b)のように，軸の曲げに関与する力 $P$ とねじりに関与するトルク $P \cdot a$ が作用することになる。軸に生じる曲げ応力 $\sigma_b$ は，軸の上下端で，

$$\sigma_b = \pm \frac{M}{Z} = \pm \frac{32M}{\pi d^3} \quad , \quad Z : \text{断面係数} \left( = \frac{\pi d^3}{32} \right)$$

また，ねじりによるせん断応力は，外周で，

$$\tau = \frac{T}{Z_P} = \frac{T}{2Z} = \frac{16T}{\pi d^3}$$

この他に$P$によるせん断応力が生じるが，他の応力に比べて著しく小さく，また軸の上下端で零，軸の中心で最大となるので，軸の強度を考える際は省略することができる。

最も厳しい応力状態となる固定端（曲げモーメント$M=-Pl$）の上端$S_1$では，図8-6(a)に示す組み合わせ応力状態となる。なお，下端$S_2$では同じ大きさの圧縮の曲げ応力とねじりによるせん断応力が作用する。図8-6(a)の組み合わせ応力状態に対するモールの応力円を描くと同図(b)となり，これより最大主応力$\sigma_1$と最小主応力$\sigma_2$は，

$$\left.\begin{matrix}\sigma_1\\ \sigma_2\end{matrix}\right\} = \frac{1}{2}\sigma_b \pm \sqrt{\frac{\sigma_b^2}{4} + \tau^2}$$

あるいは，

$$\left.\begin{matrix}\sigma_1\\ \sigma_2\end{matrix}\right\} = \frac{M}{2Z} \pm \frac{1}{2}\sqrt{\frac{M^2}{Z^2} + \frac{T^2}{Z^2}} = \frac{1}{2Z}\left(M \pm \sqrt{M^2 + T^2}\right)$$

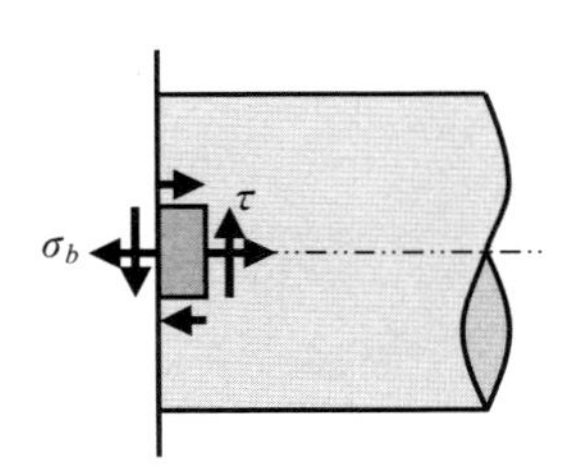

(a) 組み合わせ応力状態

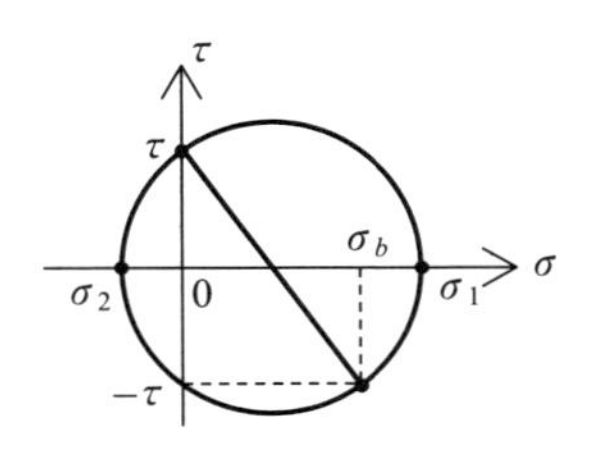

(b) モールの応力円

図8-6

また，最大せん断応力$\tau_{\max}$は，

$$\tau_{\max} = \frac{1}{2}(\sigma_1 - \sigma_2) = \frac{1}{2Z}\sqrt{M^2 + T^2}$$

これらの式で，

$$M_e = \frac{1}{2}\left(M + \sqrt{M^2 + T^2}\right) \tag{8-18}$$

$$T_e = \sqrt{M^2 + T^2} \tag{8-19}$$

とおけば，

$$\sigma_1 = \frac{M_e}{Z} \tag{8-20}$$

$$\tau_{\max} = \frac{T_e}{Z_P} \tag{8-21}$$

これらの式は，それぞれ式(6-27)および式(8-11)と同じ形をしている。すなわち，曲げモーメントとトルクが同時に作用するときは，$M_e$ を曲げモーメント，$T_e$ をトルクとして扱えば，式(8-20)と(8-21)を使ってそれぞれ最大主応力と最大せん断応力を求めることができる。その意味で，$M_e$ を相当曲げモーメント，$T_e$ を相当トルク（あるいは相当ねじりモーメント）という。

### 例題 3

図に示すように，軸受で保持された伝導軸の先端に有効直径 $D=80\,\text{cm}$ のプーリが取り付けられ，ベルトから張力 $T_1=800\,\text{kgf}$ と $T_2=150\,\text{kgf}$ を受ける丸軸がある。軸の直径 $d=6\,\text{cm}$，長さ $l=20\,\text{cm}$ とし，プーリの重量 $W=300\,\text{kgf}$ とすると，断面 A 部に生じる最大主応力と最大せん断応力を求めよ。

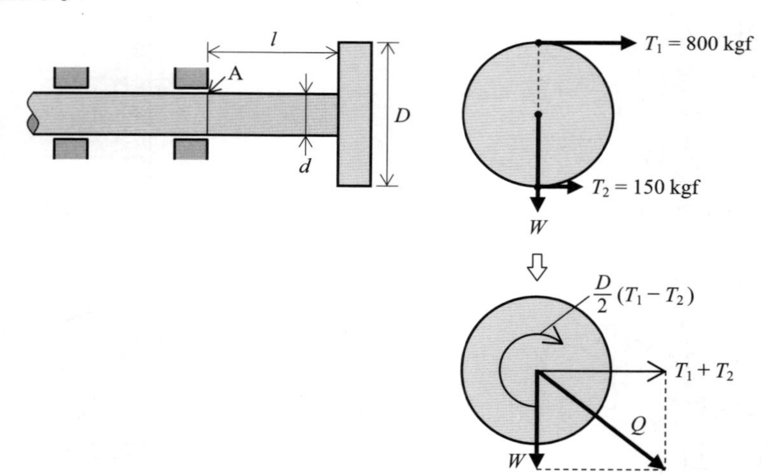


プーリに作用するすべての力を，丸軸の中心における等価な合力 $Q$ とトルク $T$ に置き換えると，

$$Q=\sqrt{W^2+(T_1+T_2)^2}=996.2\ \text{kgf} \qquad ①$$

$$T=\frac{D}{2}(T_1-T_2)=26000\ \text{kgf}\cdot\text{cm} \qquad ②$$

$M=Ql$ であるので，相当曲げモーメント $M_e$ は，

$$M_e=\frac{1}{2}\left(M+\sqrt{M^2+T^2}\right)=26340\ \mathrm{kgf\cdot cm} \quad ③$$

したがって，最大主応力 $\sigma_1$ は，

$$\sigma_1=\frac{M_e}{Z}=\frac{32M_e}{\pi d^3}=1242\ \mathrm{kgf/cm^2} \quad ④$$

また，相当トルク $T_e$ は，

$$T_e=\sqrt{M^2+T^2}=32756\ \mathrm{kgf\cdot cm} \quad ⑤$$

したがって，最大せん断応力 $\tau_{\max}$ は，

$$\tau_{\max}=\frac{16T_e}{\pi d^3}=772\ \mathrm{kgf/cm^2} \quad ⑥$$

## 8.4 円筒形コイルばねの応力と変形

丸軸のねじり問題の応用として，図 8-7(a)に示す円筒形コイルばね（密巻コイルばねともいう）に生じる応力および変形を扱う。素線の直径を $d$，コイルの平均半径を $R$ とし，コイルの軸線方向に荷重 $W$ を加えるとき，ばねの変形量を求める。同図(a)のように，ばねをハッチングを施した位置で仮に切断し，上部のつり合いを考えると，その断面には同図(b)のように，せん断力 $W$ とトルク $T$（$=WR$）が作用する。この断面を一端とする微小長さ $dl$ の丸軸を考える（同図(c)参照）。

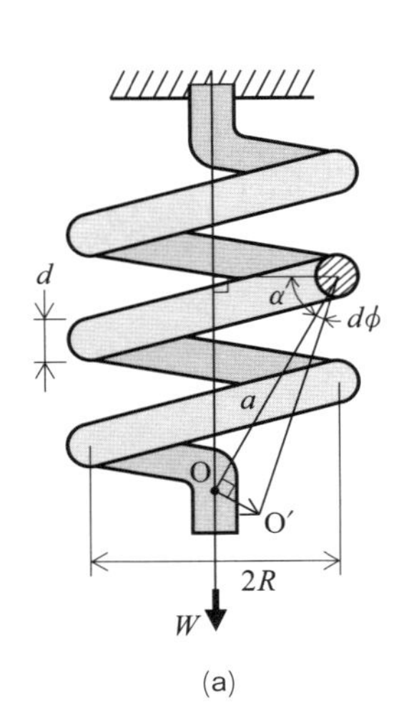


(a)

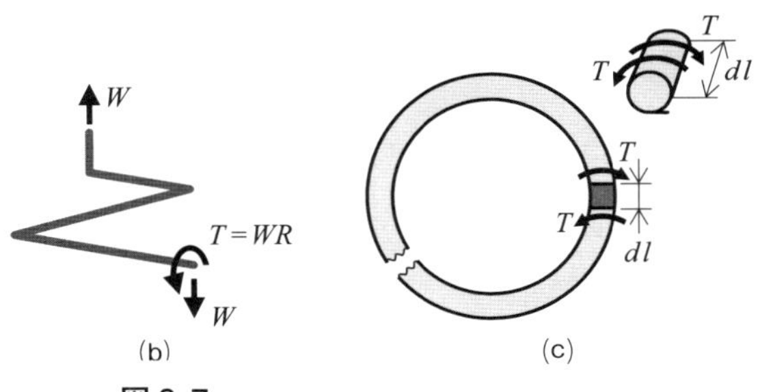


(b)　(c)

図 8-7

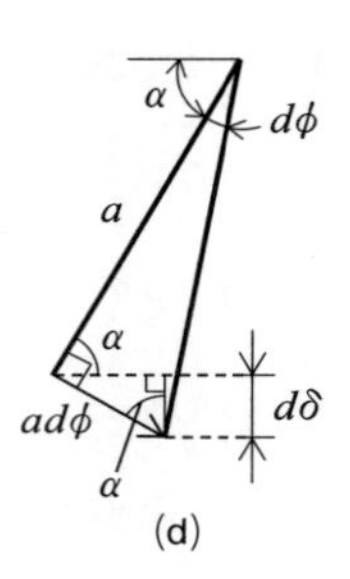


図 8-7

微小長さ $dl$ 部のねじり角 $d\phi$ は，

$$d\phi = \frac{Tdl}{GI_P} = \frac{WR}{GI_P}dl$$

この変形により，同図(a)のように点 O は O′ へと移動する。このとき垂直方向（コイルの軸線方向）への点 O の変位 $d\delta$ （同図(d)参照）は，

$$d\delta = ad\phi\cos\alpha = R\,d\phi = \frac{WR^2}{GI_P}dl \qquad (\because a\cos\alpha = R)$$

したがって，素線の長さ $l$ にわたってこのような変形をたし合わせると，点 O の変位 $\delta$ は，

$$\delta = \int_0^l \frac{WR^2}{GI_P}dl = \frac{WR^2 l}{GI_P} = \frac{64nR^3W}{d^4G} \qquad (8\text{-}22)$$

; $l = 2\pi nR$ （$n$ はコイルの有効巻き数）

なお，水平方向への変位は，互いに打ち消し合って 0 となる。ばね定数 $k$ は，

$$k = \frac{W}{\delta} = \frac{GI_P}{2\pi nR^3} = \frac{d^4G}{64nR^3} \qquad (8\text{-}23)$$

素線に生じるせん断応力 $\tau$ は，ねじりによる応力 $\tau'$ とせん断力 $W$ による応力 $\tau''$ の和となる（図 8-8 参照）。ねじりによるせん断応力 $\tau'$ は，

$$\tau' = \frac{16WR}{\pi d^3}$$

また，せん断力 $W$ によるせん断応力 $\tau''$ は，

$$\tau'' = \frac{4W}{\pi d^2}$$

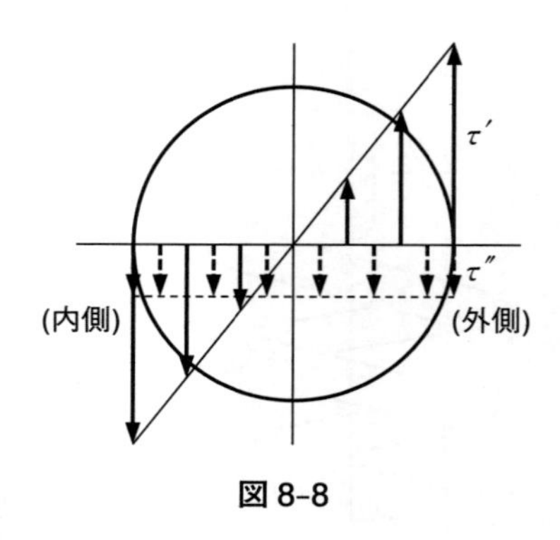


図 8-8

なお，$W$ によるせん断応力は $W$ が横断面に均一に分布するものと近似してある。作用方向を考慮すると，

素線の外側で，

$$\tau_{out} = \tau' - \tau'' = \frac{16RW}{\pi d^3}\left(1 - \frac{d}{4R}\right) \qquad (8\text{-}24)$$

素線の内側で，

$$\tau_{in} = \tau' + \tau'' = \frac{16RW}{\pi d^3}\left(1 + \frac{d}{4R}\right) \tag{8-25}$$

この結果から，円筒形コイルばねは，素線の内側で大きなせん断応力を受けることがわかる。

# 演 習 問 題

**1** 図のように，一端が直径 $d_1$，他端が直径 $d_2$ をもつ長さ $l$ のテーパ丸軸がある。先端にトルク $T$ を負荷すると，固定側に対してどれほどのねじり変形（ねじり角）$\phi$ が生じるか求めよ。ただし，横弾性係数は $G$ とする。

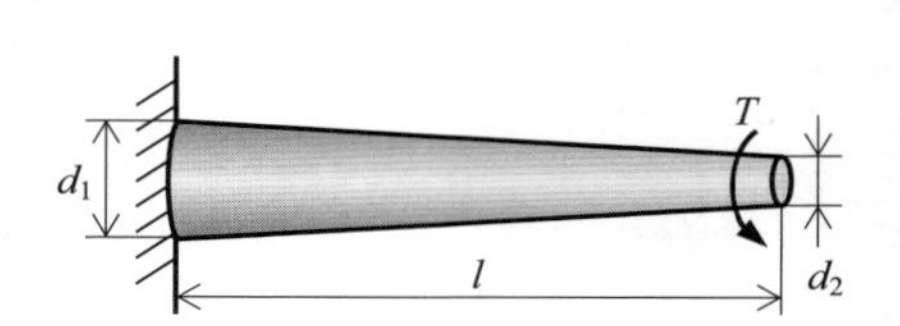


**海技試験出題問題**

**2** 同一材料で長さの等しい外径 40 cm，の中空軸と直径 36 cm の実体軸において，2 つの軸が同じ大きさのねじりモーメントに耐えるとすれば，中空軸の質量は，実体軸の質量の何パーセントになるか。

ただし，実体軸の極断面係数を $\dfrac{\pi}{16}d^3$

中空軸の極断面係数を $\dfrac{\pi}{16}\left(\dfrac{{d_2}^4-{d_1}^4}{d_2}\right)$

$\left(\begin{array}{l} d\ ：直径\ [\mathrm{m}] \\ d_1：内径\ [\mathrm{m}] \\ d_2：外径\ [\mathrm{m}] \end{array}\right)$

とする。

海技試験出題問題

**3**　直径 50 cm の伝動軸が毎分回転数 100 で回転しているとき，ねじりモーメントを受けて軸の長さ 4 m について 0.1° のねじり角があるとすれば，軸の伝達している動力は，いくらか。この場合，ねじりモーメントは，次式により表される。

$$T=\frac{\pi G r^4 \theta}{2l}$$

ただし，$T$ は，ねじりモーメント [N·m]（[kgf·cm]）
$r$ は，伝導軸の半径 [m]（[cm]）
$l$ は，ねじり角を測定する 2 点間の長さ [m]（[cm]）
$\theta$ は，$l$ についてのねじり角 [rad]（[rad]）
$G$ は，軸材料の横弾性係数：81 [GPa]（$8.1\times10^5$ [kgf/cm$^2$]）
とする。

注：計算は，SI（国際単位系）または重力単位系いずれで行ってもよい。

**4**　直径 $d=30$ cm のプロペラシャフトが，$T=6$ kN·m のトルクと推力 $S=30$ kN を同時に受けるとき，最大せん断応力 $\tau_{max}$ はいくらになるか。

**5**　直径 $d=5$ mm の鋼製棒で平均直径 $D=10$ cm の円筒形コイルばねを作るとき，ばね定数 $k=0.5$ kgf/cm のコイルばねとするために必要な丸棒の長さを求めよ。横弾性係数 $G=8.4\times10^5$ kgf/cm$^2$ とする。

## コラム《8》 トルクレンチ

ネジ部品の締め付け作業で重要なことは，締め付け不足による緩みや，締め過ぎによる破損が起こらないように，また，締め付けの個人差による品質のばらつきを回避するためにも，トルクによる締め付け管理を行い，定められたトルクで締め付ける作業が欠かせない。この際使用されるのが，トルクレンチと総称される工具である。タイプとしては，シグナル式トルクレンチが最も一般的であり，これは，あらかじめ使用するレンチのトルクを設定でき，「カチン」という音と感触で締め付けトルクに達したことがわかるタイプのものである。その他には直読式トルクレンチがあり，負荷されているトルクを目盛によって読み取るタイプのものである。このタイプは，締め付けたトルクを検査のために測定する作業に使用されることが多い。

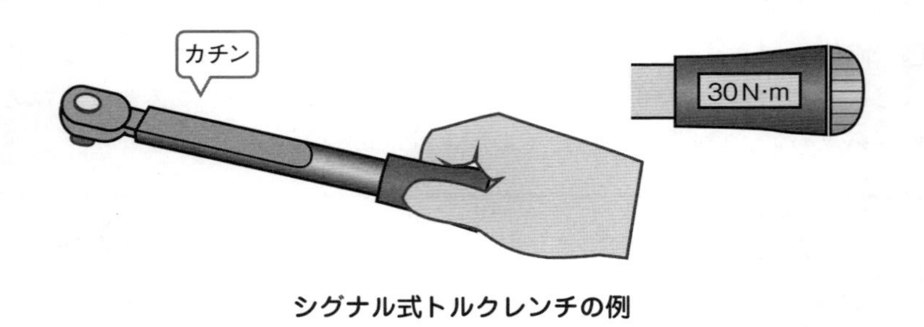


シグナル式トルクレンチの例

# 第9章　長柱の座屈

真直棒に軸方向の荷重が作用すると，最初は軸方向に縮むが，棒が細長い場合にはある荷重に達すると急に側方にたわみ始める。この現象を座屈（buckling）という。圧縮を受ける構造物では，座屈がその強度を左右することがある。本章では，圧縮を受ける棒（柱）の座屈荷重の求め方について学ぶ。

## 9.1　両端回転端の柱の座屈

座屈の起こりやすさ（座屈荷重）は，支持方法により異なる。そこで，まず基本となる両端回転端の場合について座屈荷重を求める。

図 9-1 に示すように，柱が軸方向に荷重 $P$ を受けて側方に少したわんだ状態を考える。下端から $x$ の位置にある断面に生じる内力を，断面に垂直な方向に $N$，断面に沿う方向に $F$（せん断力）とし，またモーメントを $M$ とする。このとき $x$ 方向，$y$ 方向の力のつり合いおよびモーメントのつり合いは，それぞれ次式で与えられる。

$$-N\cos i - F\sin i + P = 0$$

$$-N\sin i + F\cos i = 0$$

$$M - Py = 0$$

なお，$i$ は $x$ の位置におけるたわみ角（回転角）である。これらから，

$$N = P\cos i$$

$$F = P\sin i$$

$$M = Py$$

座屈状態にある柱は曲げを受けているので，はりのたわみ曲線の微分方程式 (7-5) を適用すると，

$$EI\frac{d^2y}{dx^2} = -M = -Py$$

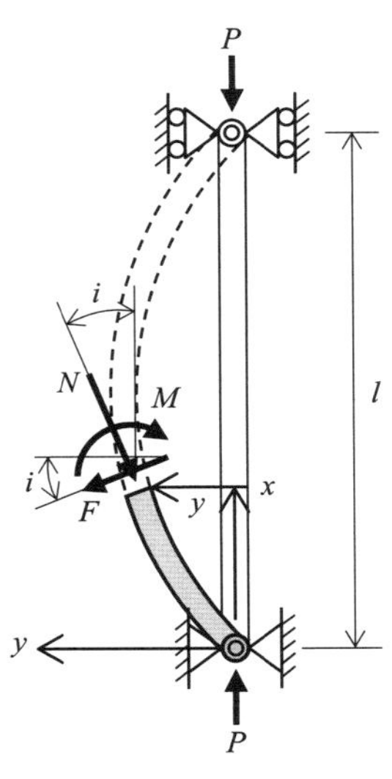

図 9-1

この式を整理し，

$$\frac{d^2y}{dx^2}+\frac{P}{EI}y=0$$

$$\alpha^2 \equiv \frac{P}{EI}$$

と置けば，

$$\frac{d^2y}{dx^2}+\alpha^2 y=0 \tag{9-1}$$

この式を満足する一般解は，

$$y=\mathrm{A}\sin\alpha x+\mathrm{B}\cos\alpha x$$

係数 A，B は，次の支持条件から定まる未定係数である。

$x=0$ で $y=0$ より，$\mathrm{B}=0$

$x=l$ で $y=0$ より，$y=\mathrm{A}\sin\alpha l=0$

ここで $\mathrm{A}=0$ とするとたわみがなくなり，真直に縮むのが 1 つのつり合い条件であることを意味し，求める解ではなくなる。そこで，

$\sin\alpha l=0$ とすると $\alpha l=m\pi$ ； $m=1, 2, \cdots$

$$\therefore\ P=\alpha^2 EI=EI\frac{m^2\pi^2}{l^2}$$

$m=1$ のときが $P$ の最小値であり，この荷重のときにわずかにたわんだ状態（座屈状態）となる。したがって，座屈荷重 $P_{cr}$ は，

$$P_{cr}=\frac{\pi^2 EI}{l^2} \tag{9-2}$$

また座屈応力 $\sigma_{cr}$ は，

$$\sigma_{cr}=\frac{P_{cr}}{A}=\frac{\pi^2 EI}{l^2 A}=\pi^2 E\left(\frac{k}{l}\right)^2=\frac{\pi^2 E}{\left(\frac{l}{k}\right)^2} \tag{9-3}$$

ここで $k\ (=\sqrt{I/A})$ を断面二次半径，$l/k$ を細長比（slenderness ratio）という。細長比は，柱の座屈でその細長さを示す重要なパラメータである。たわみの形は，

$$y = \mathrm{A}\sin\left(\frac{\pi x}{l}\right) \tag{9-4}$$

となり正弦曲線となる。なお，A は未定である。

式 (9-3) から明らかなように，座屈応力は，柱を構成する材料自身の降伏応力などの強さには関係なく，柱の寸法と材料のヤング率 $E$ のみで決まる。

## 9.2 種々の支持条件に対する座屈

次に，種々の支持条件に対して座屈荷重を統一的に解く方法を示す。図 9-2 に示すように，柱の微小部分 $dx$ に作用する内力に対する $y$ 方向の力のつり合いを考えると，

$$P\sin\left(\frac{dy}{dx}\right) - P\sin\left(\frac{dy}{dx} + \frac{d^2y}{dx^2}dx\right) - F\cos\left(\frac{dy}{dx}\right) + (F+dF)\cos\left(\frac{dy}{dx} + \frac{d^2y}{dx^2}dx\right) = 0$$

この式の近似式を求めると，

$$P\frac{dy}{dx} - P\left(\frac{dy}{dx} + \frac{d^2y}{dx^2}dx\right) - F + (F+dF) = 0$$

整理すると，

$$dF - P\left(\frac{d^2y}{dx^2}\right)dx = 0 \tag{9-5}$$

ところで，式 (5-8) より，

$$\frac{dF}{dx} = \frac{d^2M}{dx^2}$$

したがって，

$$dF = \frac{d^2M}{dx^2}dx = \frac{d^2}{dx^2}\left(-EI\frac{d^2y}{dx^2}\right)dx$$

$$= -EI\frac{d^4y}{dx^4}dx \tag{9-6}$$

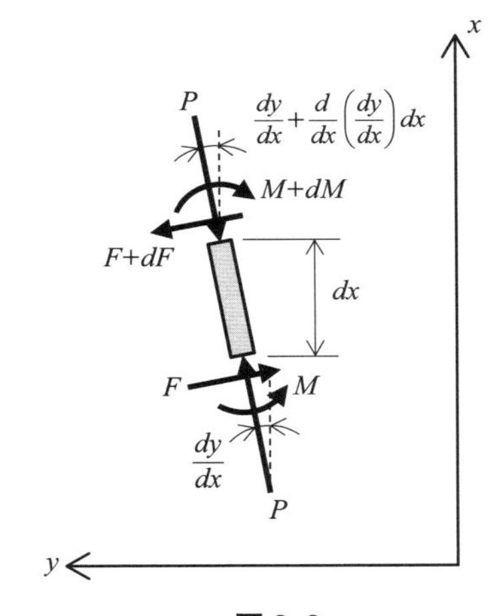


図 9-2

式 (9-6) を式 (9-5) に代入すれば

$$EI\frac{d^4y}{dx^4} + P\frac{d^2y}{dx^2} = 0 \tag{9-7}$$

この微分方程式の一般解は，$\alpha^2 \equiv P/(EI)$ とすれば，

$$y = \mathrm{A}\sin\alpha x + \mathrm{B}\cos\alpha x + \mathrm{C}x + \mathrm{D} \tag{9-8}$$

支持条件を満足し，これらの未定係数 A，B，C，D が全部同時に 0 とならないような $\alpha$ を求めれば座屈荷重が定まる。

式 (9-8) を用いて，両端固定端に対する座屈荷重を求めてみよう。

図 9-3 に示すように，柱の両端が回転できない支持となっている場合，$x=0$ で $y=0$，$dy/dx=0$ であり，式 (9-8) を用いれば，

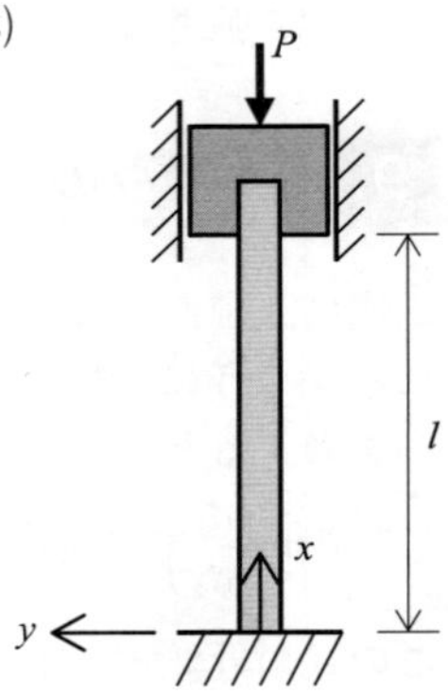

$$\mathrm{B}+\mathrm{D}=0$$

$$\mathrm{A}\alpha+\mathrm{C}=0$$

ゆえに，

$$\mathrm{D}=-\mathrm{B}$$

$$\mathrm{C}=-\mathrm{A}\alpha$$

したがって，

$$y=\mathrm{A}\sin\alpha x+\mathrm{B}\cos\alpha x-\mathrm{A}\alpha x-\mathrm{B}$$

$$\frac{dy}{dx}=\mathrm{A}\alpha\cos\alpha x-\mathrm{B}\alpha\sin\alpha x-\mathrm{A}\alpha$$

図 9-3

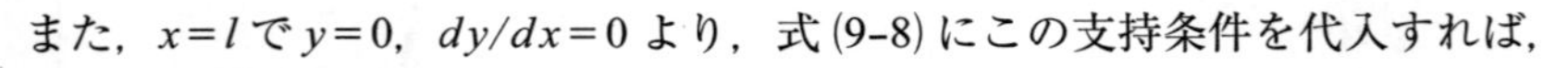

また，$x=l$ で $y=0$，$dy/dx=0$ より，式 (9-8) にこの支持条件を代入すれば，

$$\mathrm{A}(\sin\alpha l-\alpha l)+\mathrm{B}(\cos\alpha l-1)=0$$

$$\mathrm{A}(\alpha\cos\alpha l-\alpha)-\mathrm{B}\alpha\sin\alpha l=0$$

これをマトリックス表示すれば，

$$\begin{bmatrix}\sin\alpha l-\alpha l & \cos\alpha l-1\\ \alpha\cos\alpha l-\alpha & -\alpha\sin\alpha l\end{bmatrix}\begin{bmatrix}\mathrm{A}\\ \mathrm{B}\end{bmatrix}=\begin{bmatrix}0\\ 0\end{bmatrix}$$

A，B が同時に 0 とならないためには，係数行列式が 0 とならなければならないので，

$$-\alpha\left\{\sin\alpha l(\sin\alpha l-\alpha l)+(\cos\alpha l-1)^2\right\}=0$$

$\alpha\neq 0$ とすると，

$$\sin^2\alpha l-\alpha l\sin\alpha l+\cos^2\alpha l-2\cos\alpha l+1=2-2\cos\alpha l-\alpha l\sin\alpha l$$

$$=2\times 2\frac{(1-\cos\alpha l)}{2}-\alpha l\sin\alpha l=4\sin^2\left(\frac{\alpha l}{2}\right)-2\alpha l\sin\left(\frac{\alpha l}{2}\right)\cos\left(\frac{\alpha l}{2}\right)$$

$$=4\sin\left(\frac{\alpha l}{2}\right)\left\{\sin\left(\frac{\alpha l}{2}\right)-\frac{\alpha l}{2}\cos\left(\frac{\alpha l}{2}\right)\right\}=0$$

この式から，$\sin(\alpha l/2)=0$ のとき $\alpha$ の最低値は $\alpha l/2=\pi$ となり，また $\sin(\alpha l/2)-(\alpha l/2)\cos(\alpha l/2)=0$ のとき $\alpha$ の最低値は $\alpha l/2=4.494$ となる。これより，$\alpha l/2=\pi$ の方が低い値を与えるので，座屈荷重 $P_{cr}$ は，

$$P_{cr}=EI\alpha^2=\frac{4\pi^2 EI}{l^2} \tag{9-9}$$

また，座屈の形状は，

$$y=\mathrm{B}\left\{\cos\left(\frac{2\pi}{l}x\right)-1\right\} \tag{9-10}$$

となる。

同様にして，一端固定－他端回転端（図 9-4），一端固定－他端自由端（図 9-5）などの座屈荷重，座屈の形状を求めることができる。

これらを整理すると，支持条件に関わらず座屈荷重は次式の形で与えられる。

$$P_{cr}=\frac{n\pi^2 EI}{l^2} \tag{9-11}$$

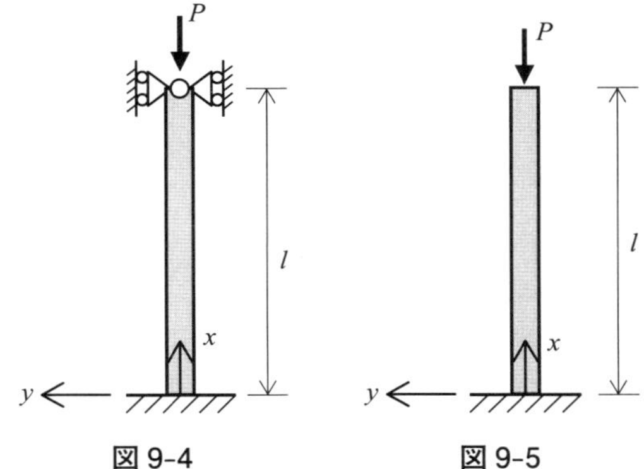

図 9-4　　図 9-5

ここで $n$ は支持条件により異なる係数で，端末条件係数と呼ばれている。座屈荷重の式を変形すれば，

$$P_{cr}=\frac{n\pi^2 EI}{l^2}=\frac{\pi^2 EI}{\left(\frac{l}{\sqrt{n}}\right)^2}=\frac{\pi^2 EI}{{l_k}^2}=\pi^2 EA\frac{1}{\left(\frac{l_k}{k}\right)^2} \tag{9-12}$$

ここで $l_k=l/\sqrt{n}$ は座屈長さあるいは換算長さといわれ，両端固定端では 1，他の支持条件では表 9-1 のようになる。また，

表 9-1

| 支持条件 | 端末条件係数 $n$ | 換算長さ $l_k$ |
|---|---|---|
| 両端回転端 | 1（座屈の基本） | $l$ |
| 両端固定端 | 4 | $l/2$ |
| 一端固定，他端回転瑞 | 2 | $0.7l$ |
| 一端固定，他端自由 | 1/4 | $2l$ |

$$\frac{l_k}{k}=\frac{l}{\sqrt{n}\,k}\quad,\quad k\text{：断面二次半径}\left(k^2=\frac{I}{A}\right) \tag{9-13}$$

は相当細長比といわれるパラメータである。また座屈応力 $\sigma_{cr}$ は，

$$\sigma_{cr}=\frac{\pi^2 E}{\left(\dfrac{l_k}{k}\right)^2} \tag{9-14}$$

以上の座屈の式は，オイラーによりはじめて導かれ，オイラーの式という。

## 9.3 オイラーの式の適用限界と実験公式

オイラーの式は，材料の弾性限度内で成立する式である。座屈応力 $\sigma_{cr}$ と細長比 $l/k$ の関係を示すと図 9-6 のようになる。

これから，座屈応力 $\sigma_{cr}$ が材料の弾性限度（降伏点）$\sigma_0$ を超えるところでは，オイラーの式が適用できない。この限界である細長比 $(l/k)^*$ は式(9-3) より，次式で与えられる。

$$\left(\frac{l}{k}\right)^*=\sqrt{\frac{\pi^2 E}{\sigma_0}} \tag{9-15}$$

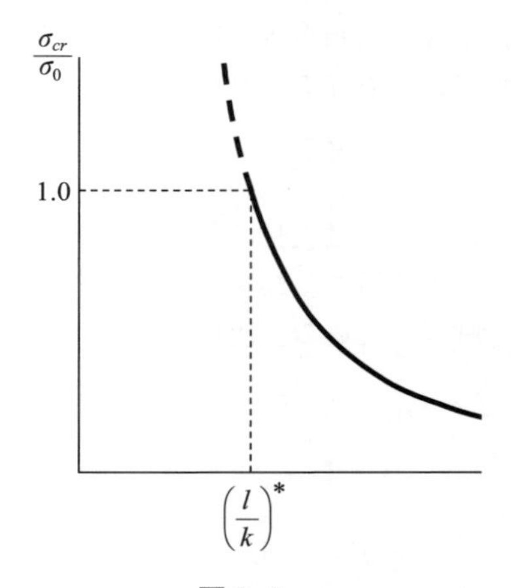

図 9-6

たとえば，圧縮弾性限度が 2000 kgf/cm$^2$ の軟鋼では，

$$\left(\frac{l}{k}\right)^{*} \fallingdotseq \sqrt{\frac{10\times2\times10^{6}}{2000}} = 100$$

すなわち，細長比 100 以上でオイラーの式が適用できる。支持条件が両端回転端でない場合は $l/k$ を相当細長比 $l/(\sqrt{n}\,k)$ で置き換えればよい。

細長比が $(l/k)^*$ 以下の寸法形状の柱（弾性限度以上の圧縮荷重を受ける柱）に対しては，正確な理論解はなく，次の実験公式が用いられている。

(1)　ランキンの式

ランキン（Rankine）は，実験結果をもとに次の式を提唱した。この式の適用範囲などは表 9-2 のとおりである。

$$\sigma_{cr} = \frac{\sigma_D}{1+a\left(\dfrac{l}{k}\right)^2} \tag{9-16}$$

なお，圧縮強さ $\sigma_D$ と定数 $a$ は実験から求めた値である。端末条件係数 $n=1$ 以外は，$l$ の代わりに換算長さ $l/\sqrt{n}$ を用いればよい。

**表 9-2　ランキンの式の定数**

| 材　料 | $\sigma_D$ [kg/cm²] | $1/a$ | $l/k$ |
|---|---|---|---|
| 鋳　鉄 | 5600 | 1600 | ＜ 80 |
| 錬　鉄 | 2500 | 9000 | ＜110 |
| 軟　鋼 | 3400 | 7500 | ＜ 90 |
| 硬　鋼 | 4900 | 5000 | ＜ 80 |
| 木　材 | 500 | 750 | ＜ 60 |

(2)　テトマイヤーの式

テトマイヤー（Tetmajer）は，次の式による座屈応力を提唱した。この式の適用範囲などは表 9-3 のとおりである。

$$\sigma_{cr} = \sigma_D\left\{1-a\left(\frac{l}{k}\right)+b\left(\frac{l}{k}\right)^2\right\} \tag{9-17}$$

**表 9-3　テトマイヤーの式の定数**

| 材　料 | $\sigma_D$ [kg/cm²] | $a$ | $b$ | $l/k$ |
|---|---|---|---|---|
| 鋳　鉄 | 7760 | 0.01546 | 0.00007 | $<$ 88 |
| 錬　鉄 | 3030 | 0.00426 | 0 | $<$112 |
| 軟　鋼 | 3100 | 0.00368 | 0 | $<$105 |
| 硬　鋼 | 3350 | 0.00185 | 0 | $<$ 90 |
| 木　材 | 293 | 0.00662 | 0 | $<$100 |

(3)　ジョンソンの式

ジョンソン（Johnson）は，次の放物線の式を提唱した。

$$\sigma_{cr} = \sigma_c \left\{ 1 - \frac{\sigma_c}{4\pi^2 E} \left( \frac{l}{k} \right)^2 \right\} \tag{9-18}$$

なお，$\sigma_c$ は材料の圧縮降伏応力である。

**例題 1**

図に示す圧縮降伏応力 $\sigma_0 = 2000\,\mathrm{kgf/cm^2}$，ヤング率 $E = 2\times10^6\,\mathrm{kgf/cm^2}$ の柱の座屈荷重 $P_{cr}$ を求めよ。

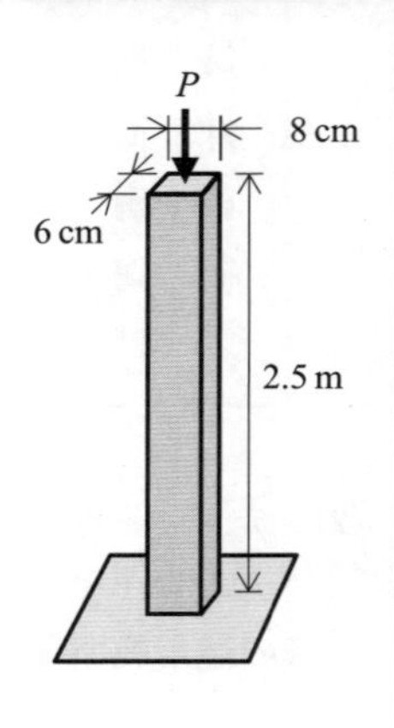


まず，相当細長比を求める。断面二次半径 $k$ は，

$$k = \sqrt{\frac{I}{A}} \quad ①$$

ここで断面積 $A$ は，

$$A = 6\times8 = 48\,\mathrm{cm^2} \quad ②$$

また，断面二次モーメント $I$ は，

$$I = \frac{bh^3}{12} = \frac{8\times6^3}{12} = 144\,\mathrm{cm^4} \quad ③$$

$$\therefore\ k = \sqrt{\frac{144}{48}} = 1.732\,\mathrm{cm} \quad ④$$

これから，相当細長比は，

$$\frac{l}{\sqrt{n}\,k}=\frac{250}{\sqrt{\frac{1}{4}}\times 1.732}=289 \qquad ⑤$$

この値は，$\sqrt{\pi^2 E/\sigma_0}\fallingdotseq 100$ より十分大きく，オイラーの式を使うことができる。これより，

$$P_{cr}=\frac{\pi^2 EI}{4l^2}=11.4\times 10^3\ \text{kgf} \qquad ⑥$$

## 例題 2

図に示す両端回転端の軟鋼性の柱（圧縮弾性限度 $\sigma_0=2000\,\text{kgf/cm}^2$，ヤング率 $E=2\times 10^6\,\text{kgf/cm}^2$）に加えうる安全な圧縮荷重を求めよ。ただし，安全率は 2 とする。

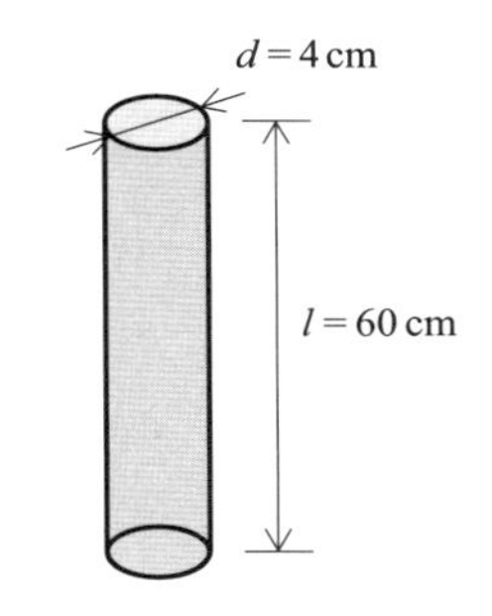


まず，細長比を求める。

$$k=\sqrt{\frac{I}{A}}=\sqrt{\frac{\frac{\pi d^4}{64}}{\frac{\pi d^2}{4}}}=\frac{d}{4} \qquad ①$$

したがって，細長比は，

$$\frac{l}{k}=\frac{4l}{d}=\frac{4\times 60}{4}=60 \qquad ②$$

この値は，$\sqrt{\pi^2 E/\sigma_0}\fallingdotseq 100$ より小さいので，実験公式を使う。ランキンの式 (9–16) を用いると，

$$\sigma_{cr}=\frac{3400}{1+\left(\frac{60^2}{7500}\right)}=2300\ \text{kgf/cm}^2 \qquad ③$$

安全率 2 を考慮すると安全な圧縮荷重は，

$$\frac{2300}{2}\times\frac{\pi\times 4^2}{4}=14.5\times 10^3\ \text{kgf}=14.5\ \text{ton} \qquad ④$$

テトマイヤーの式 (9–17) を用いると，

$$\sigma_{cr} = 3100(1-0.00368\times60) = 2420\ \mathrm{kgf/cm^2} \quad ⑤$$

これより，安全な圧縮荷重は，

$$\frac{2420}{2}\times\frac{\pi\times4^2}{4} = 15.2\times10^3\ \mathrm{kgf} = 15.2\ \mathrm{ton} \quad ⑥$$

両式から得られた値のうち小さい方を採ると，14.5 ton となる。

## 例題３

図１に示すトラス構造の水平部材 BC（圧縮弾性限度 $\sigma_0 = 2000\ \mathrm{kgf/cm^2}$）の直径 $d$ を求めよ。ただし，安全率 3.5，ヤング率 $E = 2.0\times10^6\ \mathrm{kgf/cm^2}$ とする。

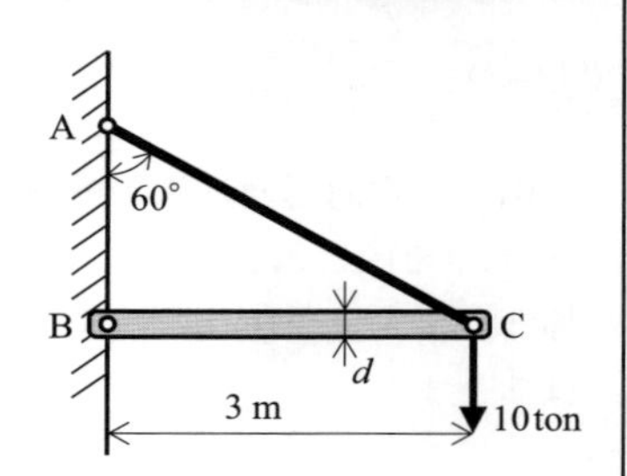


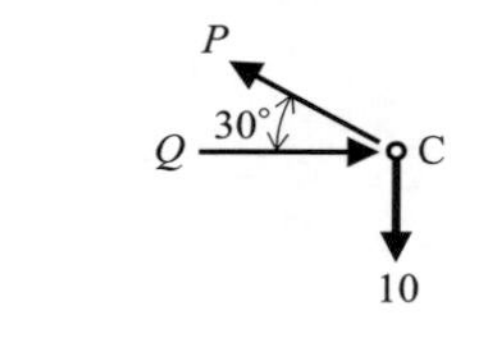


図 1

水平部材に作用する軸力を C 点のつり合い式から求める。

$$P\sin30^\circ - 10 = 0 \quad ①$$

$$Q - P\cos30^\circ = 0 \quad ②$$

より，

$$P = 20\ \mathrm{ton},\quad Q = 17.32\ \mathrm{ton} \quad ③,④$$

この場合には，細長比があらかじめ定まらないので，オイラーの式が使えるものとして $d$ を求め，その後でオイラーの式が使えるか否かを調べる。

オイラーの座屈応力を $\sigma_{cr}$ とすれば

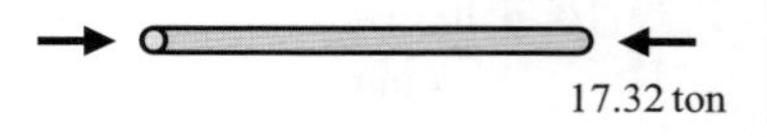


図 2

$$A\cdot\frac{\sigma_{cr}}{3.5} = 17320 \quad ⑤$$

$$A = \frac{\pi d^2}{4} \quad ⑥$$

より，両端回転端に対する座屈応力の式 (9-3) を用いれば，

$$\sigma_{cr}=\frac{\pi^2 E}{\left(\dfrac{l}{k}\right)^2}=\frac{\pi^2 E}{\left(\dfrac{4l}{d}\right)^2} \quad ⑦$$

式⑥と⑦を式⑤に代入すると，

$$\frac{\pi d^2}{4}\cdot\frac{1}{3.5}\cdot\frac{\pi^2 E}{\left(\dfrac{4l}{d}\right)^2}=17320 \quad ⑧$$

式⑧を $d$ について解けば，

$$d \fallingdotseq 8.6\,\mathrm{cm} \quad ⑨$$

細長比は，

$$\frac{l}{k}=\frac{4l}{d}=\frac{4\times 300}{8.6}\fallingdotseq 140 \quad ⑩$$

となる。この値は，$\sqrt{\pi^2 E/\sigma_0}\fallingdotseq 100$ より大きいので，オイラーの式が使える。これより，$d \fallingdotseq 8.6\,\mathrm{cm}$ となる。

## 例題４

図に示すコネクティングロッド（連接棒）の座屈荷重を，オイラーの式を用いて求めよ。

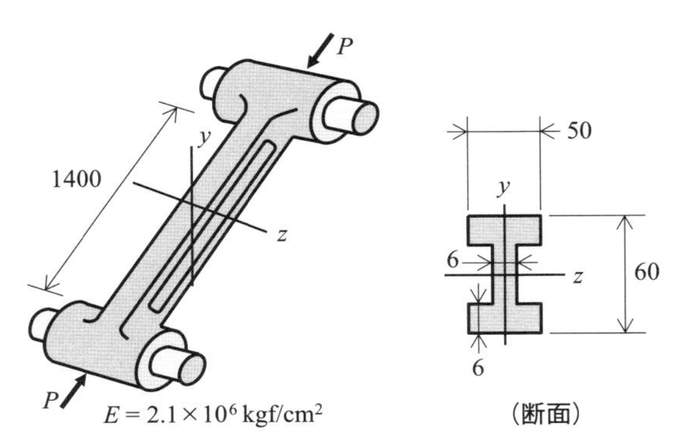


一般に，柱の断面には２つの主軸があり，支持条件が同一の場合には断面二次モーメント $I$ が小さい方向に座屈する。一方，連接棒のように，両

主軸についての条件が異なるときには，$n \cdot I$ の小さい方の軸回りに座屈する。

$z$ 軸回りの断面二次モーメント $I_z$ は，

$$I_z = \frac{50 \times 60^3}{12} - \frac{(50-6)(60-6\times 2)^3}{12} = 494496\ \text{mm}^4 \qquad ①$$

また $y$ 軸回りの断面二次モーメント $I_y$ は，

$$I_y = \frac{60 \times 50^3}{12} - \frac{(60-6\times 2)\times 50^3}{12} + \frac{(60-6\times 2)\times 6^3}{12} = 125864\ \text{mm}^4 \qquad ②$$

$z$ 軸回りの座屈荷重 $P_{cr,z}$ は両端回転端であるので，

$$P_{cr,z} = \frac{1\times 494496 \times \pi^2 \times 21000}{1400^2} = 52291\ \text{kgf} \qquad ③$$

$y$ 軸回りの座屈荷重 $P_{cr,y}$ は両端固定端とみなすことができるので，

$$P_{cr,y} = \frac{4\times 125864 \times \pi^2 \times 21000}{1400^2} = 53238\ \text{kgf} \qquad ④$$

これより座屈は $z$ 軸回りに生じやすく，座屈荷重としては 52291 kgf となる。

# 演習問題

**1**　長さ $l=200\,\mathrm{cm}$，ヤング率 $E=2.1\times10^{6}\,\mathrm{kgf/cm^2}$ の軟鋼製円柱が 10 ton の軸圧縮荷重を安全に支えるのに必要な直径 $d$ をオイラーの式を用いて求めよ。ただし，円柱の両端はピン継手とし，安全率 $n=4$ とする。

**2**　同一材料かつ長さ，重量および支持条件が同じ中実および中空の円柱がある。中空円柱の外径を内径の 1.5 倍にとった場合に，これらの柱の座屈荷重の比を求めよ。

**3**　断面が $4\,\mathrm{cm}\times6\,\mathrm{cm}$ の長方形で長さが 4 m である軟鋼製角柱（弾性限度 $2000\,\mathrm{kgf/cm^2}$）の座屈応力を求めよ。ただし，角柱の両端は固定支持とし，またヤング率 $E=2.1\times10^{6}\,\mathrm{kgf/cm^2}$ とする。

**4**　高さ 10 cm，幅 5 cm の長方形断面をもつ長さ $l=7\,\mathrm{m}$ のレールを温度 20℃のときに 3 mm のすきまをもって敷設した。その後，温度上昇が生じたとき，レールが座屈する危険温度を求めよ。ただし，レールの両端は回転端とし，ヤング率 $E=2.1\times10^{4}\,\mathrm{kgf/mm^2}$，線膨張係数 $\alpha=1.12\times10^{-5}$/℃とする。

**5**　長さ 2.5 m，断面が $20\,\mathrm{cm}\times25\,\mathrm{cm}$ の長方形の木材からできた柱に加えうる最大荷重 $W$ を求めよ。ただし，柱は両端回転端で，許容応力は $65\,\mathrm{kgf/cm^2}$ とする。

## コラム《9》　座屈強度

船体構造には，デッキを支えるピラーやハッチコーミング下のピラーのように，柱部材が用いられている。このような柱部材の座屈強度は，本章で述べた座屈荷重，座屈応力の式を利用して算定できる。また，船体構造は補強材の付いた板材が多用されており，その座屈強度の算定は重要である。本書では扱わないが，その基礎となる平板側面に一様かつ一方向に圧縮荷重が作用するときの座屈応力は，平板の寸法（縦と横の長さと厚さ），材質（ヤング率とポアソン比）および板のアスペクト比（縦と横の比）から定まる座屈係数が関係する。

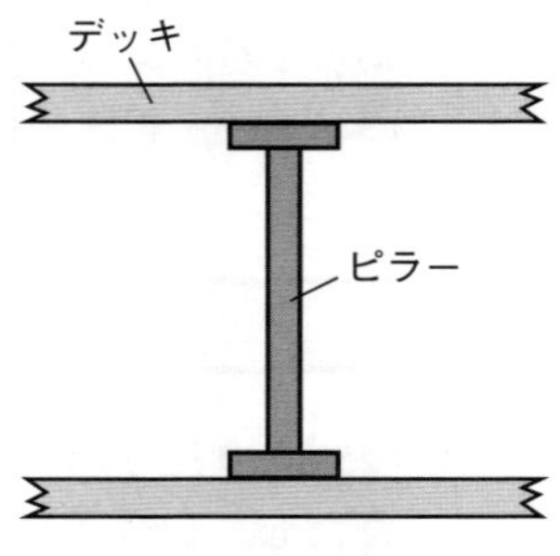


デッキを支えるピラー

# ●第10章　弾性ひずみエネルギとその応用●

材料に外力が作用して弾性変形が生じると，外力がした仕事は弾性ひずみエネルギ（elastic strain energy）として材料内に蓄えられる。本章では，各種荷重下で生じる弾性ひずみエネルギを求めるとともに，弾性ひずみエネルギを利用した衝撃問題や構造物の解析方法について学ぶ。

## 10.1　弾性ひずみエネルギ

### (a)　軸力による弾性ひずみエネルギ

図10-1(a)に示すように，断面一様な棒に荷重$P$を加えたとき，$\delta$の伸びを生じたものとする。棒にはばねと同様，はじめから一定の力が作用するわけではなく，同図(b)に示す変形過程をとる。いま，$P_1$が作用している時点での伸びを$\delta_1$とし，そこから荷重が$dP_1$増加することによる伸びの増加量を$d\delta_1$とすると，この間になした外力の仕事が弾性ひずみエネルギの増加量$dU$となり，次式で与えられる。

$$dU = \left(P_1 + \frac{dP_1}{2}\right) d\delta_1 \fallingdotseq P_1 d\delta_1$$

したがって，最終的に荷重$P$が作用したときの全弾性ひずみエネルギ$U$は，

$$U = \int_0^\delta P_1 d\delta_1 = \int_0^\delta \frac{P}{\delta} \delta_1 d\delta_1$$

$$= \frac{P}{\delta}\left[\frac{{\delta_1}^2}{2}\right]_0^\delta = \frac{P\delta}{2} \qquad (10\text{-}1)$$

となり，$U$は，同図(b)の三角形の面積に等しくなる。棒の断面積を$A$，ヤング率

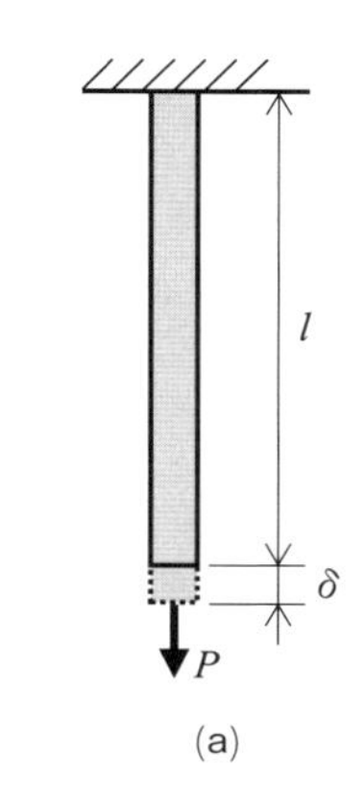

(a)

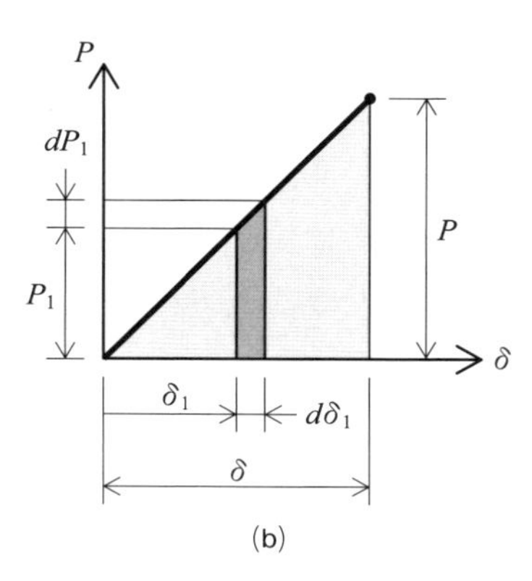

(b)

図10-1

を $E$，長さを $l$ とすると，$\delta = Pl/(AE)$ であるので，全弾性ひずみエネルギ $U$ は，

$$U = \frac{P^2 l}{2AE} \tag{10-2}$$

また，単位体積あたりの弾性ひずみエネルギ $u$ は，

$$u = \frac{U}{Al} = \frac{\sigma^2}{2E} \text{ または } = \frac{1}{2}\sigma\varepsilon \tag{10-3}$$

ここに $\sigma$ は垂直応力，$\varepsilon$ は垂直ひずみである。断面積が変化，あるいは軸力が軸に沿って変化するときは，弾性ひずみエネルギは次の形で表される。

$$U = \int_0^l \frac{P^2 dx}{2AE} \tag{10-4}$$

### (b) せん断力による弾性ひずみエネルギ

外力 $P$ が，図 10-2 に示すようにせん断力として作用するとき，その変形過程は図 10-1 (b)と同じようになり，弾性ひずみエネルギ $U_V$ は，

$$U_V = \frac{P\delta}{2} \tag{10-5}$$

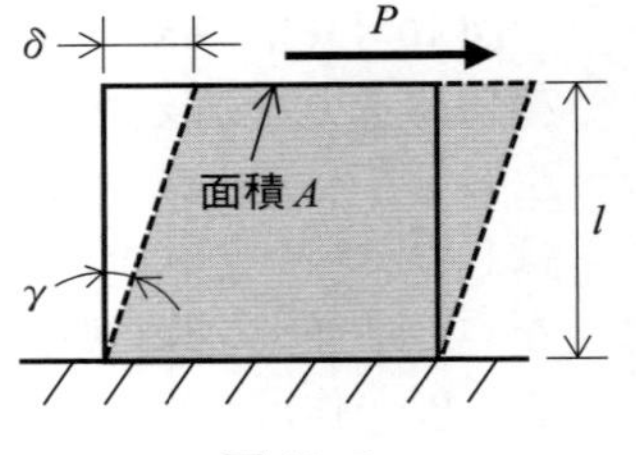

図 10-2

せん断ひずみ $\gamma = \delta/l$，またフックの法則より $\gamma = \tau/G$（$G$：横弾性係数，$\tau$：せん断応力 $= P/A$）であるので，これらを式(10-5)に代入すれば，

$$U_V = \frac{P\delta}{2} = \frac{P^2 l}{2AG} \tag{10-6}$$

単位体積あたりの弾性ひずみエネルギ $u_V$ は，

$$u_V = \frac{U_V}{Al} = \frac{\tau^2}{2G}$$

$$\text{または} \quad = \frac{1}{2}\tau\gamma \tag{10-7}$$

### (c) 単純曲げによる弾性ひずみエネルギ

図 10-3 (a)に示すように，微小部分 $dx$ が曲げモーメント $M$ を受けたときに生じる傾斜角 $d\theta$ は，反時計回りをプラスとして式(7-2)を用いると，

$$d\theta = \frac{1}{\rho} \cdot ds = \frac{M}{EI} dx$$

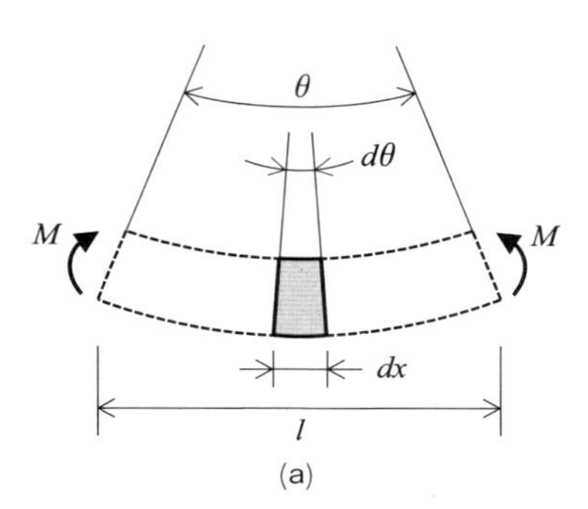


(a)

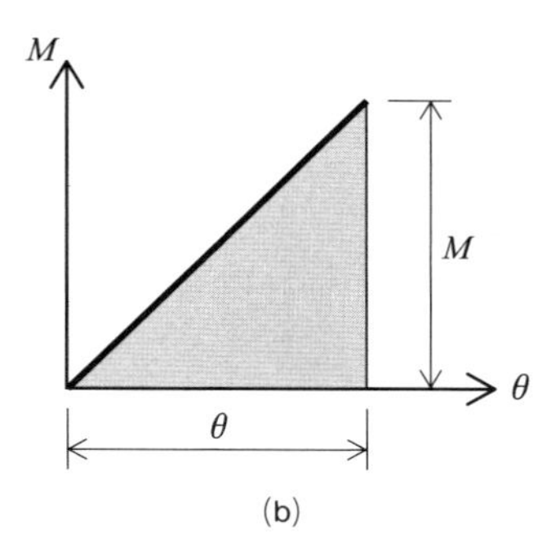


(b)

図 10-3

長さ $l$ にわたって一定の曲げモーメント $M$ を受ける単純曲げでは，傾斜角 $\theta$ は，

$$\theta = \int_0^l \frac{M}{EI} dx = \frac{Ml}{EI} \tag{10-8}$$

これより，長さ $l$ のはりの単純曲げにより蓄えられる弾性ひずみエネルギ $U_M$ は，同図(b)に示す面積で与えられ，

$$U_M = \frac{M\theta}{2} = \frac{M^2 l}{2EI} \tag{10-9}$$

曲げモーメント $M$ が長さ方向に変化するときは，

$$U_M = \int_0^l \frac{M^2}{2EI} dx \tag{10-10}$$

### (d)　ねじりによる弾性ひずみエネルギ

トルク $T$ を加えてねじり角 $\phi$ が生じるとき，蓄えられる弾性ひずみエネルギ $U_T$ は，図 10-4 に示す面積で与えられ，ねじり角 $\phi$ とトルク $T$ の関係から，

$$U_T = \frac{T\phi}{2} = \frac{T}{2}\left(\frac{Tl}{GI_P}\right) = \frac{T^2 l}{2GI_P} \tag{10-11}$$

トルク $T$ あるいは断面二次極モーメントが軸の長さ方向に変化するときは，

$$U_T = \int_0^l \frac{T^2 dx}{2GI_P} \tag{10-12}$$

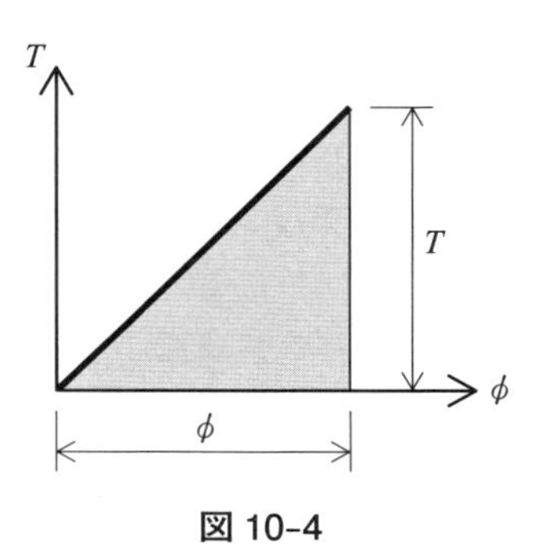


図 10-4

### (e) 三次元物体に蓄えられる弾性ひずみエネルギ

三次元物体に蓄えられる弾性ひずみエネルギ $U$ は，図 10-5 に示す微小要素 $dV$ に蓄えられる弾性ひずみエネルギを体積全体にわたって積分した形で与えられる。式 (10-3) と (10-7) を用いれば，弾性ひずみエネルギ $U$ は，

$$U=\iiint_V\left(\frac{1}{2}\sigma_x\varepsilon_x+\frac{1}{2}\sigma_y\varepsilon_y+\frac{1}{2}\sigma_z\varepsilon_z+\frac{1}{2}\tau_{xy}\gamma_{xy}+\frac{1}{2}\tau_{yz}\gamma_{yz}+\frac{1}{2}\tau_{zx}\gamma_{zx}\right)dV \tag{10-13}$$

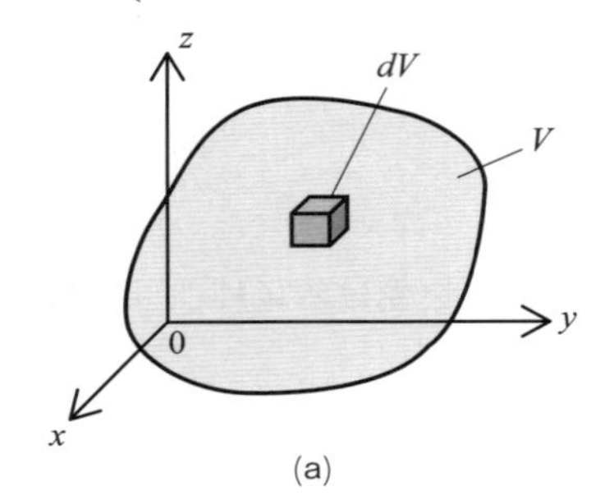

(a)

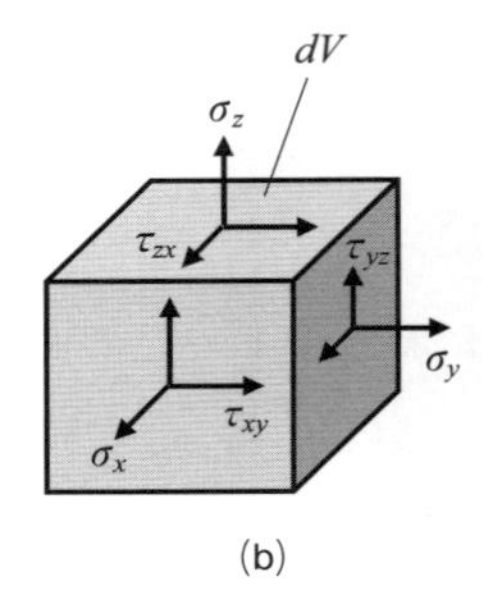

(b)

図 10-5

## 10.2 弾性ひずみエネルギによる衝撃応力の解析

物体に衝撃荷重が作用すると，一般に激しい音と振動が生じ，熱が発生するとともに，物体内部には静かに荷重が作用する場合よりもはるかに大きな応力を瞬間的に生じる。このような物体に瞬間的に発生する最大応力を衝撃応力 (impact stress) という。衝撃応力を見積るには，衝突時に運動物体のもっている運動エネルギがすべて弾性ひずみエネルギに変換されるとして解析する。

### (a) 衝撃引張

図 10-6 のように，$W$ の重さをもつ重錘が自由落下して受皿に衝突するとき，長さ $l$，断面積 $A$ の棒に生じる衝撃応力を求める。

重錘のもつ運動エネルギ $U$ は位置エネルギの減少量に等しいので，落下高さ $h$ に加え衝突による棒の伸び $\delta$ を考慮すると，

$$U=W(h+\delta) \tag{10-14}$$

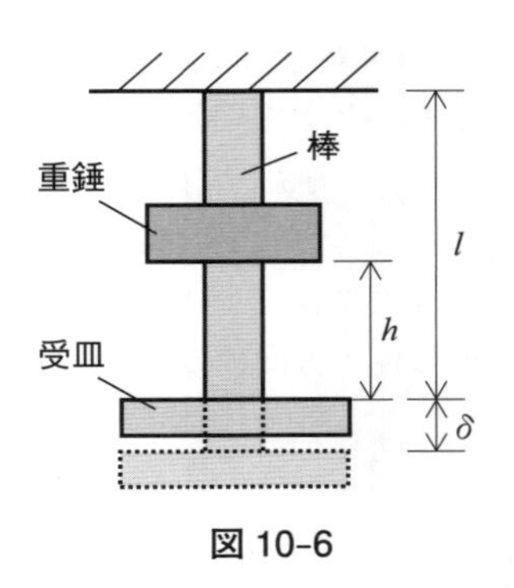

図 10-6

衝撃力を$P$とすると，棒に蓄えられる弾性ひずみエネルギ$U$は，式(10-2)より，

$$U=\frac{P^2 l}{2AE} \tag{10-15}$$

伸びと荷重の関係式を用いて$P$を$\delta$で表すと，$U$は，

$$U=\frac{AE\delta^2}{2l} \tag{10-16}$$

式(10-14)と(10-16)を等置し，$\delta$について解けば，

$$\delta=\delta_{st}+\sqrt{{\delta_{st}}^2+\frac{1}{g}\delta_{st}v^2} \tag{10-17}$$

ここに，

$g$：重力加速度

$\delta_{st}=\dfrac{Wl}{AE}$　（$W$による棒の静的な伸び）

$v\ =\sqrt{2gh}$　（$W$が受皿に衝突する寸前の速さ）

$h\gg\delta_{st}$ならば，

$$\delta=\sqrt{\frac{1}{g}\delta_{st}v^2} \tag{10-18}$$

また，衝撃応力$\sigma$は，

$$\sigma=\frac{\delta E}{l}=\frac{E}{l}\sqrt{\frac{1}{g}\delta_{st}v^2} \tag{10-19}$$

$h=0$，すなわち接触し始める位置での自由落下であれば，$v=0$より式(10-17)から，

$$\delta=2\delta_{st}$$

すなわち，伸びが静荷重時の2倍となるので，衝撃応力$\sigma$も，

$$\sigma=2\sigma_{st}$$

なお，

$\sigma_{st}=\dfrac{W}{A}$　（$W$による棒の静的応力）

以上の解析では音，熱のエネルギ損失は無視している。

次に，図10-7のように滑車を介して綱でつるされた重量$W$の物体がS点より自由落下し，落下高さ$h$で急に落下を止めたときに，綱に生じる衝撃荷

重を推定する。

綱の自重を無視し，また $h \gg \delta_{st}$ とすると，$W$ が急停止直前にもつ運動エネルギ $U$ は，

$$U=\frac{1}{2}\cdot\frac{W}{g}v^2=Wh$$

長さ $l$，断面積 $A$ の綱に蓄えられる弾性ひずみエネルギ $U$ は，

$$U=\frac{\sigma^2}{2E}\cdot Al$$

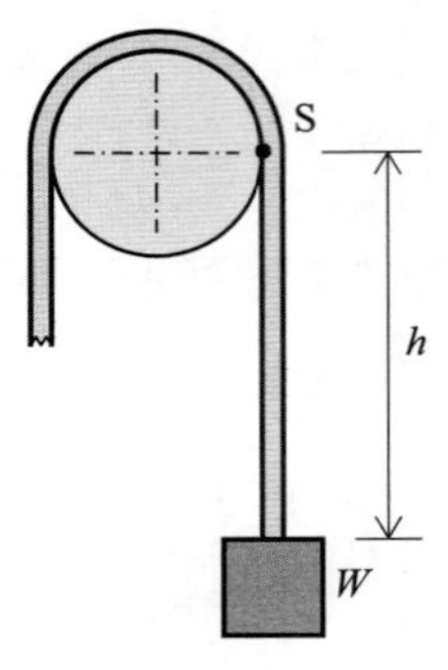

図 10-7

両者を等置し，綱の長さ $l$ を落下高さ $h$ とすると，

$$\sigma=\sqrt{\frac{2E}{Al}\cdot Wh}=\sqrt{\frac{2EW}{A}}$$

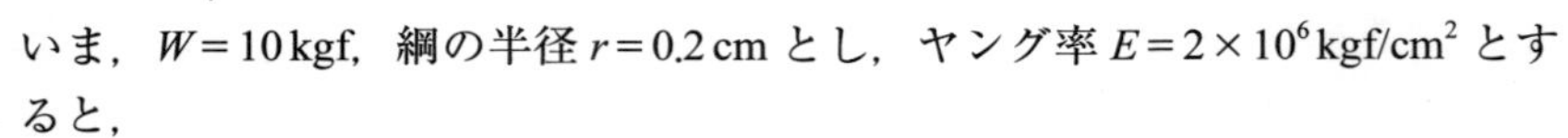
いま，$W=10\,\text{kgf}$，綱の半径 $r=0.2\,\text{cm}$ とし，ヤング率 $E=2\times10^6\,\text{kgf/cm}^2$ とすると，

$$\sigma=\sqrt{\frac{2\times2\times10^6\times10}{\pi\times0.2^2}}=17850\ \text{kgf/cm}^2$$

荷重 $W$ が静的に綱に作用するときの応力 $\sigma_{st}$ は，

$$\sigma_{st}=\frac{W}{A}=\frac{10}{\pi\times0.2^2}=79.6\ \text{kgf/cm}^2$$

したがって，$\sigma/\sigma_{st}=224$ となり，静的応力の 224 倍の衝撃応力が作用することになる。

**(b)　衝撃曲げ**

図 10-8 のように，片持はりの先端に重量 $W$ の物体が高さ $h$ から自由落下して衝突したときの衝撃力を求める。

この場合も基本的な考え方は同じである。落下物体が衝突直前にもつ運動エネルギ（位置エネルギの減少量）$U$ は，衝突による先端の変形 $\delta$ を考慮すると，

$$U=W(h+\delta) \qquad (10\text{-}20)$$

片持はりに蓄えられる弾性ひずみエネルギ $U_M$ は，

$$U_M=\frac{P\delta}{2} \qquad (10\text{-}21)$$

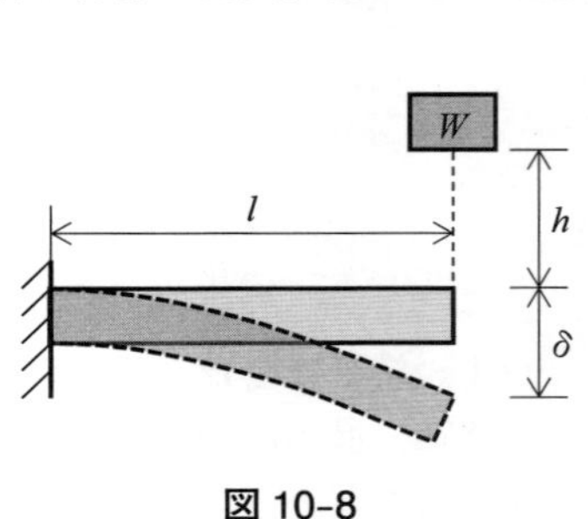

図 10-8

ここに，$P$ は衝撃によるはり先端に生じる衝撃力である。両者を等置すると，

$$W(h+\delta)=\frac{P\delta}{2} \tag{10-22}$$

$P$ と $\delta$ の関係を静的な変形のように考えると，式(7-11)より，

$$\delta=\frac{Pl^3}{3EI} \tag{10-23}$$

式(10-23)を式(10-22)に代入して $P$ を消去すると，

$$W(h+\delta)=\frac{\delta}{2}\cdot\frac{3EI\delta}{l^3} \tag{10-24}$$

静荷重によるはり先端の変位 $\delta_{st}$ は，

$$\delta_{st}=\frac{Wl^3}{3EI} \tag{10-25}$$

式(10-25)を式(10-24)に代入すると，

$$\delta^2-2\delta_{st}\delta-2h\delta_{st}=0 \tag{10-26}$$

これより，

$$\delta=\delta_{st}+\sqrt{\delta_{st}{}^2+2h\delta_{st}} \tag{10-27}$$

式(10-27)を式(10-23)に代入すると，衝撃力 $P$ は，

$$P=\frac{3EI}{l^3}\left(\delta_{st}+\sqrt{\delta_{st}{}^2+2h\delta_{st}}\right) \tag{10-28}$$

落下高さ $h=0$ のとき，式(10-26)を用いれば，

$$\delta=2\delta_{st} \tag{10-29}$$

この結果は，物体を軽く接触させた状態から急に負荷すると，静かに力を加えたときに比べ2倍の力が作用することを示している。

### (c)　衝撃ねじり

図10-9に示すように，はずみ車の付いた丸軸が回転数 $N$ [rpm] で回転している。この状態から長さ $l$ の位置にブレーキをかけて急停車させると，丸軸にどのような衝撃応力（せん断応力）$\tau_1$ が発生するかを調べる。ただし，はずみ車の重量 $W$，その極慣性半径 $R$ は与えられているものとし，丸軸の自重は無視できるものとする。

回転時にはずみ車のもつ運動エネルギ $U$ が，すべて丸軸のねじりの弾性

ひずみエネルギ $U_T$ に変換されると考える。はずみ車の運動エネルギ $U$ は，

$$U=\frac{1}{2}\cdot\frac{W}{g}(R\omega)^2 \qquad (10\text{–}30)$$

なお，$g$ は重力加速度，$\omega$ は角速度である。

一方，ねじりの弾性ひずみエネルギ $U_T$ は，式 (10–11) より，

$$U_T=\frac{T^2 l}{2GI_P} \qquad (10\text{–}31)$$

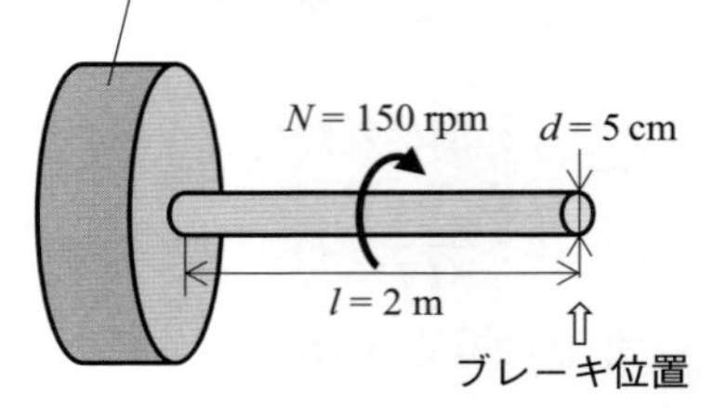


図 10-9

上式で，断面二次極モーメント $I_P$ は，

$$I_P=\frac{\pi d^4}{32} \qquad (10\text{–}32)$$

また，衝撃により生じるトルク $T$ と最大衝撃応力 $\tau_1$ の関係は，

$$T=\frac{\pi d^3}{16}\cdot\tau_1 \qquad (10\text{–}33)$$

これらの式 (10–32)，(10–33) を式 (10–31) に代入すると，

$$U_T=\frac{{\tau_1}^2}{4G}\cdot V \qquad (10\text{–}34)$$

ここに $V$ は丸軸の体積であり，$V=\pi d^2 l/4$ である。式 (10–30) と (10–34) を等置し，最大衝撃応力 $\tau_1$ について解くと，

$$\tau_1=\sqrt{\frac{16GU}{\pi d^2 l}} \qquad (10\text{–}35)$$

仮に，$N=150\,\mathrm{rpm}$，$W=50\,\mathrm{kgf}$，$d=5\,\mathrm{cm}$，$l=2\,\mathrm{m}$，$R=25\,\mathrm{cm}$ とし，横弾性係数 $G=800000\,\mathrm{kgf/cm^2}$ とすると，式 (10–30) より，

$$U=\frac{50\times25^2}{2\times980}\left(\frac{2\pi\times150}{60}\right)^2=3934\ \mathrm{kgf\cdot cm}$$

となり，$\tau_1$ は，

$$\tau_1=\sqrt{\frac{16\times8\times10^5\times3934}{\pi\times5^2\times200}}=1790\ \mathrm{kgf/cm^2}$$

**例題 1**

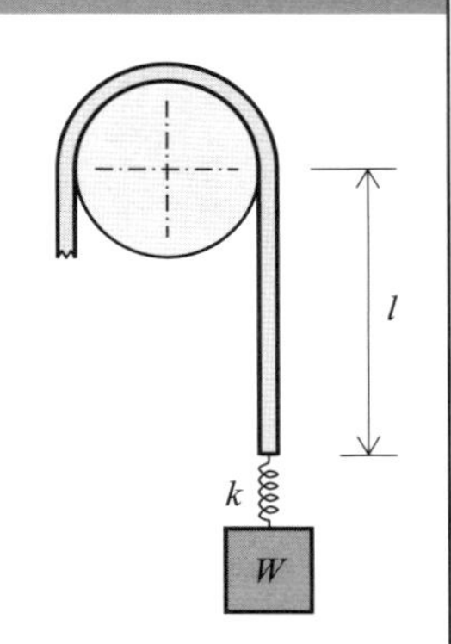


ばね（ばね定数 $k=200$ kgf/cm）を介してワイヤに取り付けた重さ $W=600$ kgf の物体を一定の速度 $v=2$ m/s で下方に動かしているとき，急ブレーキをかけて停止させた。ワイヤに生じる応力を求めよ。ただし，ワイヤの断面積 $A=3\ \mathrm{cm}^2$，縦弾性係数 $E=2\times10^6\ \mathrm{kgf/cm}^2$ とし，停止時のワイヤの自由長さ $l=20$ m とする。

ワイヤには，$W$ による静的な応力 $\sigma_{st}$ と，急停止による衝撃応力 $\sigma_{in}$ が同時に作用する。衝撃応力 $\sigma_{in}$ は，$W$ のもつ運動エネルギ $U$ が，ワイヤに蓄えられる弾性ひずみエネルギ $U_Y$ とばねに蓄えられる弾性ひずみエネルギ $U_S$ の和になるものとして求めることができる。

$W$ のもつ運動エネルギ $U$ は，

$$U=\frac{1}{2}\cdot\frac{W}{g}v^2=\frac{1}{2}\times\frac{600}{980}\times200^2=12244.9\ \mathrm{kgf\cdot cm} \qquad ①$$

衝撃力を $P$ とすると，$U_Y$ と $U_S$ の和は，

$$U_Y+U_S=\frac{P^2 l}{2AE}+\frac{P^2}{2k}=P^2\left(\frac{2000}{2\times3\times2\times10^6}+\frac{1}{2\times200}\right)$$

$$=P^2\left(1.667\times10^{-4}+2.5\times10^{-3}\right)\ \mathrm{kgf\cdot cm} \qquad ②$$

$U=U_Y+U_S$ とし，$P$ について解けば，

$$P=\sqrt{\frac{1}{2}\cdot\frac{W}{g}v^2\Big/\left(\frac{l}{2AE}+\frac{1}{2k}\right)}=2143\ \mathrm{kgf} \qquad ③$$

ワイヤに生じる応力 $\sigma$ は，

$$\sigma=\sigma_{st}+\sigma_{in}=(W+P)/A=(600+2143)/3=914\ \mathrm{kgf/cm^2} \qquad ④$$

## 10.3 カスチリアーノの定理と構造物の解析

エネルギ原理に基礎をおくカスチリアーノの定理により，複雑な構造物の解析を行うことができる。

図 10-10 のように外力が作用すると，弾性ひずみエネルギ $U$ は，外力 $P_1, P_2, \cdots P_i, \cdots, P_n$ の関数となる。すなわち，

$$U = f(P_1,\ P_2,\ \cdots P_i,\ \cdots,\ P)$$

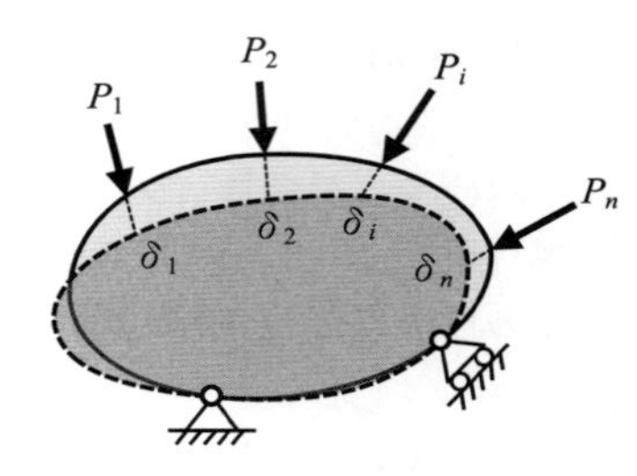

図 10-10

最初，$P_1$，$P_2$，$\cdots P_i$，$\cdots$，$P_n$ が加わっていて，その後それぞれ $dP_1$，$dP_2$，$\cdots dP_i$，$\cdots$，$dP_n$ だけ各外力が増加すると，全弾性ひずみエネルギは次式で示される。

$$U + \left(\frac{\partial U}{\partial P_1}dP_1 + \frac{\partial U}{\partial P_2}dP_2 + \cdots + \frac{\partial U}{\partial P_i}dP_i + \cdots + \frac{\partial U}{\partial P_n}dP_n\right) \tag{10-36}$$

このうち $P_i$ のみが $dP_i$ だけ増加したときの弾性ひずみエネルギは，

$$U + \frac{\partial U}{\partial P_i}dP_i \tag{10-37}$$

次に，最初 $dP_i$ のみが作用し，その後 $P_1$，$P_2$，$\cdots P_i$，$\cdots$，$P_n$ が付加されると，$dP_i$ は次の仕事をし，これが弾性ひずみエネルギとして蓄えられる。

$$dP_i \cdot \delta_i \tag{10-38}$$

なお，$dP_i$ のみによる弾性ひずみエネルギ $dP_i d\delta_i/2$ は小さく無視できる。したがって，このときの全弾性ひずみエネルギは，

$$U + dP_i \cdot \delta_i \tag{10-39}$$

弾性ひずみエネルギは，荷重の作用順序には無関係であるので，式 (10-37) と (10-39) は等しい。したがって，

$$\delta_i = \frac{\partial U}{\partial P_i} \tag{10-40}$$

すなわち，

**弾性体に働く任意点 $i$ の $P_i$ 作用方向への変位 $\delta_i$ は，弾性ひずみエネルギ $U$ を作用荷重で偏微分した値に等しい。**

以下，カスチリアーノの定理の適用例を示す。

(1)　図 10-11 に示す棒の伸びをカスチリアーノの定理を用いて求める（自重は無視する）。

棒に蓄えられる弾性ひずみエネルギ $U$ は，

$$U=\frac{P^2 l}{2AE}$$

これを $P$ で偏微分すれば，荷重作用点の変位すなわち棒の伸び，式 (3-1) が得られる。

$$\delta=\frac{\partial U}{\partial P}=\frac{Pl}{AE}$$

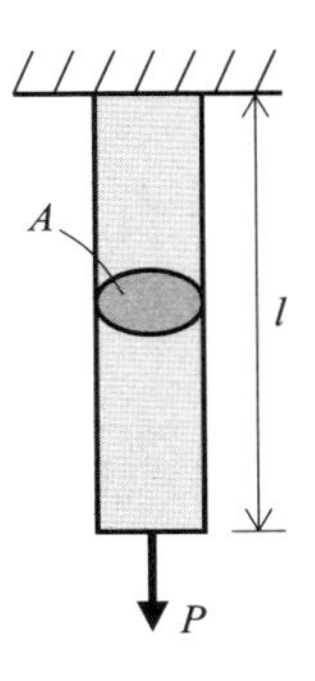

図 10-11

(2)　図 10-12 に示す静定トラス構造の C 点の変位を求める。

C 点における力のつり合いより，

$$T_1=\frac{P}{\sin\theta}\ ,\quad T_2=\frac{P}{\tan\theta}$$

構造全体の弾性ひずみエネルギ $U$ は，

$$U=\frac{T_1^2 l_1}{2A_1E_1}+\frac{T_2^2 l_2}{2A_2E_2}$$

$$=\frac{P^2}{2A_1E_1}\cdot\frac{l_1}{\sin^2\theta}+\frac{P^2}{2A_2E_2}\cdot\frac{l_2}{\tan^2\theta}$$

これを $P$ で偏微分すれば，荷重作用方向すなわち垂直変位 $\delta_v$ が定まる。

$$\delta_v=\frac{\partial U}{\partial P}=\frac{Pl_1}{A_1E_1}\cdot\frac{1}{\sin^2\theta}+\frac{Pl_2}{A_2E_2}\cdot\frac{1}{\tan^2\theta}$$

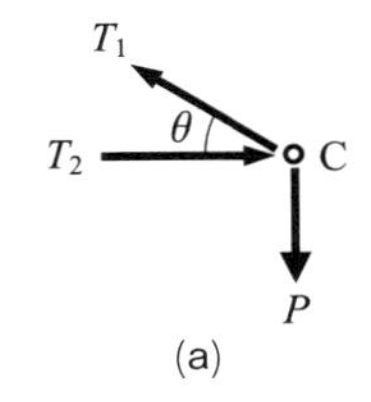

(a)

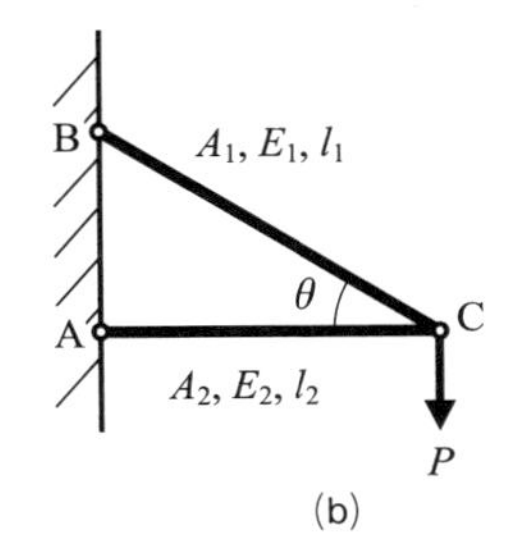

(b)

図 10-12

水平方向の変位を求めるには，実際には荷重は作用していないので，仮想荷重 $Q$ を図 10-13 のように加えて計算する。このときの構造全体の弾性ひずみエネルギ $U$ は，$T_1=P/\sin\theta$，$T_2=P/\tan\theta-Q$ より，

$$U=\frac{P^2}{2A_1E_1}\cdot\frac{l_1}{\sin^2\theta}+\frac{\left(\dfrac{P}{\tan\theta}-Q\right)^2 l_2}{2A_2E_2}$$

$Q$ で偏微分すれば，

$$\delta_h = \frac{\partial U}{\partial Q} = \frac{\left(\dfrac{P}{\tan\theta} - Q\right) l_2 (-1)}{A_2 E_2}$$

実際には $Q=0$ より，

$$\delta_h = -\frac{P}{A_2 E_2} \cdot \frac{l_2}{\tan\theta}$$

負号は $Q$ と反対方向に変位することを意味する。

このようにカスチリアーノの定理を用いれば，幾何学的関係を考慮しなくとも容易に変位が定まる。

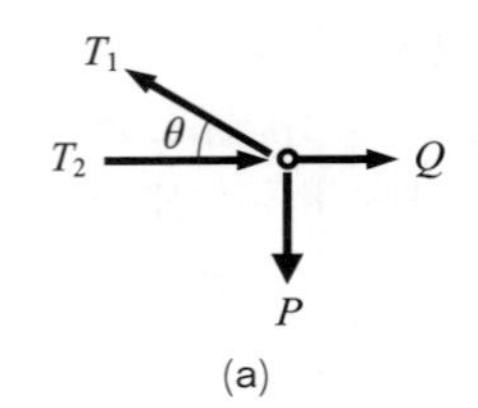

(a)

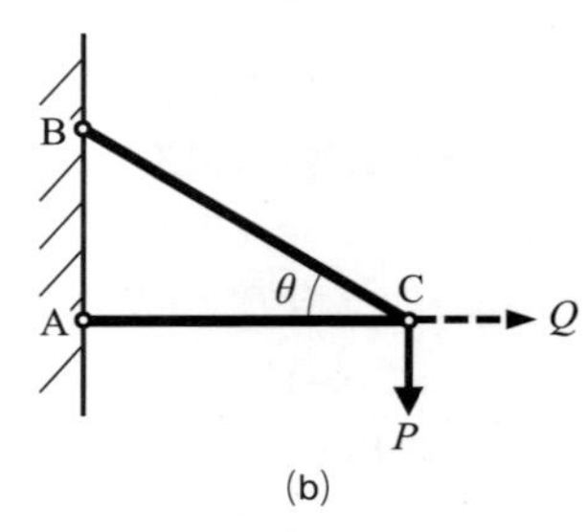

(b)

図 10-13

(3)　不静定トラス構造への適用の例

過剰部材が存在することによる不静定構造として，図 10-14 に示す構造を解析する。なお，各部材の断面積 $A$ とヤング率 $E$ は等しいものとする。

部材 OA の内力 $X$ を不静定量（未知数）にとる。構造物全体の弾性ひずみエネルギ $U$ は，

$$U = U_1 + U_2 = \left(\frac{P - X}{2\cos\alpha}\right)^2 \cdot \frac{2\left(\dfrac{l}{\cos\alpha}\right)}{AE} + \frac{X^2 l}{2AE} \tag{10-41}$$

点 O に生じる下向きの実変位を $\delta$ とすれば，$\partial U_1/\partial X$ は $-\delta$ に等しい（力 $X$ が変位の方向と反対となるため）。一方，$\partial U_2/\partial X$ は $\delta$ に等しい。

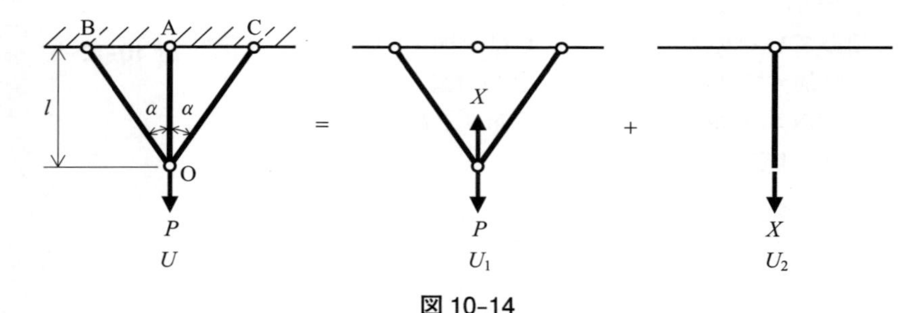


図 10-14

$$\therefore \quad \frac{\partial U}{\partial X}=\frac{\partial U_1}{\partial X}+\frac{\partial U_2}{\partial X}=-\delta+\delta=0 \tag{10-42}$$

これは，過剰部材に生じる内力 $X$ の真の値は，この構造物の全ひずみエネルギを極小とするような値をとることを意味している。式(10-41)の両辺を $X$ で偏微分し，式(10-42)を用いれば，

$$2\left(\frac{P-X}{2\cos\alpha}\right)\left(\frac{-1}{2\cos\alpha}\right)\frac{l}{AE\cos\alpha}+\frac{2Xl}{2AE}=0$$

$$\therefore \quad X=\frac{P}{1+2\cos^3\alpha}$$

図10-15に示すように支点反力が不静定となっている問題では，反力を $R$, $S$, $Q$ とすれば，この系全体の弾性ひずみエネルギ $U$ は，これら反力の関数として表される。したがって，

$$\frac{\partial U}{\partial R}=0\ , \quad \frac{\partial U}{\partial S}=0\ , \quad \frac{\partial U}{\partial Q}=0$$

より反力が定まる。

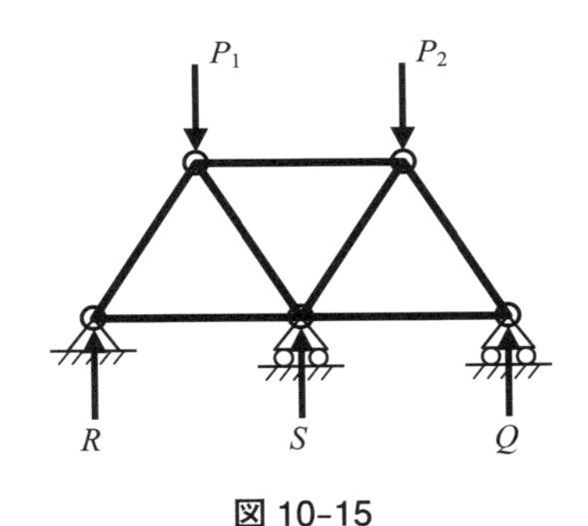


図10-15

(4)　はりへの適用

図10-16に示す片持ちはりの先端の垂直変位を求める。はりでは，一般に曲げモーメントとせん断力の両方が作用するが，前者によるひずみエネルギの方が後者のそれよりはるかに大きい。したがって，はりの解析では，ひずみエネルギとして曲げモーメントによるものを考えれば十分である。

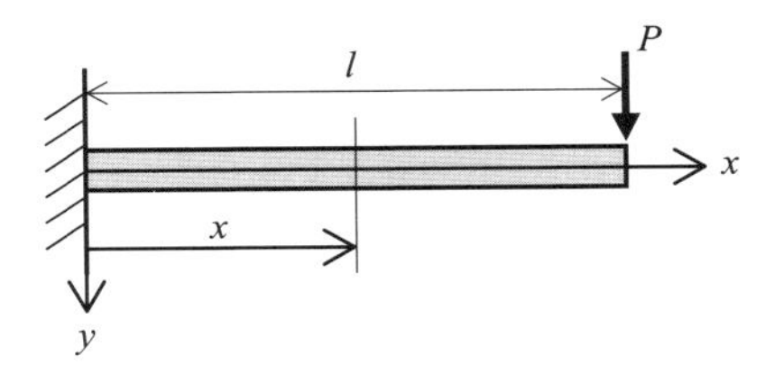


図10-16

$x$ の位置の曲げモーメント $M$ は，

$$M=-P(l-x)$$

したがって，弾性ひずみエネルギ $U$ は，

$$U = \int_0^l \frac{M^2}{2EI} dx = \frac{P^2}{2EI} \int_0^l (l-x)^2 dx = \frac{P^2}{2EI} \left[ -\frac{(l-x)^3}{3} \right]_0^l = \frac{P^2 l^3}{6EI}$$

これより，$P$ の作用点におけるその方向の変位（たわみ量）$\delta$ は，

$$\delta = \frac{\partial U}{\partial P} = \frac{P l^3}{3EI}$$

あるいは，

$$\delta = \frac{\partial U}{\partial P} = \frac{1}{EI} \int_0^l M \frac{\partial M}{\partial P} dx = \frac{1}{EI} \int_0^l P(l-x)^2 dx = \frac{P l^3}{3EI}$$

ここで，

$$\frac{\partial M}{\partial P} = -(l-x)$$

このように，積分する前に微分する方が計算は簡単となる。なお，ここで得られた解は，はりの変形の微分方程式を用いて解いた結果に完全に一致する。

カスチリアーノの定理は，弾性ひずみエネルギ $U$ を偶力 $M$ で偏微分すれば，偶力の作用方向（回転方向）のたわみ角 $\theta$ が得られるという関係式，

$$\theta = \frac{\partial U}{\partial M} \tag{10-43}$$

を含む一般的な式である。そこで図 10-17 に示すはりの B 点のたわみ角をこの式を利用して求めてみる。反力 $R_A$ は，B 点におけるモーメントのつり合いより，

$$R_A = \frac{M_B}{l}$$

$x$ の位置における曲げモーメント $M$ は，

$$M = \frac{M_B}{l} x$$

したがって，B 点におけるたわみ角 $\theta_B$ は，

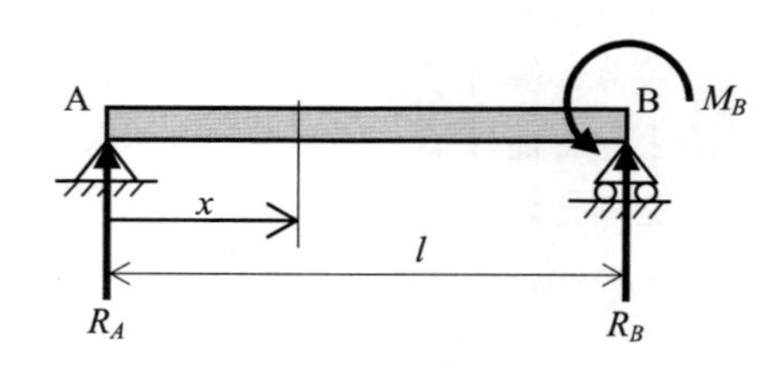


図 10-17

$$\theta_B = \frac{\partial U}{\partial M_B} = \int_0^l \frac{2M\dfrac{\partial M}{\partial M_B}}{2EI} dx = \frac{1}{EI}\int_0^l \frac{M_B x}{l} \cdot \frac{x}{l} dx = \frac{M_B}{EIl^2}\left[\frac{x^3}{3}\right]_0^l = \frac{M_B l}{3EI}$$

# 演習問題

**1**　図に示す断面一様な丸棒と段付丸棒に同一荷重 $W$ が作用するとき，各棒に蓄えられるひずみエネルギを求めよ。また，$d_2=2d_1$ かつ $l'=l/4$ の場合につき，ひずみエネルギを比較せよ。ただし，応力はすべて横断面で一様に分布し，応力集中は無視できるものとする。

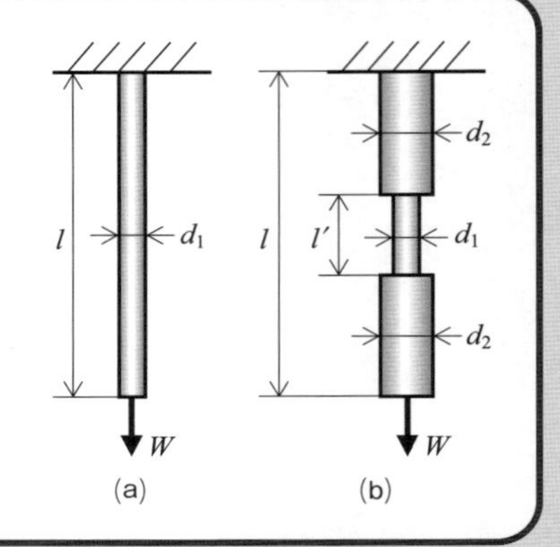


**2**　図のように，長さ $l$ の単純はりの中央に高さ $h$ から重さ $W$ のおもりが落下したとき，はりに生じる最大たわみ $y_{max}$ を求めよ。また，おもりをはりに軽く接触させ，急に離した（$h=0$ からの落下）ときの最大たわみと静的に $W$ を加えたときの最大たわみを比較せよ。なお，曲げ剛性は $EI$ とする。

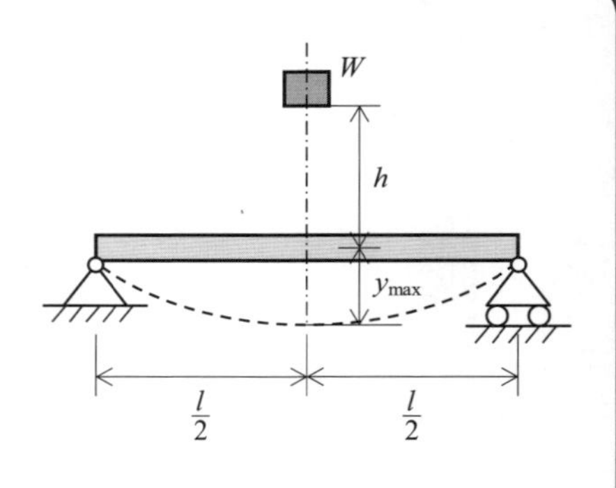

**3**　図に示すはりの先端 B のたわみを，カスチリアーノの定理を用いて求めよ。なお，曲げ剛性は $EI$ とする。

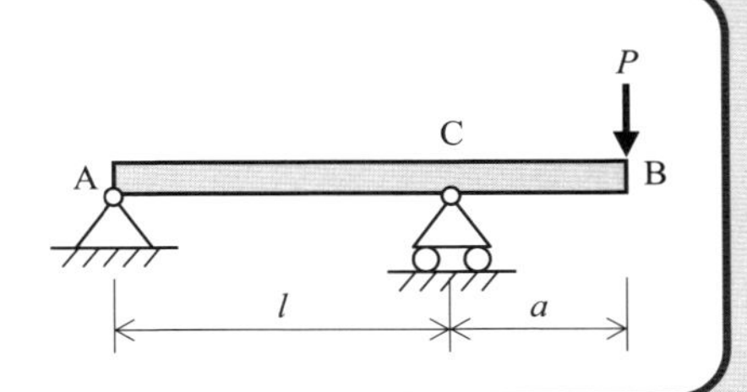


**4**　2 つの半円部分と 2 つの直線部分から構成されるフレーム（曲げ剛性 $EI$）に，図のように荷重 $P$ が作用する。A 点の曲げモーメント $M_A$ を求めよ。

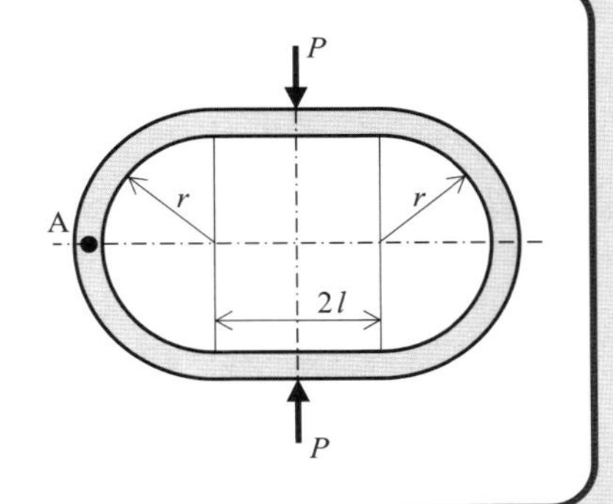


**5**　図のように，両端ピンで固定された半円形リングが中央に荷重 $P$ を受けたとき，各ピン支持点の水平反力 $H$ を求めよ。

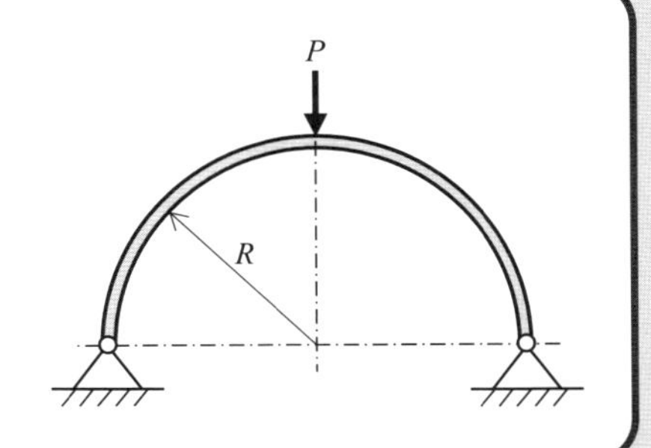

## コラム《10》 有限要素法

エネルギー原理にその基礎をおく有限要素法は，なくてはならない設計開発ツールとなっている。この計算手法は，本来連続体であるものを有限個の簡単な要素に分解し，各要素の特性（節点変位と節点力の関係）をエネルギー原理を用いて求め，要素同士がつながっている各節点における力のつり合いを作成し，未知の節点変位を算出するのが一般的な方法である。この基本的考え方自体は古くからあったが，多元連立一次方程式を解く必要があるため，コンピュータの性能向上と共に発展・進化し，近年では構造物の強度解析のみならず，流体の挙動，熱伝達解析など様々な分野に利用されている。

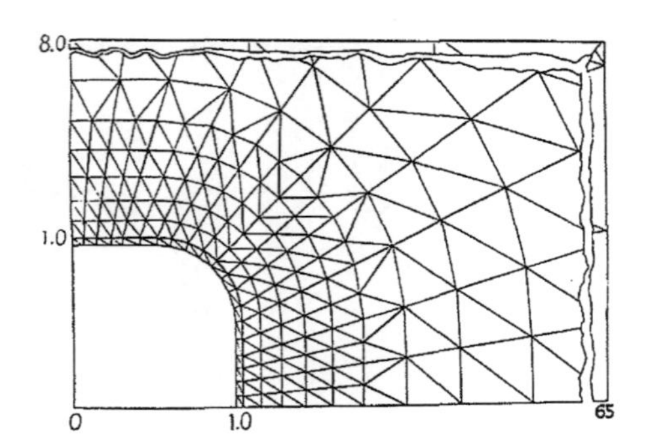


**開口板の応力集中の解析に用いた要素分割例（要素数 441，節点数 253）**

**［出典］佐々木三郎・志摩政幸：信州大学工学部紀要，37 (1974).**

# 第11章　多くの諸問題

本章では，工学上重要な強度部材である曲りはり，厚肉円筒の応力，および破損の諸法則等について学ぶ。

## 11.1 曲りはり

第5～7章では真直はりの理論について述べたが，クレーンのフックのように最初から曲っている曲りはり（curved beam）も重要な機械要素である。本節では，曲りはりの軸線（図心を連ねた線）は同一平面上にあり，外力もその平面内に作用する対称断面をもつ曲りはりを扱う。

図11-1に示すように，曲げモーメント$M$が微小角度$d\theta$で囲まれた微小要素abcdに作用するときの変形を考える。今，断面cdが平面を保ったまま断面abに対して相対的に$\varDelta d\theta$だけ回転し，c′d′に変位するものとする。曲りはりは，真直はりと異なり中立軸と図心軸は一致しないため，中立軸に原点をおく下向きの軸$y$をとり，$y$の位置における垂直ひずみを考える。微小要素abcdの変形前の曲率中心Oから中立軸までの距離を$r$とすると，$y$の位置の垂直ひずみ$\varepsilon$は，

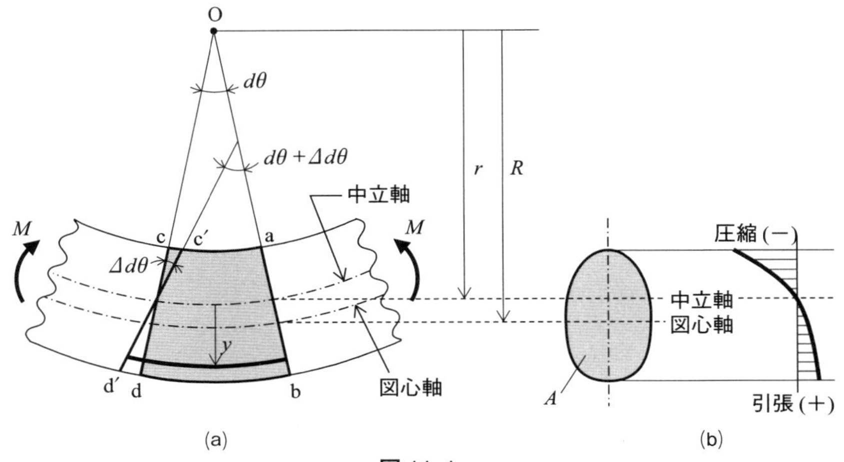


図11-1

$$\varepsilon=\frac{\text{変形量}}{\text{元の長さ}}=\frac{y(\Delta d\theta)}{(r+y)\,d\theta} \tag{11-1}$$

対応する垂直応力（曲げ応力）$\sigma$ は，

$$\sigma=E\varepsilon=\frac{Ey(\Delta d\theta)}{(r+y)\,d\theta} \tag{11-2}$$

式(11-2)では，中立軸の位置 $r$ と回転角（たわみ角）$\Delta d\theta$ が未知であり，それらを求める必要がある。はり断面には曲げモーメント $M$ のみが作用し，軸力は 0 であるので，

$$\int_A\sigma\,dA=\int_A\frac{Ey(\Delta d\theta)}{(r+y)\,d\theta}dA=\frac{E(\Delta d\theta)}{d\theta}\int_A\frac{y}{r+y}dA=0 \tag{11-3}$$

$u=r+y$ とおくと式(11-3)は，

$$\int_A\frac{u-r}{u}dA=0$$

$$\therefore\ r=\frac{A}{\displaystyle\int_A\frac{dA}{u}} \tag{11-4}$$

また，曲げモーメント $M$ は曲げ応力 $\sigma$ が中立軸周りに作る偶力とつり合うので，

$$M=\int_A\sigma y\,dA=\int_A\frac{Ey^2(\Delta d\theta)}{(r+y)\,d\theta}dA=\frac{E(\Delta d\theta)}{d\theta}\int_A\frac{y^2}{r+y}dA \tag{11-5}$$

式(11-5)の積分項を変形すると，

$$\int_A\frac{y^2}{r+y}dA=\int_A\frac{(r+y)y-ry}{r+y}dA=\int_A y\,dA-r\int_A\frac{y}{r+y}dA \tag{11-6}$$

$\int y\,dA=\bar{y}A$ とおくと，$\bar{y}$ は中立軸から図心軸までの距離となる。また，式(11-3)より，

$$\int_A\frac{y}{r+y}dA=0$$

したがって，

$$M=\frac{E(\Delta d\theta)}{d\theta}(\bar{y}A) \tag{11-7}$$

式(11-7)を式(11-2)に代入して $(\Delta d\theta)/d\theta$ を消去すると，

$$\sigma=\frac{My}{A\bar{y}(r+y)} \tag{11-8}$$

この式は，曲げ応力 $\sigma$ の分布は双曲線分布となること，最大応力は曲率中心 O

に近い内側縁に生じることを示している（同図(b)）。

以上の理論を矩形断面をもつ曲りはりに適用し，断面の上端部（内縁部）と下端部（外縁部）に生じる応力，$\sigma_i$，$\sigma_o$ を求めてみる（図 11-2 参照）。まず，曲率中心 O から中立軸 N—N までの距離 $r$ を，式 (11-4) を用いて計算する。

$$r = \frac{A}{\int_A \frac{dA}{u}} = \frac{bh}{\int_{R_i}^{R_o} \frac{b}{u} du} = \frac{h}{[\ln u]_{R_i}^{R_o}} = \frac{h}{\ln\left(\frac{R_o}{R_i}\right)} \tag{11-9}$$

曲率中心から矩形断面の図心位置までの距離は，$(R_i + h/2)$ であるので，中立軸と図心軸間の距離 $\bar{y}$ は，

$$\bar{y} = \left(R_i + \frac{h}{2}\right) - r \tag{11-10}$$

はりの上端部の曲げ応力 $\sigma_i$ は，式 (11-8) で $y = -y_i$ $(= -(r - R_i))$ とおくと，

$$\sigma_i = \frac{-My_i}{A\bar{y}(r - y_i)} \tag{11-11}$$

また，下端部の曲げ応力 $\sigma_o$ は，$y = y_o$ $(= (R_o - r))$ とおくと，

$$\sigma_o = \frac{My_o}{A\bar{y}(r + y_o)} \tag{11-12}$$

なお，矩形断面以外では，式 (11-9) 中の積分を解析的に計算するのが困難な場合があるが，そのときには数値積分を行う必要がある。

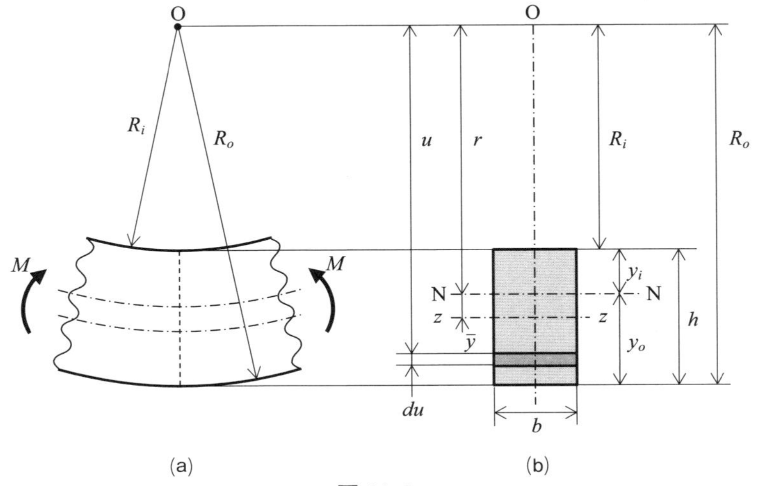


**図 11-2**

## 例題 1

図1に示す矩形断面をもつフックに，その曲率中心Oを通って鉛直に $P=5$ ton の外力が作用した。断面形状を幅 $b=3$ cm，高さ $h=5$ cm，内径 $R_i=3$ cm とするとき，断面 mn に生じる最大の引張応力 $\sigma_{max}$ と最大の圧縮応力 $\sigma_{min}$ を求めよ。

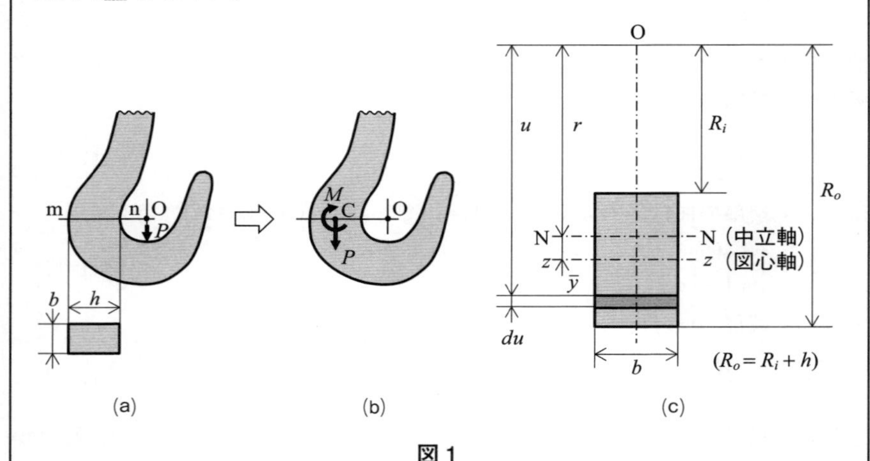


図1

同図(a)のように，フックの曲率中心Oを通るように作用する荷重 $P$ を，静力学的に等価なように図心位置Cに移行すると，断面には $P$ に加え，偶力 $M=P(r+\bar{y})$ が作用する（同図(b)，(c)参照）。曲率中心Oから中立軸N—Nまでの距離 $r$ を，式(11-9)を用いて求めると，

$$r=\frac{h}{\ln\left(\dfrac{R_o}{R_i}\right)}=\frac{5}{\ln\left(\dfrac{8}{3}\right)}=5.1\ \text{cm} \qquad ①$$

中立軸と図心軸の距離 $\bar{y}$ は，式(11-10)より，

$$\bar{y}=\left(R_i+\frac{h}{2}\right)-r=\left(3+\frac{5}{2}\right)-5.1=0.4\ \text{cm} \qquad ②$$

引張の最大曲げ応力 $\sigma'_{max}$ は内縁に生じ，式(11-8)で，$y=-y_i=-(r-R_i)=-(5.1-3)=-2.1$ cm とおき，また $M=P(r+\bar{y})=5000\times(5.1+0.4)=27500$ kgf·cm とおき，$M$ の符号を考慮すると，

$$\sigma'_{\max} = \frac{My}{A\bar{y}(r+y)} = \frac{(-27500)\times(-2.1)}{(3\times5)\times0.4\times(5.1-2.1)} = 3208.3\ \text{kgf/cm}^2 \qquad ③$$

また，圧縮の最大曲げ応力 $\sigma'_{\min}$ は外縁側に生じ，$y=y_o=(R_o-r)=8-5.1=2.9$ cm とおくと，

$$\sigma'_{\min} = \frac{My}{A\bar{y}(r+y)} = \frac{(-27500)\times 2.9}{(3\times5)\times0.4\times(5.1+2.9)} = -1661.5\ \text{kgf/cm}^2 \qquad ④$$

m—n 断面には，また次の一様な引張応力 $\sigma_0$ も作用する（図 2)。

$$\sigma_0 = \frac{P}{A} = \frac{5000}{3\times5} = 333.3\ \text{kgf/cm}^2 \qquad ⑤$$

応力の正負を考慮すると，

$$\sigma_{\max} = \sigma'_{\max} + \sigma_0 = 3208.3 + 333.3 = 3541.6\ \text{kgf/cm}^2$$

（引張応力）　⑥

$$\sigma_{\min} = \sigma'_{\min} + \sigma_0 = -1661.5 + 333.3 = -1328.2\ \text{kgf/cm}^2$$

（圧縮応力）　

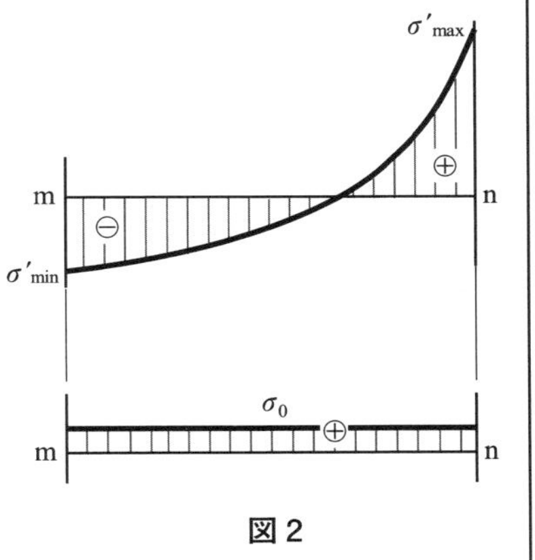

図 2

## 11.2　内外圧を受ける厚肉円筒

第 4 章で述べた薄肉円筒に比べて肉厚が厚い円筒では，半径応力 $\sigma_r$ は無視できず，また円周応力 $\sigma_t$ と軸応力 $\sigma_z$ も半径方向に一定として扱うことができない。このような円筒は，次に示す厚肉円筒として扱う必要がある。なお，一般に内，外半径 $r_i$ と $r_o$ の平均値 $r_m$（$=(r_i+r_o)/2$）と肉厚 $t$ との比 $r_m/t$ が 10 以下の場合を厚肉円筒という。

内外圧を受ける円筒を軸に垂直な 2 つの面で切りだし，環状部分の力のつり合いを考える。図 11–3 ように，変形は軸対称であるので，中心から $r$ の位置にある微小部分 abcd には，断面 ab と cd では同じ大きさの円周応力 $\sigma_t$ が発生し，せん断応力は生じない。断面 bc に生じる半径応力を $\sigma_r$ とすると，$dr$ だけ離れた断面 ad には $\sigma_r + d\sigma_r$ の半径応力が作用するとおくことができる。環状部分の厚さを 1 とすると，半径方向の力のつり合いは，

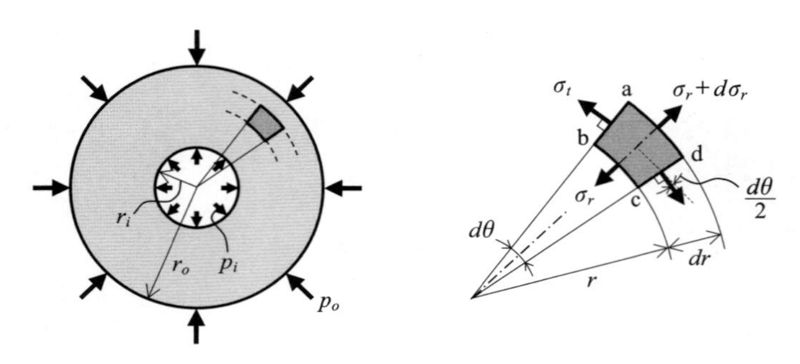


図 11-3

$$(\sigma_r + d\sigma_r)(r + dr)d\theta - \sigma_r r d\theta - 2\sigma_t dr \sin\left(\frac{d\theta}{2}\right) = 0 \tag{11-13}$$

高次の微小量である $d\sigma_r dr d\theta$ を省略して整理すると，

$$\sigma_t - \sigma_r - r\frac{d\sigma_r}{dr} = 0 \tag{11-14}$$

円筒の断面は内外圧を受けても平面を保つとすると，円筒の長さ方向のひずみ $\varepsilon_z$ は一定であるので，3 軸応力の構成方程式から，

$$\varepsilon_z = \frac{\sigma_z}{E} - \frac{\nu}{E}(\sigma_t + \sigma_r) = 一定 \tag{11-15}$$

この式で，軸応力 $\sigma_z$ は一定であるので，$\sigma_t + \sigma_r$ も一定となり，

$$\sigma_t + \sigma_r = C_1 \tag{11-16}$$

とおくことができる。式(11-14)と(11-16)から $\sigma_t$ を消去して整理すると，

$$\frac{d\sigma_r}{2\sigma_r - C_1} + \frac{dr}{r} = 0 \tag{11-17}$$

積分すると，

$$\frac{1}{2}\ln(2\sigma_r - C_1) + \ln r = C_2 \tag{11-18}$$

あるいは，

$$(2\sigma_r - C_1)r^2 = C_3 \tag{11-19}$$

なお，$C_2$ と $C_3$ は共に一定値である。式(11-19)より，$\sigma_r$ を求めると，

$$\sigma_r = \frac{C_1}{2} + \frac{C_3}{2r^2} \tag{11-20}$$

式 (11-20) を式 (11-16) に代入して $\sigma_t$ を求めると，

$$\sigma_t = \frac{C_1}{2} - \frac{C_3}{2r^2} \tag{11-21}$$

ここで，定数 $C_1$ と $C_3$ は，次の境界条件式より求める。

$$r = r_i \quad で \quad \sigma_r = -p_i \tag{11-22}$$

$$r = r_o \quad で \quad \sigma_r = -p_o \tag{11-23}$$

これから，

$$\sigma_r = \frac{p_i r_i^2 - p_o r_o^2}{r_o^2 - r_i^2} + \frac{r_i^2 r_o^2 (p_o - p_i)}{\left(r_o^2 - r_i^2\right) r^2} \tag{11-24}$$

$$\sigma_t = \frac{p_i r_i^2 - p_o r_o^2}{r_o^2 - r_i^2} - \frac{r_i^2 r_o^2 (p_o - p_i)}{\left(r_o^2 - r_i^2\right) r^2} \tag{11-25}$$

軸応力 $\sigma_z$ は，円筒の両端の拘束条件により異なる。その両端が拘束され，$\varepsilon_z = 0$ となる平面ひずみ状態では，式 (11-15) で $\varepsilon_z = 0$ とおいて $\sigma_z$ を求めると，

$$\sigma_z = 2\nu \frac{p_i r_i^2 - p_o r_o^2}{r_o^2 - r_i^2} \quad ,（\nu：ポアソン比） \tag{11-26}$$

また，圧力容器のように両端が閉じられているときには，薄肉円筒の場合と同様に軸方向の力のつり合いより，

$$\sigma_z = \frac{p_i r_i^2 - p_o r_o^2}{r_o^2 - r_i^2} \tag{11-27}$$

次に，厚肉円筒の半径方向の変位とひずみの関係を求める。図 11-4 に示すように，半径 $r$ の位置における半径方向の変位を $v$ とすると，軸対称性から $v$ は $r$ のみの関数となる。半径 $r + dr$ の位置の変位は，$v + (dv/dr) \cdot dr$ であるので，変形前の長さ $dr$ は変形後には，

$$\left(v + \frac{dv}{dr} dr\right) - v = \frac{dv}{dr} dr \tag{11-28}$$

だけ伸びる。半径方向のひずみを $\varepsilon_r$ とすると，

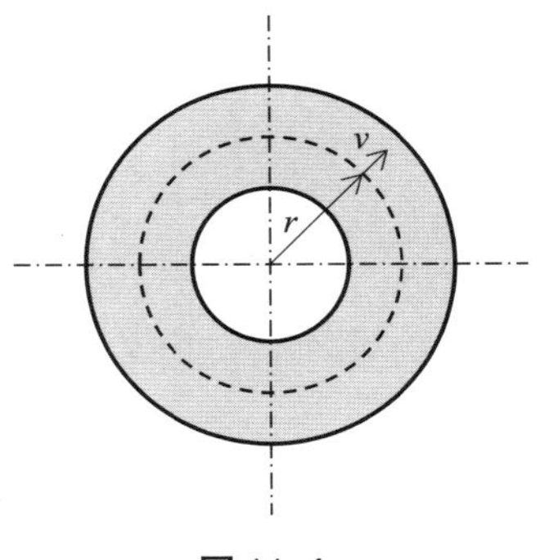

図 11-4

$$\varepsilon_r = \frac{\left(\dfrac{dv}{dr}dr\right)}{dr} = \frac{dv}{dr} \tag{11-29}$$

また，変形前の円周の長さ $2\pi r$ は，変形後 $2\pi(r+v)$ となるので，円周方向のひずみ $\varepsilon_t$ は，

$$\varepsilon_t = \frac{2\pi(r+v) - 2\pi r}{2\pi r} = \frac{v}{r} \tag{11-30}$$

## 例題 2

図 1 に示すように，半径 $(r_1+\delta)$ の丸軸に内径 $r_1$，外形 $r_2$ のリングを焼ばめにより固定する。1) このとき丸軸／リング間に生じる接触圧力 $p$ を求めよ。また，2) $r_1 = 100$ mm，$r_2 = 150$ mm とするとき，接触圧力 $p$ を 3 kgf/mm$^2$ とするために必要な $\delta$ を求めよ。ただし，ヤング率 $E = 2.1 \times 10^4$ kgf/mm$^2$ とする。

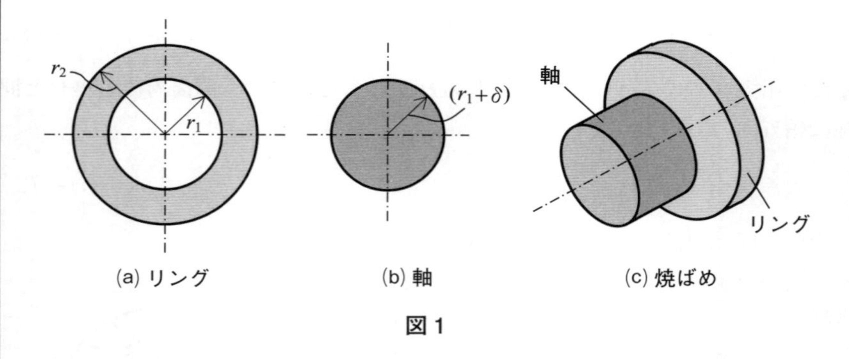


図 1

1) 接触圧力 $p$ により，軸表面は半径方向に $\delta_r$ 縮み，リング内径部は $\delta_i$ 拡がる（図 2）。焼ばめを行う前の軸半径とリング内径の寸法差 $\delta$ は，これらの変形の和となる。

$$\delta = \delta_r + \delta_i \tag{①}$$

リング内径部の半径方向の拡がり $\delta_i$ は，式 (11-30) を用いると，

$$\delta_i = v_{r=r_1} = r_1 \cdot \varepsilon_t \tag{②}$$

円周方向のひずみ $\varepsilon_t$ は，平面応力状態に対する構成方程式を用いると，

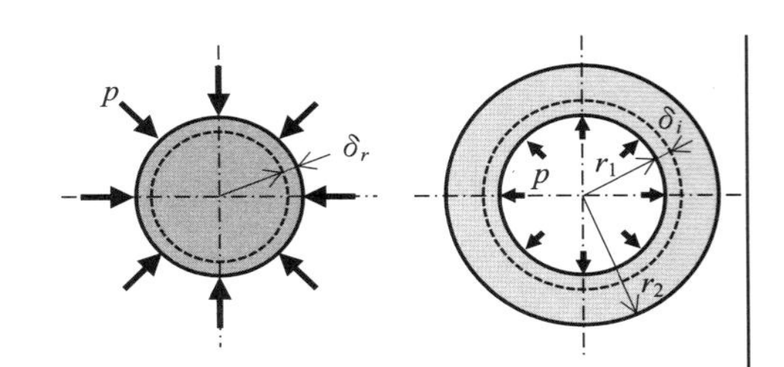

図 2

$$\varepsilon_t = \frac{\sigma_t}{E} - \nu \frac{\sigma_r}{E} \qquad ③$$

なお $\nu$ はポアソン比である。式 (11-25) と (11-24) を用いてリング内径部の $\sigma_t$ と $\sigma_r$ を求めると，

$$\sigma_t = \frac{p r_1^2}{r_2^2 - r_1^2} - \frac{r_1^2 r_2^2 (-p)}{(r_2^2 - r_1^2) r_1^2} = \frac{p(r_1^2 + r_2^2)}{r_2^2 - r_1^2} \qquad ④$$

$$\sigma_r = \frac{p r_1^2}{r_2^2 - r_1^2} + \frac{r_1^2 r_2^2 (-p)}{(r_2^2 - r_1^2) r_1^2} = -p \qquad ⑤$$

これらの値を式③に代入すると，

$$\varepsilon_t = \frac{p}{E}\left(\frac{r_1^2 + r_2^2}{r_2^2 - r_1^2} + \nu\right) \qquad ⑥$$

式⑥を②に代入すると，

$$\delta_i = \frac{r_1 p}{E}\left(\frac{r_1^2 + r_2^2}{r_2^2 - r_1^2} + \nu\right) \qquad ⑦$$

同様にして，軸表面の半径方向の縮み $\delta_r$ を求める。縮み $\delta_r$ は，$r_1 \gg \delta$ であることを考慮すると，式 (11-30) より，

$$\delta_r = -v_{r=r_1+\delta} = -r_1 \cdot \varepsilon_t \qquad ⑧$$

$\varepsilon_t$ を求めるために，$\sigma_t$ と $\sigma_r$ を式 (11-25) と (11-24) を用いて計算すると，

$$\sigma_t = -p \qquad ⑨$$

$$\sigma_r = -p \qquad ⑩$$

式③に代入すると，

$$\varepsilon_t = \frac{1}{E}(-p) - \nu \frac{1}{E}(-p) = -\frac{p}{E}(1-\nu) \qquad ⑪$$

式⑪を⑧に代入すると，

$$\delta_r = -r_1\left\{-\frac{p}{E}(1-\nu)\right\} = \frac{r_1 p}{E}(1-\nu) \qquad ⑫$$

式⑦と⑫を式①に代入し，整理すると，

$$\delta = \frac{r_1 p}{E}\left(\frac{r_1^2 + r_2^2}{r_2^2 - r_1^2} + \nu\right) + \frac{r_1 p}{E}(1-\nu) = \frac{r_1 p}{E}\cdot\frac{2r_2^2}{(r_2^2 - r_1^2)} \qquad ⑬$$

式⑬を $p$ について解くと，

$$p = \frac{E\delta}{2}\left(\frac{r_2^2 - r_1^2}{r_1 r_2^2}\right) \qquad ⑭$$

2）所定の接触圧力 $p = 3\,\mathrm{kgf/mm^2}$ を得るには，式⑬より，

$$\delta = \left(\frac{100\times 3}{2.1\times 10^4}\right)\cdot\frac{2\times 150^2}{(150^2 - 100^2)} = 0.051\,\mathrm{mm} \qquad ⑮$$

## 11.3 破損の諸法則

機械や構造物が荷重を担うことができなくなる現象として，物体が 2 つ以上に分離する破断・破壊に加え，塑性変形により大きな変形が生じてしまう弾性破損があり，これらをまとめて破損（failure）という。機械や構造物内は複雑な組み合わせ応力状態となっているが，その破損を単純な引張試験から測定される降伏強度（降伏点・耐力）$\sigma_Y$ や引張り強さ $\sigma_B$ 等を基に判定するために，次のような諸説が適用されている。

**(a) 最大主応力説（maximum principal stress theory）**

組み合わせ応力状態における 3 つの主応力（$\sigma_1 > \sigma_2 > \sigma_3$）の内，最大の主応力 $\sigma_1$ が $\sigma_Y$ に達すれば弾性破損が起こり，$\sigma_B$ となれば破断・破壊が生じるという説である。この説では，最大主応力のみが破損に関係し，他の 2 つの主応力は関与しない。この説は，ほとんど塑性変形を伴わずに破損する脆性材料（brittle material）に対して適用できる説といわれている。

**(b) 最大せん断応力説（maximum shearing stress theory）**

最大せん断応力 $\tau_{\max}$（$=(\sigma_1 - \sigma_3)/2$）が，せん断降伏応力 $\tau_Y$ に達すれば弾性破損し，せん断強さ $\tau_B$ に達すれば破断・破壊が生じるという説である。この説は，大きな塑性変形を生じた後に破損する延性材料（ductile material）に対して適用できる説である。単純引張では，降伏が生じる応

力は$\sigma_1=\sigma_Y$，　$\sigma_3=0$であり，降伏が生じるときの最大せん断応力$\tau_{max}$は，$\tau_{max}=\sigma_Y/2$であるので，最大せん断応力説によればせん断降伏応力$\tau_Y$は降伏強度$\sigma_Y$の半分の大きさとなる。これより，最大せん断応力説による降伏条件は，

$$\tau_Y=\tau_{max}=\frac{1}{2}(\sigma_1-\sigma_3)=\frac{1}{2}\sigma_Y \tag{11-31}$$

### (c)　せん断ひずみエネルギ説（shearing strain energy theory）

この説は，物体の形を変えようとするせん断ひずみエネルギがある値に達すると破損が起こるとする説である。いま，物体のある点における応力状態が，図11-5のように3つの主応力で与えられたときを考え，この状態を平均応力$\sigma=(\sigma_1+\sigma_2+\sigma_3)/3$が3方向に作用するとき（同図(b)）と，$\sigma_1-\sigma$, $\sigma_2-\sigma$, $\sigma_3-\sigma$が3方向に作用するとき（同図(c)）に分ける。同図(a)の応力状態に対して単位体積あたりに蓄えられるひずみエネルギ$U$は，式(10-13)を利用すると，

$$\begin{aligned}U&=\frac{1}{2}\sigma_1\varepsilon_1+\frac{1}{2}\sigma_2\varepsilon_2+\frac{1}{2}\sigma_3\varepsilon_3\\&=\frac{1}{2E}\left\{\left(\sigma_1^2+\sigma_2^2+\sigma_3^2\right)-2\nu\left(\sigma_1\sigma_2+\sigma_2\sigma_3+\sigma_3\sigma_1\right)\right\}\end{aligned} \tag{11-32}$$

また，同図(b)の平均応力の作用したときのひずみエネルギ$U_v$は，体積の変化に関与するひずみエネルギであり，

$$U_v=\frac{1-2\nu}{6E}(\sigma_1+\sigma_2+\sigma_3)^2 \tag{11-33}$$

同図(c)の状態に対するひずみエネルギは$U-U_v$であり，この値は形状を変えることにより蓄えられるひずみエネルギ，すなわちせん断ひずみエネルギであり，

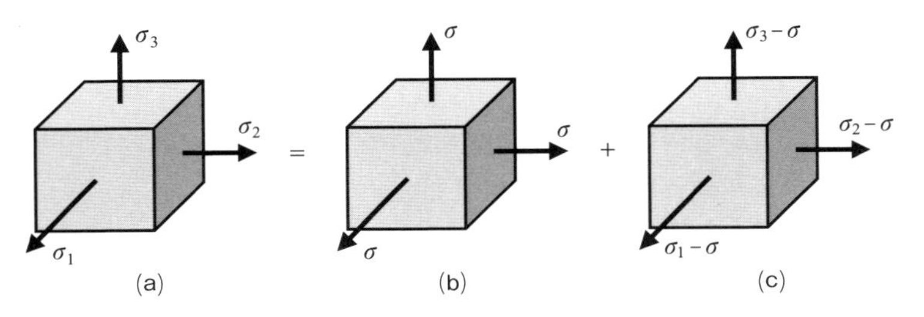


図11-5

$$U-U_v=\frac{1+\nu}{6E}\left\{(\sigma_1-\sigma_2)^2+(\sigma_2-\sigma_3)^2+(\sigma_3-\sigma_1)^2\right\} \tag{11-34}$$

この値が材料に依存するある一定値となると破損が生じるという説を，せん断ひずみエネルギ説あるいはミゼス－ヘンキーの説という。単純引張では降伏が生じるときの状態は，$\sigma_1=\sigma_Y$，$\sigma_2=\sigma_3=0$ であるので，

$$U-U_v=\frac{1+\nu}{3E}\cdot\sigma_Y{}^2 \tag{11-35}$$

式(11-34)と(11-35)を等置し，$\sigma_Y$ について解くと，

$$\sigma_Y=\frac{1}{\sqrt{2}}\left\{(\sigma_1-\sigma_2)^2+(\sigma_2-\sigma_3)^2+(\sigma_3-\sigma_1)^2\right\}^{1/2} \tag{11-36}$$

一般の，6 個の応力成分で与えられる応力状態に対しても同様に考えることができ，次式が成立する。

$$\sigma_Y=\frac{1}{\sqrt{2}}\left\{(\sigma_x-\sigma_y)^2+(\sigma_y-\sigma_z)^2+(\sigma_z-\sigma_x)^2+6\left(\tau_{xy}{}^2+\tau_{yz}{}^2+\tau_{zx}{}^2\right)\right\}^{1/2} \tag{11-37}$$

一般的には，式(11-36)または(11-37)の左辺の $\sigma_Y$ を $\bar{\sigma}$ と表記して，$\bar{\sigma}$ を 6 個の応力成分の効果を 1 つの応力に置き換えた等価な応力とみなすことができる。この応力をミゼスの相当応力という。せん断ひずみエネルギ説は，最大せん断応力説と同様，延性材料の破損の判定にしばしば適用される。

### 例題 3

両端が密閉された厚肉円筒に内圧 $p_i$ が作用するとき，弾性破損を生じる内圧の大きさを，1)最大主応力説，2)最大せん断応力説，および3)せん断ひずみエネルギ説を用いて求め，比較せよ。なお，材料の引張降伏応力 $\sigma_Y=20\,\mathrm{kgf/mm^2}$，円筒の外半径 $r_o=100\,\mathrm{mm}$，内半径 $r_i=50\,\mathrm{mm}$ とする。

最大応力が生じる内壁の半径応力 $\sigma_r$，円周応力 $\sigma_t$ および軸応力 $\sigma_z$ を，それぞれ式(11-24)，(11-25)および(11-27)を用いて求めると，

$$\sigma_r=-p_i \tag{①}$$

$$\sigma_t=\frac{r_i{}^2+r_o{}^2}{r_o{}^2-r_i{}^2}\cdot p_i=1.67\,p_i \tag{②}$$

$$\sigma_z = \frac{r_i^{\,2}}{r_o^{\,2} - r_i^{\,2}} \cdot p_i = 0.33\,p_i \qquad ③$$

これらより，符号を考慮すると $\sigma_t > \sigma_z > \sigma_r$ となることがわかる。

1) 最大主応力説を用いると，最大の主応力である $\sigma_t$ が $\sigma_t = \sigma_Y$ となる内圧 $p_i$ は，

$$p_i = \frac{\sigma_Y}{1.67} = \frac{20}{1.67} = 12\ \mathrm{kgf/mm^2} \qquad ④$$

2) 最大せん断応力説を用いると，発生する最大せん断応力 $\tau_{\max}$ は，

$$\tau_{\max} = \frac{\sigma_t - \sigma_r}{2} = \frac{1.67\,p_i - (-p_i)}{2} = 1.34\,p_i \qquad ⑤$$

せん断降伏応力 $\tau_Y$ と引張降伏応力 $\sigma_Y$ の関係は，$\tau_Y = 0.5\,\sigma_Y$ であるので，$\tau_{\max} = \tau_Y$（$= 0.5\,\sigma_Y$）となる内圧 $p_i$ は，

$$p_i = \frac{0.5\,\sigma_Y}{1.34} = \frac{0.5 \times 20}{1.34} = 7.5\ \mathrm{kgf/mm^2} \qquad ⑥$$

3) せん断ひずみエネルギ説を用いると，式 (11-36) を適用して，

$$\sigma_Y = \frac{1}{\sqrt{2}} \left\{ (\sigma_t - \sigma_z)^2 + (\sigma_z - \sigma_r)^2 + (\sigma_r - \sigma_t)^2 \right\}^{1/2} \qquad ⑦$$

この式に式①～③を代入して $p_i$ について解くと，

$$p_i = \frac{\sigma_Y}{2.3} = \frac{20}{2.3} = 8.7\ \mathrm{kgf/mm^2} \qquad ⑧$$

以上の結果より，最大せん断応力説による結果はせん断ひずみエネルギ説による結果に近く，最大主応力説による結果はそれらに比べてかなり大きく見積もられることがわかる。

## 11.4　疲労とクリープ

静的荷重を受けるときの材料の使用応力（許容応力）は，引張試験で得られる降伏点や引張強さを基準強さとして用いられるが，変動荷重下あるいは高温環境下で作動する機器に対しては，疲労やクリープに対する強度が使用応力を決める際の基準強さとなる。以下，疲労とクリープについて，その重要部分を学ぶ。

### 11.4.1 疲 労

静的荷重下ではなんら破損が生じない降伏強度以下の応力であっても，応力を繰り返し加えると破損する場合がある。これは，応力の繰り返しが材料を疲労（fatigue）させるためであり，このような破損を疲労破壊という。疲労破壊は，応力の加わり方が影響する。図 11-6 に示すように応力が変動するとき，平均応力 $\sigma_m$ は，

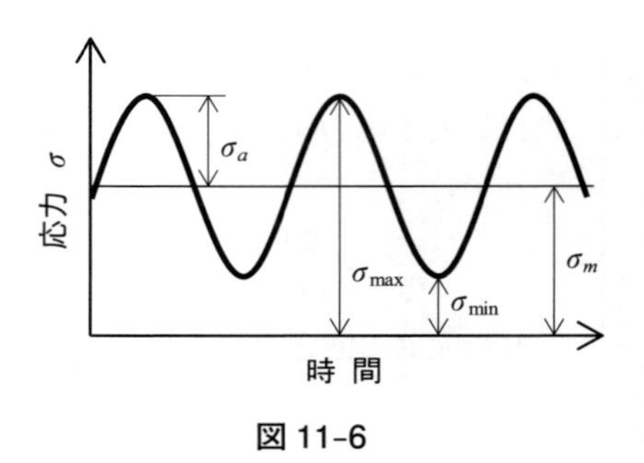


図 11-6

$$\sigma_m = \frac{\sigma_{\max} + \sigma_{\min}}{2} \qquad (11\text{-}38)$$

また，応力振幅 $\sigma_a$ は，

$$\sigma_a = \frac{\sigma_{\max} - \sigma_{\min}}{2} \qquad (11\text{-}39)$$

で表される。このうち，平均応力 $\sigma_m$ が 0 のとき，すなわち等しい引張応力と圧縮応力を交互に受けるときを両振，また $\sigma_{\min} = 0$ のときを片振という。疲労を調べる試験を疲れ試験（fatigue test）というが，通常丸棒試験片に両振の繰返し応力を加えて破壊するまでの回数を測定する。その結果を図 11-7 に模式的に示すように，縦軸に応力振幅 $\sigma_a$，横軸に破壊するまでの回数 $N$ をとって整理する。このような図を $S$—$N$ 曲線という。炭素鋼をはじめ，多くの材料では，$S$—$N$ 曲線は傾斜部と水平部からなり，$N = 10^6 \sim 10^7$ で水平となる。この水平部の応力振幅を疲労限度あるいは疲れ限度（fatigue limit）といい，それ以下の応力振幅では無限回繰り返しても破損は生じない。設計等では，この応力振幅が基準強さとして用いられる。なお，非鉄金属，たとえばアルミ合金などは $S$—$N$ 曲線に完全な水平部が現れず，$10^8$ 回を超しても破損が生じてしまうこともある。また，腐食性の強い環境に置かれた材料や，嵌合部など微小すべりを伴う疲労（フレッチング疲れ）でも疲労限度は存在しないこ

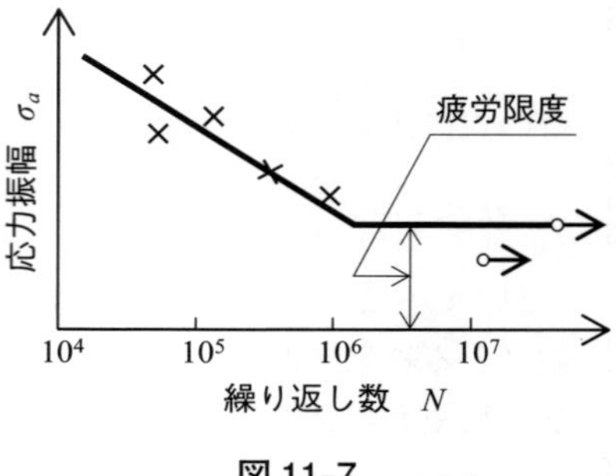


図 11-7

とが知られている。このような場合，あらかじめ繰り返し数を $5 \times 10^6$ 回とか $10^7$ 回などと指定しておき，これに耐える応力振幅を疲れ限度とする。このような疲れ限度を時間強度あるいは時間強さという。

疲労限度は応力振幅 $\sigma_a$ だけでなく，$\sigma_m$ にも関係し，両振（$\sigma_m = 0$）で疲労限度は高く，$\sigma_m$ が大きくなるにしたがって疲労限度は低下する傾向がある。また，材料の疲労限度と引張強さの関係を調べた多くの実験から，両振では疲労限度は引張強さの約 40 ～ 55% である。

### 11.4.2 クリープ

室温中では一定の負荷が作用すると，その後の変形はほとんど生じないが，ある程度高温中に置かれた材料は，時間とともに徐々に変形が進行する。このように一定荷重下でひずみが時間と共に変わる現象をクリープ（creep）という。ガスタービンなど，高温中で動作する機器では，この現象に十分配慮する必要がある。クリープ現象の進行していく様子を，図 11-8 に示す。低温低荷重では時間がある程度経つと曲線 B のようにひずみが一定となり，一方，高温高荷重では曲線 A のように，初期に変形が急速に進み，その後ほぼ一定のひずみ速度で変形が生じ，最後に急速な変形が生じて破断する。このような過程を，それぞれ第 1 期クリープ，第 2 期クリープおよび第 3 期クリープという。

クリープに対する強度を表すのに，たとえばある温度で 10000 時間の間に 0.1 % のひずみを生じる応力を用いる。この応力をクリープ制限応力（limiting creep）あるいはクリープ限度（creep limit）という。

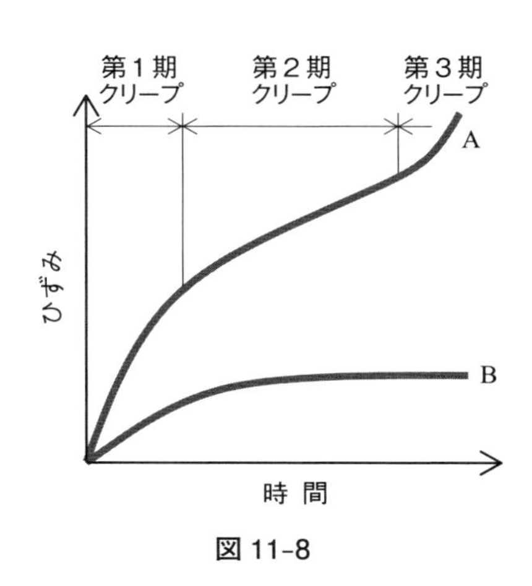


図 11-8

# 演習問題

**1** 図に示すU字型ばねで作られたロードセルがある。外力 $P=50\,\mathrm{N}$ のとき，抵抗線ひずみゲージが付けられたA部とB部に生じる垂直ひずみを求めよ。なおヤング率 $E=206\,\mathrm{GPa}$ とする。

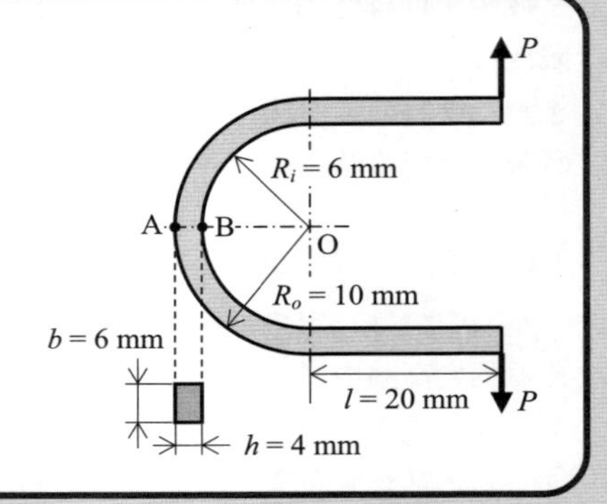


**2** 図に示す水圧 $p_o=50\,\mathrm{kgf/cm^2}$ を受ける両端が閉じられた円筒形圧力容器がある。円周部および外周部に発生する円周応力 $\sigma_t$，半径応力 $\sigma_r$ および軸応力 $\sigma_z$ を厚肉円筒として求め，薄肉円筒の仮定から得られるそれらの値と比較せよ。なお，$r_i=50\,\mathrm{cm}$，$r_o=60\,\mathrm{cm}$ とする。

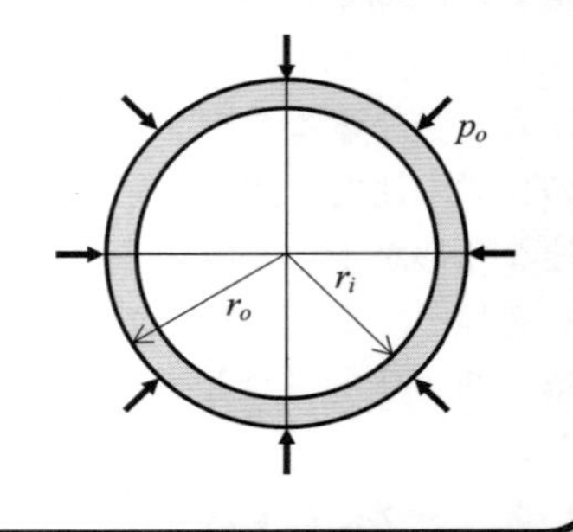


**3** 図に示すように，直方形断面をもつ座屈を生じない短柱に，中心より $e$ 偏心した位置に荷重 $P$ が作用する。柱内部に生じる応力を求め，最大主応力説を用いて許しうる偏心量 $e$ を求めよ。ただし，$P=2000\,\mathrm{kgf}$，$b=10\,\mathrm{cm}$，$h=15\,\mathrm{cm}$ とし，許容圧縮応力 $\sigma_a=20\,\mathrm{kgf/cm^2}$ とする。

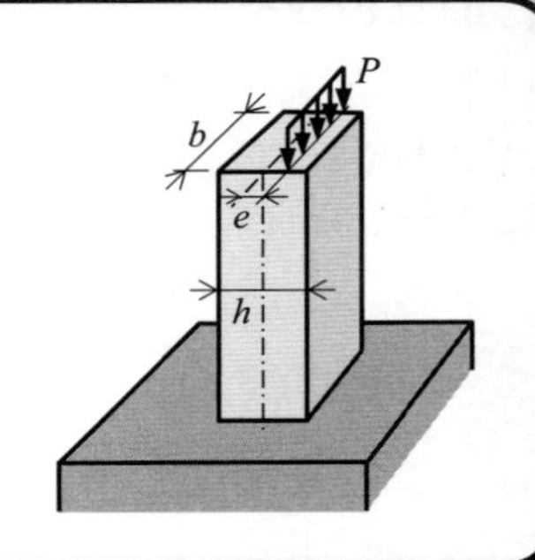

**4**　トルク $T = 2000\,\mathrm{kgf \cdot m}$ を受ける直径 $d = 15\,\mathrm{cm}$ の推進軸がある。最大せん断応力説を用いて，安全に作動できる推力 $P$ を求めよ。なお，許容せん断応力 $\tau_a = 500\,\mathrm{kgf/cm^2}$ とする。

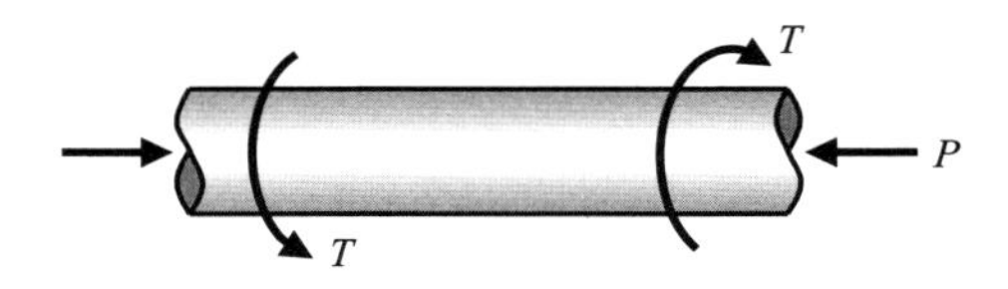


**5**　図に示す形状寸法をもつ機械部品に軸方向の力 $P$ が作用するとき，加えうる安全な力 $P_a$ を最大主応力説により求めよ。ただし，許容引張応力 $\sigma_a = 1500\,\mathrm{kgf/cm^2}$，孔部 A の最大の応力集中係数 $k_1 = 2.2$，フィレット隅肉部 B のそれを $k_2 = 2$ とする。

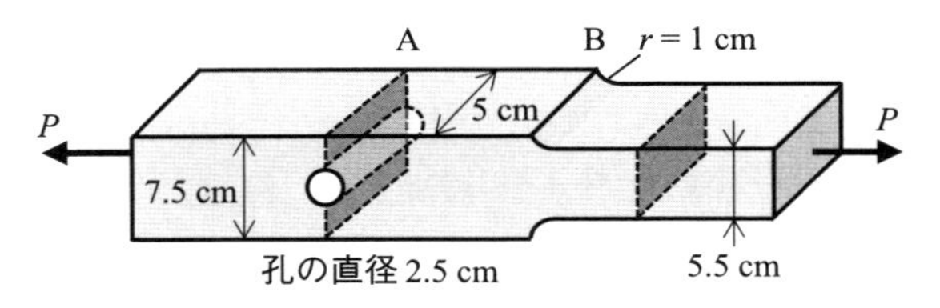

## コラム《11》 フレッチング疲労

舶用機器には様々な継手が存在し，多くの場合，変動荷重を受け持ちながら作動している。このような接合部として，例えば図(a)に示す圧入等で固定された丸軸が繰り返し曲げを受ける場合を考えると，通常の応力集中部を起点とする疲労破壊だけでなく，フレッチング疲労（fretting fatigue）という現象に留意する必要がある。フレッチング疲労は，接触面間の微小なすべりの繰り返し（典型的には μm オーダ）により，早期に進展にいたるマイクロクラックが発生して起こるため，接触面の無い一体型（図(b)）の疲労強度よりはるかに疲労寿命・強度が小さくなるといわれている。設計上また使用・メンテナンス上，充分な注意が必要である。

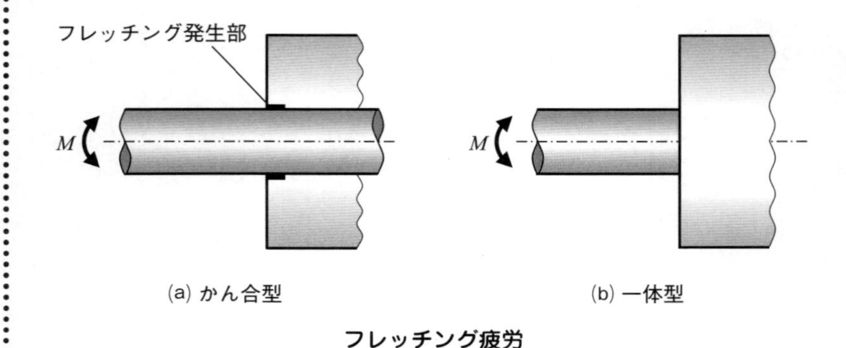


フレッチング疲労

# 演習問題解答

# 第1章

**1** B点についての自由物体図を作ると，下図となる。なお，$T$はワイヤ側からB点に作用する力である。図のように$x$―$y$座標をとり，$y$方向の力のつり合い式を作ると（$x$方向については対称性から自明），

$$2T\cos\theta - W = 0$$

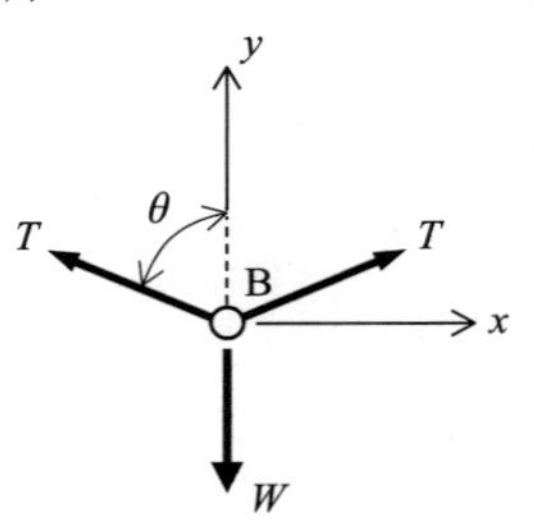


なお，$\cos\theta = \overline{\mathrm{DB}}/l = 0.5$ である。したがって，

$$T = \frac{W}{2\cos\theta} = \frac{100}{2\times 0.5} = 100\ \mathrm{N}$$

作用反作用の法則より，ワイヤはB点側より同じ大きさの張力を受ける。

**2** ボートかけを取り出して自由物体図を作ると，下図となる。図のように$x$―$y$座標をとると，$R_x$と$R_y$はA点に作用する反力の$x$方向および$y$方向の成分，また$Q_x$はB点に作用する$x$方向の成分である。なお，摩擦のないガイドで支えられているため，$y$方向の反力は作用しない。$x$方向と$y$方向の力のつり合い式を作ると，

$$R_x - Q_x = 0$$

$$R_y - W = 0$$

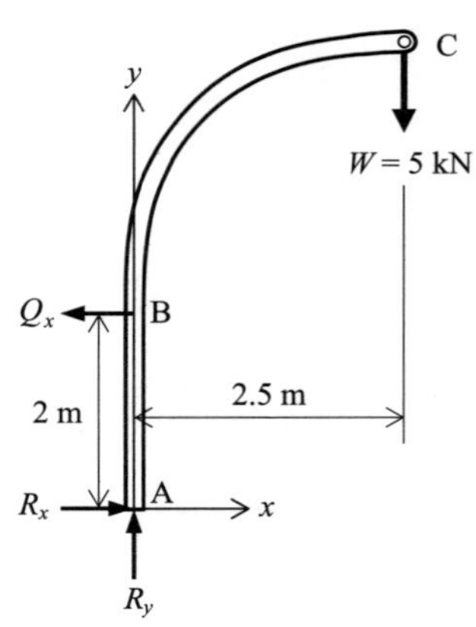


またA点についてのモーメントのつり合い式を作ると，

$$W\times 2.5 - Q_x\times 2 = 0$$

これらの式より，

$$R_x = Q_x = 6.25\ \mathrm{kN}$$

$$R_y = 5\ \mathrm{kN}$$

**3** 棒ABを取り出して自由物体図を作ると，下図となる。ここに，$Q$は綱からC点に作用する力，$R_x$と$R_y$はA点に作用する反力である。A点についてのモーメントのつり合い式を作ると，

$$Q\sin 45° \times 2 - P \times 4 = 0$$

これより，

$$Q = 1414.2\ \text{kgf}$$

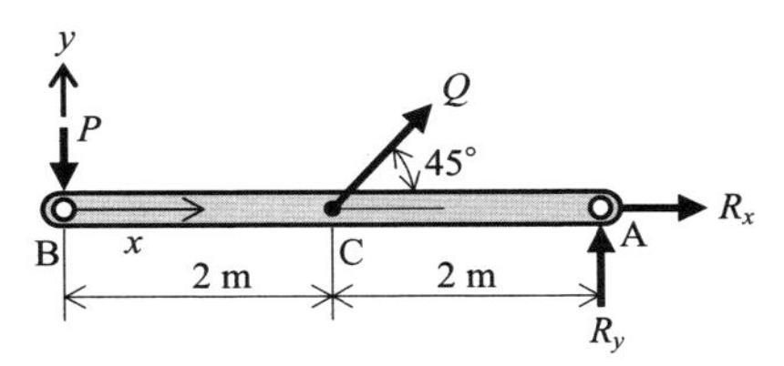


綱はC点側から同一の張力を受ける。

**4** オールを取り出して自由物体図を作ると，下図となる。B点についてのモーメントのつり合い式を作ると，

$$-P \times 80 + R \times 200 = 0$$

$$\therefore\ R = 24\ \text{kgf}$$

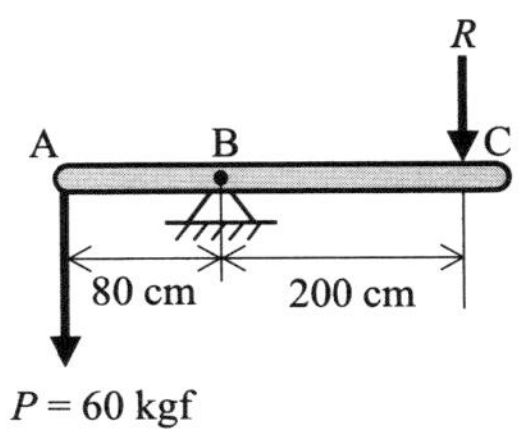


**5** $1\ \text{PS} = 75\ \text{kgf}\cdot\text{m/s} = 75 \times 9.8\ \text{N}\cdot\text{m/s} = 75 \times 9.8\ \text{W} = 735\ \text{W}$より，

$$1000\ \text{PS} = 1000 \times 735\ \text{W} = 735\ \text{kW}$$

**1** 垂直応力　$\sigma = \dfrac{P}{A} = \dfrac{P}{\left(\dfrac{\pi d^2}{4}\right)} = \dfrac{4}{\pi} \times \dfrac{39.2\times10^3}{(20\times10^{-3})^2} = 1.248\times10^8\ \mathrm{N/m^2}$

垂直ひずみ　$\varepsilon = \dfrac{\delta}{l} = \dfrac{1.2\times10^{-3}}{2} = 6\times10^{-4}$

縦弾性係数　$E = \dfrac{\sigma}{\varepsilon} = \dfrac{1.248\times10^8}{6\times10^{-4}} = 2.08\times10^{11}\ \mathrm{N/m^2} = 208\ \mathrm{GPa}$

**2** 発生する応力　$\sigma = \dfrac{180}{\left(\dfrac{\pi d^2}{4}\right)} = \dfrac{4\times180}{\pi d^2}\ \mathrm{kgf/mm^2}$

許容応力　$\sigma_a = \dfrac{\text{引張強さ}}{\text{安全率}\ n} = \dfrac{30}{3} = 10\ \mathrm{kgf/mm^2}$

$\sigma = \sigma_a$ とおくと，　$d = \sqrt{\dfrac{4\times180}{\pi\times10}} = 4.79\ \mathrm{mm}$

**3** 図のように，Ⓑを取り出して考える。圧縮応力 $\sigma$ は接合部 n—s に生じ，

$$\sigma = \frac{P}{b\cdot h} = \frac{49\times10^3}{20\times10^{-2}h}\ \mathrm{Pa}$$

この応力を，圧縮許容応力 $\sigma_a$ と等置し，$h$ について解くと，

$$h = \frac{49\times10^3}{20\times10^{-2}\times4.9\times10^6} = 0.05\ \mathrm{m} = 5\ \mathrm{cm}$$

また，せん断応力 $\tau$ は m—n 部に生じ，

$$\tau = \frac{P}{bl} = \frac{49\times10^3}{20\times10^{-2}l}\ \mathrm{Pa}$$

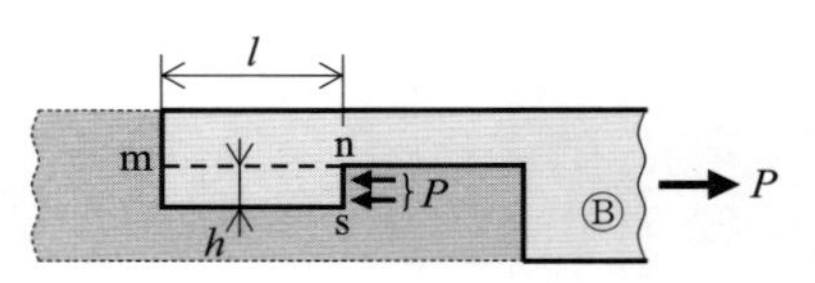


この応力を許容せん断応力 $\tau_a$ と等置し，$l$ について解くと，

$$l = \frac{49 \times 10^{3}}{20 \times 10^{-2} \times 0.8 \times 10^{6}} = 0.31\ \text{m} = 31\ \text{cm}$$

**4**　垂直応力　$\sigma = \dfrac{W}{\left(\dfrac{\pi d^2}{4}\right)} = \dfrac{4 \times 500 \times 1000}{\pi \times 300^2} = 7.07\ \text{kgf/mm}^2$

横ひずみ　$\varepsilon_l = -\nu \cdot \dfrac{\sigma}{E} = -0.3 \times \dfrac{7.07}{2.1 \times 10^4} = -1.01 \times 10^{-4}$

直径の減少量　$\Delta d = d \cdot |\varepsilon_l| = 300 \times 1.01 \times 10^{-4} \fallingdotseq 0.03\ \text{mm}$

**5**　打ち抜きに必要な圧縮力 $P$ は，

$$P = \tau_f \cdot (\pi d t) = 40 \times \pi \times 30 \times 5 = 18850\ \text{kgf}$$

パンチに生じる圧縮応力 $\sigma$ は，

$$\sigma = \frac{P}{\left(\dfrac{\pi d^2}{4}\right)} = \frac{4 \times 18850}{\pi \times 30^2} = 26.7\ \text{kgf/mm}^2$$

**1** $p.30$ 中の $\xi$ の位置の応力 $\sigma_\xi$ の式を利用し，$l=D/2+l_1$，$\xi=l_1$ とすると，

$$\sigma_{\xi=l_1}=\frac{\gamma\pi^2N^2}{900g}\left(l\cdot l_1-\frac{l_1^2}{2}\right)=\frac{0.005\times\pi^2\times5000^2}{900\times980}\left\{(50+5)\times5-\frac{5^2}{2}\right\}$$

$$=367.2\ \text{kgf/cm}^2$$

または，羽根の重量 $W=\gamma A l_1$ が $l_1/2$ の位置（中心位置）に集中すると考えると，S 部に生じる遠心力 $P$ は，

$$P=mr\omega^2=\frac{W}{g}\left(\frac{D}{2}+\frac{l_1}{2}\right)\cdot\left(\frac{2\pi N}{60}\right)^2=\frac{0.005\times1\times5}{980}\left(\frac{100}{2}+\frac{5}{2}\right)\left(\frac{2\pi\times5000}{60}\right)^2$$

$$=367.2\ \text{kgf}$$

したがって，S 部に生じる応力 $\sigma$ は，

$$\sigma=\frac{P}{A}=367.2\ \text{kgf/cm}^2$$

**2** 節点 C の自由物体図を作ると，右図となる。

$x$ 方向の力のつり合い式 $Q-S\cos30^\circ=0$

$y$ 方向の力のつり合い式 $S\sin30^\circ-P=0$

これより，

$$S=\frac{P}{\sin30^\circ}=2P=2\times490=980\ \text{N}$$

$$Q=S\cos30^\circ=980\times\frac{\sqrt{3}}{2}=848.7\ \text{N}$$

棒 AC の断面積を $A_s$，棒 BC の断面積を $A_w$ とすると，

$$\sigma_s=\frac{S}{A_s}\ \text{より，}\ A_s=\frac{S}{\sigma_s}=\frac{980}{98\times10^6}=10\times10^{-6}\ \text{m}^2=10\ \text{mm}^2$$

$$\sigma_w=\frac{Q}{A_w}\ \text{より，}\ A_w=\frac{Q}{\sigma_w}=\frac{848.7}{19.6\times10^6}=43.3\times10^{-6}\ \text{m}^2=43.3\ \text{mm}^2$$

**3**　式(3-16)より，熱応力$\sigma$は，

$$\sigma = E\alpha(t-t_0) = 2.1\times10^6\times11.5\times10^{-6}\times(50-20) = 724.5\ \text{kgf/cm}^2$$

壁に及ぼす力$P$は，

$$P = A\cdot\sigma = \left(\frac{\pi d^2}{4}\right)\cdot\sigma = \frac{\pi\times4^2}{4}\times724.5 = 9104\ \text{kgf}$$

**4**　加熱温度を$\varDelta T$とすると，銅製薄肉リングの内径部の伸び$\delta$は，

$$\delta = \alpha\varDelta T\cdot(\pi d_c)$$

この伸びによりリングの直径は大きくなり，直径の増加量を$\varDelta d$とすると，

$$\pi(d_c+\varDelta d) = \pi d_c+\delta \quad \text{より，} \quad \varDelta d = \frac{\delta}{\pi} = \alpha\varDelta T d_c = 1.68\times10^{-5}\times299.2\varDelta T$$

$$\varDelta d = d_s - d_c \quad \text{より，} \quad (300-299.2) = 1.68\times10^{-5}\times299.2\varDelta T$$

したがって，

$$\varDelta T = \frac{(300-299.2)}{1.68\times10^{-5}\times299.2} = 159.2\ ℃$$

**5**　帯板に生じる平均応力$\sigma_n$は，

$$\sigma_n = \frac{P}{bt}$$

A点に発生する応力$\sigma_{\max}$は，

$$\sigma_{\max} = \alpha\cdot\sigma_n$$

この応力を許容応力$\sigma_a$と等置すると，$\alpha\cdot\sigma_n = \sigma_a$より，

$$\sigma_n = \frac{\sigma_a}{\alpha} = \frac{20}{2.8} = 7.14\ \text{kgf/mm}^2$$

帯板に加えうる力$P$は，

$$P = \sigma_n\cdot bt = 7.14\times60\times5 = 2142\ \text{kgf}$$

# 第4章

**1** 荷重作用方向の合応力 $\sigma_n$ は，荷重 $W$ を斜面の面積 $A'$ で割ることにより得られる。丸棒の断面積 $A=\pi\times0.3^2/4=0.0707\ \mathrm{m}^2$ より，

$$A'=\frac{A}{\cos30°}=0.0816\ \mathrm{m}^2$$

$$\text{合応力}\ \sigma_n=\frac{W}{A'}=\frac{150\times10^3}{0.0816}=1.84\times10^6\ \mathrm{N/m^2}=1.84\ \mathrm{MPa}$$

$$\sigma_\theta=\sigma_n\cos30°=1.59\ \mathrm{MPa}$$

$$\tau_\theta=\sigma_n\sin30°=0.92\ \mathrm{MPa}$$

これらの結果は，式(4-1)，(4-2)を用いて求めることもできる。

**2** 題意の応力状態は図(a)となる。式(4-5)および(4-6)より，

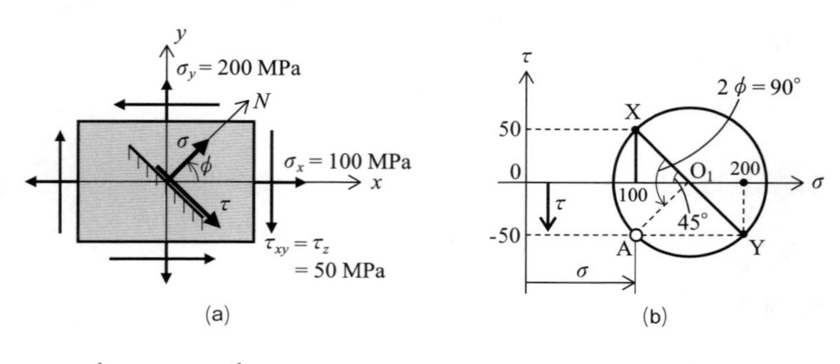


(a) (b)

$$\sigma=\frac{1}{2}\left(\sigma_x+\sigma_y\right)+\frac{1}{2}\left(\sigma_x-\sigma_y\right)\cos2\phi-\tau_z\sin2\phi$$

$$=\frac{1}{2}(100+200)+\frac{1}{2}(100-200)\cos90°-50\sin90°=150-50=100\ \mathrm{MPa}$$

$$\tau=\frac{1}{2}\left(\sigma_x-\sigma_y\right)\sin2\phi+\tau_z\cos2\phi$$

$$=\frac{1}{2}(100-200)\sin90°+50\cos90°=-50\ \mathrm{MPa}$$

または，モールの応力円（図(b)）を用いると，A 点の座標値より，

$$\sigma = \overline{0O_1} - \overline{O_1A}\cos\phi = \frac{\sigma_x + \sigma_y}{2} - \left(\sqrt{\left(\frac{\sigma_y - \sigma_x}{2}\right)^2 + \tau_z^2}\right)\cos\phi$$

$$= 150 - \sqrt{50^2 + 50^2}\cos 45^\circ = 100\ \text{MPa}$$

$$\tau = -\overline{O_1A}\sin\phi = -\sqrt{5000}\sin 45^\circ = -50\ \text{MPa}$$

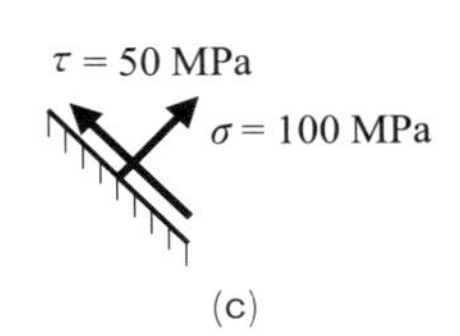

(c)

これより，外向法線 $N$ が $x$ 軸と 45° 傾いた斜面には，図(c)に示す方向の引張応力とせん断応力が作用する。

**3**　$W_1$ による垂直応力 $\sigma_1 = -W_1/(bh)$, $W_2$ による垂直応力 $\sigma_2 = -W_2/(ah)$ より，剛性壁がないとき, $W_1$ による板厚方向のひずみ $\varepsilon_1$ は，ヤング率を $E$ とすると，

$$\varepsilon_1 = -\nu \cdot \frac{\sigma_1}{E}$$

また，$W_2$ による板厚方向のひずみ $\varepsilon_2$ は，

$$\varepsilon_2 = -\nu \cdot \frac{\sigma_2}{E}$$

同時に $W_1$ と $W_2$ が作用するときの板厚方向のひずみ $\varepsilon$ は，

$$\varepsilon = \varepsilon_1 + \varepsilon_2 = -\frac{\nu}{E}(\sigma_1 + \sigma_2) = \frac{\nu}{E}\left(\frac{W_1}{bh} + \frac{W_2}{ah}\right)$$

剛性壁によりこのひずみは許されないので，板が壁に及ぼす応力 $\sigma$ は，

$$\sigma = E\varepsilon = \frac{\nu}{h}\left(\frac{W_1}{b} + \frac{W_2}{a}\right)$$

したがって，板が壁に及ぼす力 $P$ は，板の壁と接する面積を $A$ とすると，

$$P = A\sigma = ab\sigma = \frac{\nu}{h}(aW_1 + bW_2)$$

**4**　薄肉球形タンクと薄肉円筒形タンクの直径を $d$，肉厚を $t$ とする。薄肉円筒形タンクは，式 (4–24) の円周応力 $\sigma_t$ および式 (4–25) の軸応力 $\sigma_z$ が作用するが，$\sigma_t > \sigma_z$ より $\sigma_t$ を求めると，

$$\sigma_t = \frac{pd}{2t}$$

また，薄肉球形タンクは，図に示すように仮に球の中心で切断してその半分を考えると，内圧 $p$ により投影面積に作用する力は $p \cdot \pi d^2/4$ であり，この力は切断面の面積 $A = \pi dt$ と応力 $\sigma$ の積で決まる力とつり合う。すなわち，

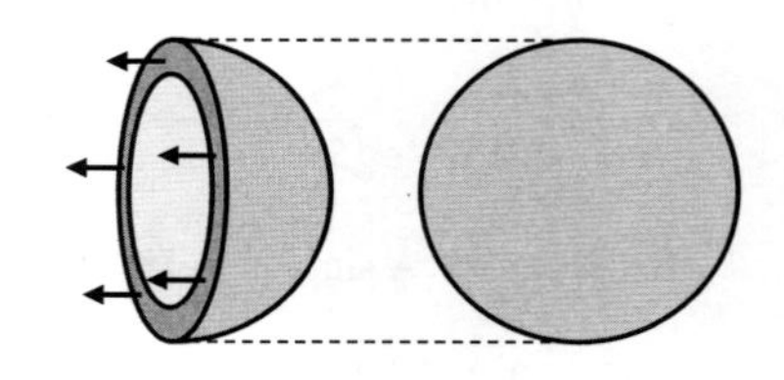

$$p \cdot \frac{\pi d^2}{4} = \pi dt \cdot \sigma \quad \text{より，}$$

$$\sigma = \frac{pd}{4t}$$

これらから薄肉円筒形タンクに生じる応力 $\sigma_t$ は薄肉球形タンクに生じる応力より 2 倍大きく，強さは後者の方が 2 倍大きい。

**5** 円周応力 $\sigma_t$ は，式 (4–24) より，

$$\sigma_t = \frac{pr}{t} = \frac{pd}{2t}$$

また，軸応力 $\sigma_z$ は式 (4–25) より，

$$\sigma_z = \frac{1}{2}\sigma_t = \frac{pd}{4t}$$

最大せん断応力 $\tau_{\max}$ は，

$$\tau_{\max} = \frac{\sigma_t - \sigma_z}{2} = \frac{pd}{8t}$$

$\tau_{\max} = \tau_a$ とすると，

$$t = \frac{pd}{8\tau_a} = \frac{1\times10^6\times2}{8\times10\times10^6} = 0.025\ \text{mm} = 25\ \text{mm}$$

# 

**1**　対称性より反力 $R$ は，

$$R=\frac{wl}{2}$$

左端に原点をおく $x$ 軸をとると，$0 \leqq x \leqq a$ では，せん断力 $F$ と曲げモーメント $M$ は，

$$F=-wx$$

$$M=-\frac{wx^2}{2}$$

$a \leqq x \leqq (a+b)$ では，

$$F=-wx+R=-wx+\frac{wl}{2}$$

$$M=-wx\cdot\frac{x}{2}+R(x-a)$$

$$=-\frac{wx^2}{2}+\frac{wl}{2}x-\frac{wla}{2}$$

$(a+b) \leqq x \leqq l$ では，

$$F=-wx+R+R=-wx+wl$$

$$M=-wx\cdot\frac{x}{2}+R(x-a)+R(x-a-b)$$

$$=-\frac{wx^2}{2}+2Rx-R(2a+b)$$

$$=-\frac{wx^2}{2}+wlx-\frac{wl^2}{2}$$

SFD と BMD を描くと図のようになる。

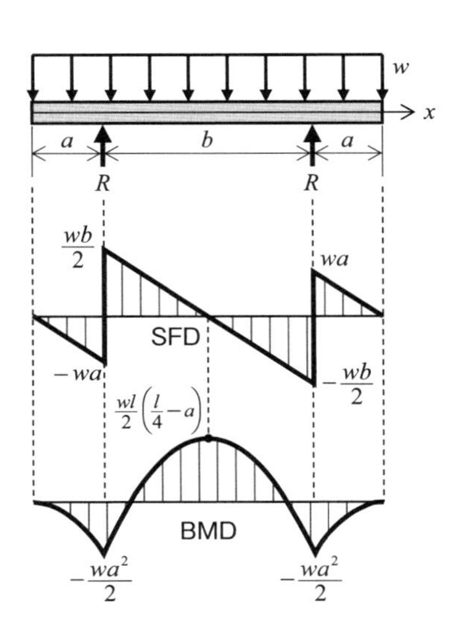


**2**　まず，反力 $R_A$ と $R_B$ を求める。B 点におけるモーメントのつり合いより，

$$R_A\times4-200\times3-400\times2-600\times1=0$$

$$\therefore R_A=500\ \mathrm{N}$$

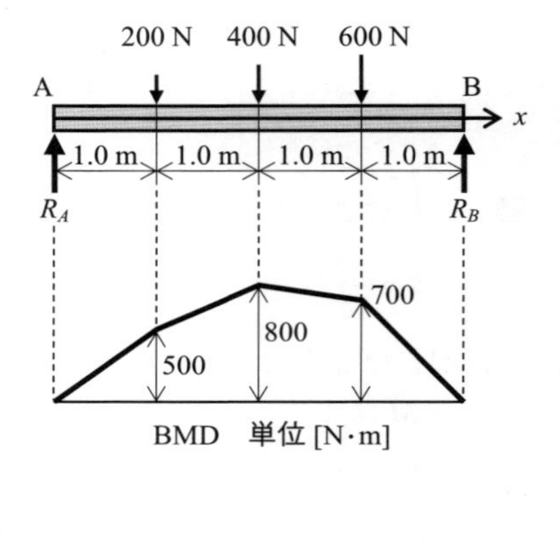


また，力のつり合いより，

$$R_A + R_B - 200 - 400 - 600 = 0$$

$$\therefore\ R_B = 700\ \mathrm{N}$$

左端に原点をおく $x$ 軸をとると，

$0 \leqq x \leqq 1\,\mathrm{m}$ では，

$$M = R_A x = 500x\ [\mathrm{N \cdot m}]$$

$1 \leqq x \leqq 2\,\mathrm{m}$ では，

$$M = R_A x - 200(x-1) = 300x + 200\ \mathrm{N \cdot m}$$

$2 \leqq x \leqq 3\,\mathrm{m}$ では，はりの右側を考えると，

$$M = R_B(4-x) - 600(3-x) = -100x + 1000\ \mathrm{N \cdot m}$$

$3 \leqq x \leqq 4\,\mathrm{m}$ では，同様に，

$$M = R_B(4-x) = -700x + 2800\ \mathrm{N \cdot m}$$

図にすると，上図となる。これより最大曲げモーメントは 800 N·m となる。

**3**　反力を求めるには，分布荷重 $wb$ が $b/2$ の位置に集中するものとして扱う。B 点におけるモーメントのつり合いより，

$$R_1 l - wb\left(\frac{b}{2} + c\right) = 0$$

$$\therefore\ R_1 = \frac{wb\left(\dfrac{b}{2} + c\right)}{l}$$

$$= \frac{100 \times 3 \times (1.5 + 4)}{9}$$

$$= 183.3\ \mathrm{kgf}$$

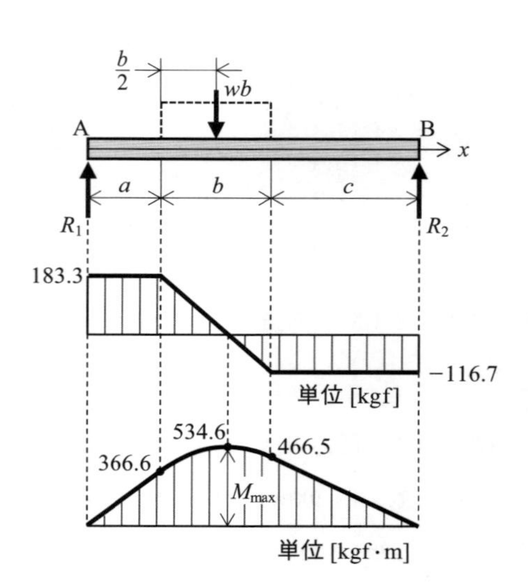

力のつり合いより，

$$R_1 + R_2 - wb = 0$$

$$\therefore R_2 = wb - R_1 = 100 \times 3 - 183.3 = 116.7 \text{ kgf}$$

A 点に原点をもつ $x$ 軸を考える。

$0 \leqq x \leqq a$ では，

$$V = R_1 = 183.3 \text{ kgf} \quad ①$$

$$M = R_1 x = 183.3x \ [\text{kgf} \cdot \text{m}] \quad ②$$

$a \leqq x \leqq (a+b)$ では，

$$V = R_1 - w(x-a) = 183.3 - 100(x-2)$$

$$= -100x + 383.3 \text{ kgf} \quad ③$$

$$M = R_1 x - w(x-a) \cdot \frac{(x-a)}{2}$$

$$= 183.3x - 50(x^2 - 2ax + a^2)$$

$$= 183.3x - 50x^2 + 200x - 200$$

$$= -50x^2 + 383.3x - 200 \text{ kgf} \cdot \text{m} \quad ④$$

$(a+b) \leqq x \leqq l$ では，

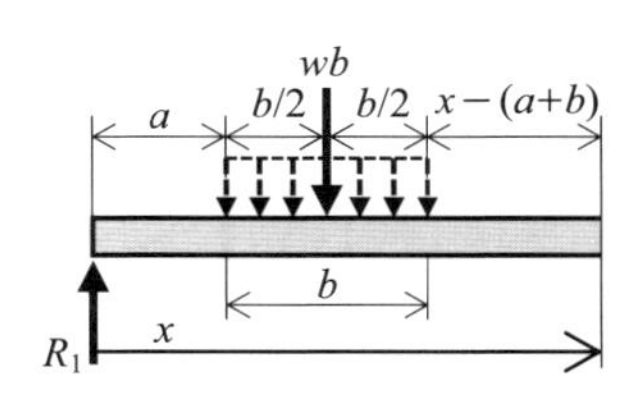


$$V = R_1 - wb = -116.7 \text{ kgf} \quad ⑤$$

$$M = R_1 x - wb\left(x - a - \frac{b}{2}\right)$$

$$= -116.7x + 1050 \text{ kgf} \cdot \text{m} \quad ⑥$$

最大曲げモーメント $M_{\max}$ は $V=0$ となる $x$ の位置に生じるので，式③より，

$$-100x + 383.3 = 0 \quad \text{より} \quad x = 3.833 \text{ m}$$

この値を式④に代入すると，

$$M_{\max} = 534.6 \text{ kgf} \cdot \text{m}$$

**4** 図(a)のように座標をとると，壁に作用する水圧 $q$ は $q(x)=\gamma(H-x)$ となり，壁には三角状分布荷重が作用する。この状態を図(b)のようにモデル化すると，基盤からの反力 $R_0$ と偶力 $M_0$ は，図(c)に示す自由物体図を用いたつり合い条件式より，

(a)

$$\begin{cases} R_0-\dfrac{\gamma H^2}{2}=0 \\ -M_0+R_0H-\dfrac{\gamma H^2}{2}\cdot\dfrac{2H}{3}=0 \end{cases}$$

となり，

$$R_0=\frac{\gamma H^2}{2} \quad , \quad M_0=\frac{\gamma H^3}{6}$$

$x$ の位置におけるせん断力 $V$ と曲げモーメント $M$ は，図(d)より，

$$V=R_0-\gamma Hx+\frac{\gamma x^2}{2}=\frac{\gamma x^2}{2}-\gamma Hx+\frac{\gamma H^2}{2}$$

$$M=-M_0+R_0x-\gamma Hx\cdot\frac{x}{2}+\frac{\gamma x^2}{2}\cdot\frac{x}{3}=\frac{\gamma x^3}{6}-\frac{\gamma Hx^2}{2}+\frac{\gamma H^2x}{2}-\frac{\gamma H^3}{6}$$

これらの式を用いて SFD と BMD を描くと，図(e)となる。

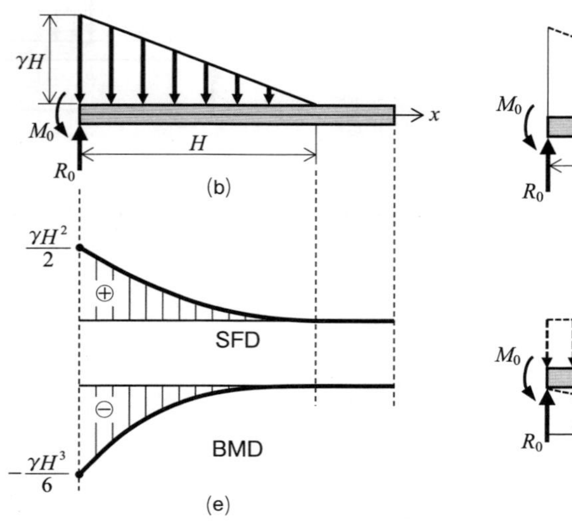


(b)

(e)

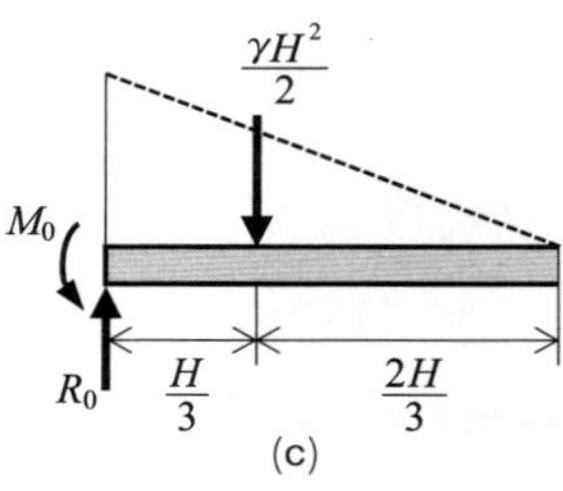


(c)

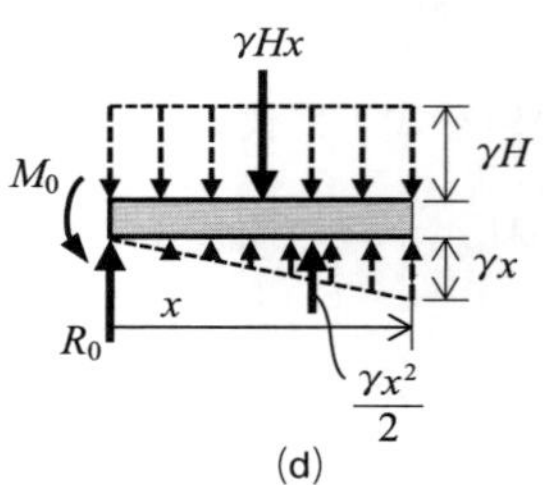


(d)

**5**　B点についてのモーメントのつり合いを考えると，

$$R_A l + M_A - M_B = 0 \qquad \therefore\ R_A = \frac{M_B - M_A}{l}$$

また，力のつり合いより，

$$R_A + R_B = 0 \qquad \therefore\ R_B = \frac{M_A - M_B}{l}$$

A点に原点をとる $x$ 軸を考える（図(a)）と，$x$ の位置におけるせん断力 $V$ と曲げモーメント $M$ は，図(b)を参考にして，

$$V = R_A = \frac{M_B - M_A}{l}$$

$$M = R_A x + M_A = \frac{M_B - M_A}{l} x + M_A$$

これらの式をもとにSFDとBMDを描くと図(c)となる。なお，これらの図は，$M_A < M_B$ について描いてある。

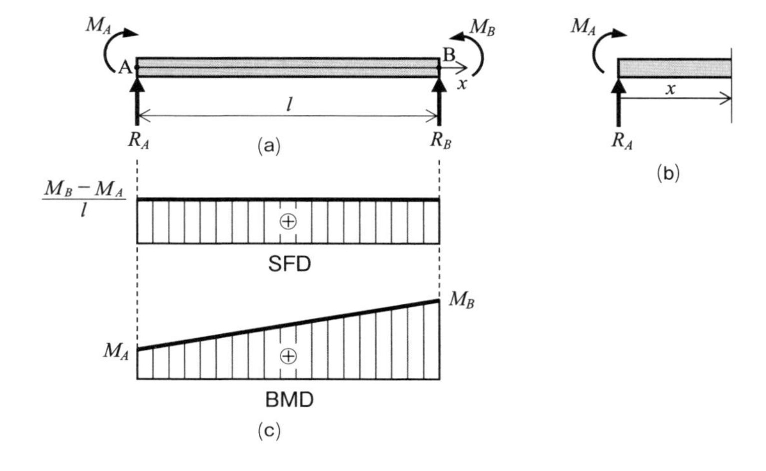

# 第6章

**1** 自重による等分布荷重 $w$ [kgf/m] は，密度 $\rho=500\,\mathrm{kg/m^3}$ より，

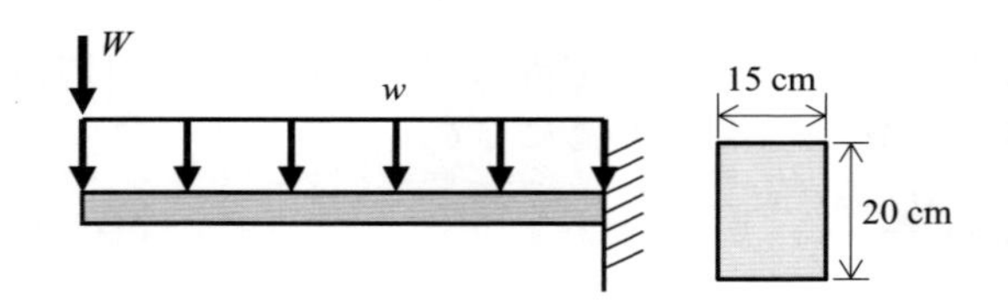


$$w=0.15\times0.2\times1\times500=15x\ [\mathrm{kgf/m}]$$

SI 単位系では $w$ は，重力加速度 $9.8\,\mathrm{m/s^2}$ をかけると，

$$w=15\times9.8x\ [\mathrm{N/m}]$$

したがって，等分布荷重による曲げモーメント $M_w$ は，自由端から $x$ の位置では，

$$M_w=wx\cdot\frac{x}{2}=\frac{wx^2}{2}=\frac{15\times9.8x^2}{2}=7.5\times9.8x^2\ \mathrm{N\cdot m}$$

また，集中荷重 $W$ による曲げモーメント $M_W$ は，

$$M_W=Wx\ [\mathrm{N\cdot m}]$$

となる。合成曲げモーメント $M$ は，

$$M=M_w+M_W=7.5\times9.8x^2+Wx\ [\mathrm{N\cdot m}]$$

となり，$x=l$ [m] で $M$ は最大となり，

$$M_{max}=7.5\times9.8\,l^2+W\,l\ [\mathrm{N\cdot m}]$$

となる。はりに生ずる最大曲げ応力を $\sigma_{max}$ [Pa] とすると，

$$\sigma_{max}=\frac{M_{max}}{Z}=\frac{6\,M_{max}}{bh^2}$$

$W=1350\,\mathrm{N}$，$\sigma_{max}=7.5\times10^6\,\mathrm{N/m^2}$，$b=0.15\,\mathrm{m}$，$h=0.2\,\mathrm{m}$ を代入すると，

$$7.5\times 9.8\,l^2+1350\,l=\frac{0.15\times 0.2^2\times 7.5\times 10^6}{6}$$

したがって，

$$7.5\times 9.8\,l^2+1350\,l=7500$$

$$l^2+18.37\,l-102.0=0$$

$$\therefore\ l=\frac{-18.37+\sqrt{(18.37)^2+4\times 102.0}}{2}=4.465\ \mathrm{m}$$

よって，はりの長さを 4.47 m にする。

**2**　固定端における曲げモーメント $M$ は，

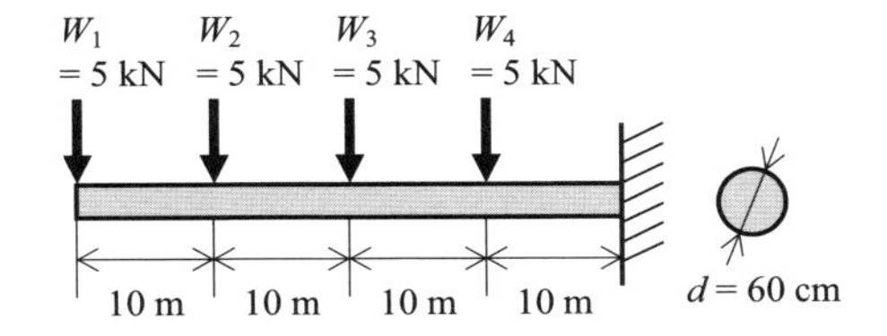


$$M=W_1\times 40+W_2\times 30+W_3\times 20+W_4\times 10$$

$$=5\times 10^3\times(40+30+20+10)=5\times 10^3\times 100=500\times 10^3\ \mathrm{N\cdot m}$$

最大曲げ応力は，

$$\sigma_{\max}=\frac{M}{Z}=\frac{M}{\left(\dfrac{\pi d^3}{32}\right)}=\frac{500\times 10^3}{\left(\dfrac{\pi}{32}\cdot(0.6)^3\right)}=23.6\times 10^6\ \mathrm{N/m^2}=23.6\ \mathrm{MPa}$$

**3**　〈円形断面の場合〉

曲げ応力 $\sigma$，曲げモーメント $M$，断面係数 $Z$ は次の関係がある。

$$\sigma=\frac{M}{Z} \qquad ①$$

ここで，$M=13000\,\mathrm{N\cdot m}$，$\sigma=85\times 10^6\,\mathrm{Pa}$，$Z=\pi d^3/32$ であり，式①に代入すると，

$$\frac{\pi d^3}{32} = \frac{13000}{85 \times 10^6}$$

$$d^3 = 1558.636 \times 10^{-6}$$

$$d = 0.1159 \text{ m}$$

よって，軸直径を 11.59 cm 以上にする。

〈長方形断面の場合〉

$$Z = \frac{bh^2}{6} \quad ，題意より\ h = 2b$$

ゆえに，

$$Z = \frac{b(2b)^2}{6} = \frac{2b^3}{3} = \frac{13000}{85 \times 10^6}$$

$$b^3 = 229.4 \times 10^{-6}$$

$$b = 0.0612 \text{ m} = 6.12 \text{ cm}$$

$$h = 2b = 12.24 \text{ cm}$$

よって，幅 6.12 cm，高さ 12.24 cm 以上にする。

**4** 耐えうる安全な荷重 $P$ として，最大曲げ応力 $\sigma_{max}$ が降伏点を超えない範囲の最大荷重を求める。反力として生じる一様分布荷重の強さ $w_0$ は，対称性より，

$$w_0 = (P/2)/a = \frac{P}{2a}$$

左端に $x$ の原点をとると，$0 \leqq x \leqq a$ では曲げモーメント $M$ は，

$$M = w_0 x \cdot \frac{x}{2} = \frac{P}{4a} x^2 \qquad ①$$

$a \leqq x \leqq (a + b/2)$ では（右図参照），

$$M = w_0 a \left( x - \frac{a}{2} \right) \qquad ②$$

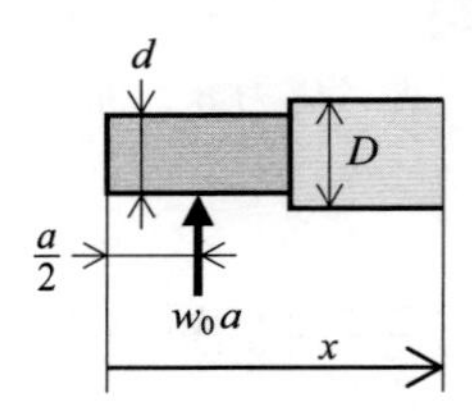


直径 $d$ 部の最大曲げモーメント $M$ は $x = a$ で生じ，式①より，

$$M=\frac{P}{4}a$$

$$\sigma_{\max}=\frac{M}{Z}=\frac{M}{\frac{\pi d^3}{32}}=\frac{8Pa}{\pi d^3}=\sigma_Y$$

$$\therefore\ P=\frac{\pi d^3\sigma_Y}{8a}=\frac{\pi\times14^3\times30}{8\times30}=1078\ \text{kgf}$$

また，直径 $D$ 部の最大曲げモーメント $M$ は $x=a+b/2$ で生じ，式②より，

$$M=w_0a\left(a+\frac{b}{2}-\frac{a}{2}\right)=\frac{w_0a}{2}(a+b)$$

$$\sigma_{\max}=\frac{M}{Z}=\frac{M}{\frac{\pi D^3}{32}}=\frac{16w_0a(a+b)}{\pi D^3}=\frac{8(a+b)P}{\pi D^3}=\sigma_Y$$

$$\therefore\ P=\frac{\pi D^3\sigma_Y}{8(a+b)}=\frac{\pi\times20^3\times30}{8(30+40)}=1346\ \text{kgf}$$

小さい方の荷重を採って，

$$P=1078\ \text{kgf}$$

**5**　材料に生じる最大曲げ応力 $\sigma_{\max}$ は次式で与えられる。

$$\sigma_{\max}=\frac{M}{Z}\qquad (M：曲げモーメント，Z：断面係数)$$

(A)の曲げモーメントおよび断面係数を $M_A$，$Z_A$，(B)のそれを $M_B$，$Z_B$ とし，両材料の最大曲げ応力が等しいとすると，次式を得る。

$$\sigma_{\max}=\frac{M_A}{Z_A}=\frac{M_B}{Z_B}$$

上式より, $M_A/M_B=Z_A/Z_B$ となり，曲げモーメントの比は次式より得られる。

$$M_A:M_B=Z_A:Z_B=\frac{b_1h_1^{\ 2}}{6}:\frac{b_1h_2^{\ 3}-\left(\frac{1}{2}h_2\right)^3\left(b_1-\frac{1}{2}b_1\right)}{6h_2}=h_1^{\ 2}:\frac{15}{16}h_2^{\ 2}$$

**1** 図(a)の場合，反力 $R_0$ は対称性より，

$$R_0 = \frac{W}{2}$$

$0 \leqq x \leqq l/2$ において，曲げモーメント $M$ は，

$$M = R_0 x = \frac{Wx}{2}$$

$$EI\frac{d^2y}{dx^2} = -M = -\frac{Wx}{2}$$

$$EI\frac{dy}{dx} = -\frac{Wx^2}{4} + \mathrm{C}_1$$

$$EIy = -\frac{Wx^3}{12} + \mathrm{C}_1 x + \mathrm{C}_2$$

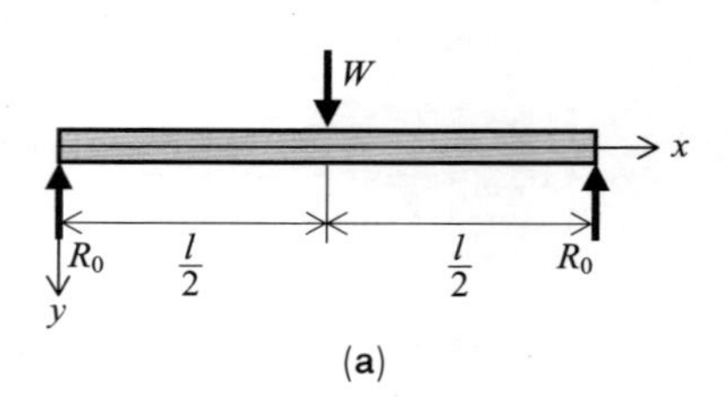

(a)

$x=0$ で $y=0$ および $x=l/2$ で $dy/dx=0$ より，

$$\mathrm{C}_1 = \frac{Wl^2}{16} \quad , \quad \mathrm{C}_2 = 0$$

$$\therefore \ EIy = -\frac{Wx^3}{12} + \frac{Wl^2}{16}x$$

$x=l/2$ で，

$$EIy = \frac{Wl^3}{48}$$

一方，図(b)の場合は，$0 \leqq x \leqq l/2$ において $M$ は，

$$M = -M_0 + R_0 x = -M_0 + \frac{Wx}{2}$$

$$EI\frac{d^2y}{dx^2} = -M = M_0 - \frac{Wx}{2}$$

$$EI\frac{dy}{dx} = M_0 x - \frac{Wx^2}{4} + \mathrm{C}_3$$

$$EIy = \frac{M_0 x^2}{2} - \frac{Wx^3}{12} + \mathrm{C}_3 x + \mathrm{C}_4$$

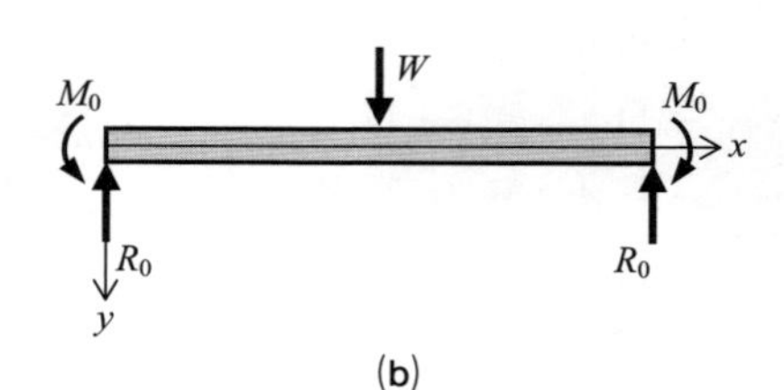

(b)

$x=0$ で $dy/dx=0$ および $y=0$ より，

$$C_3=C_4=0$$

また，$x=l/2$ で $dy/dx=0$ より，$M_0=Wl/8$

$$\therefore\ EIy=\frac{Wlx^2}{16}-\frac{Wx^3}{12}$$

$x=l/2$ で，

$$EIy=\frac{Wl^3}{192}$$

したがって，図(a)と図(b)の比は４：１となり，図(a)の方が４倍変形する。

**2** つり合いより，

$$R_0=Q\quad,\quad M_0=Ql$$

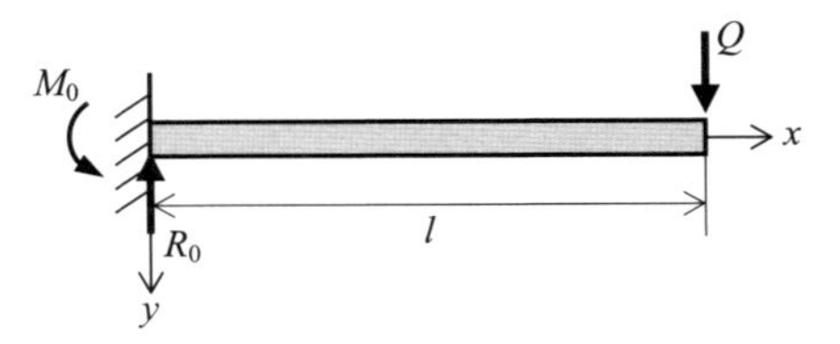


$$M=-M_0+R_0x=-Ql+Qx$$

$$EI\frac{d^2y}{dx^2}=-M=Ql-Qx$$

$$EI\frac{dy}{dx}=Qlx-\frac{Q}{2}x^2+C_1$$

$x=0$ で $dy/dx=0$ より，$C_1=0$

$$EIy=\frac{Qlx^2}{2}-\frac{Qx^3}{6}+C_2$$

$x=0$ で $y=0$ より，$C_2=0$

$$\therefore\ y=\frac{1}{EI}\left(\frac{Qlx^2}{2}-\frac{Qx^3}{6}\right)\qquad ①$$

接触が生じるためには，$x=l$ で $y=\delta$ でなければならないので，式①に代入して $Q$ を求めると，

$$Q=\frac{3EI\delta}{l^3}$$

**3** 左端 A に原点をおく $x$ 軸をとると，$0 \leqq x \leqq a$ では，

$$M = -M_A + R_A x$$

$$EI \frac{d^2 y}{dx^2} = -M = M_A - R_A x$$

$$EI \frac{dy}{dx} = M_A x - \frac{R_A x^2}{2} + C_1$$

$x=0$ で $dy/dx=0$ より，$C_1=0$

$$EI y = \frac{M_A x^2}{2} - \frac{R_A x^3}{6} + C_2$$

$x=0$ で $y=0$ より，$C_2=0$

$a \leqq x \leqq l$ では，

$$M = -M_A + M_0 + R_A x$$

$$EI \frac{d^2 y}{dx^2} = -M = M_A - M_0 - R_A x$$

$$EI \frac{dy}{dx} = (M_A - M_0) x - \frac{R_A x^2}{2} + C_3$$

$$EI y = \frac{(M_A - M_0) x^2}{2} - \frac{R_A x^3}{6} + C_3 x + C_4$$

$x=a$ で $(dy/dx)_{x \leqq a} = (dy/dx)_{a \leqq x}$ より，

$$M_A a - \frac{R_A a^2}{2} = (M_A - M_0) a - \frac{R_A a^2}{2} + C_3$$

$$\therefore \ C_3 = M_0 a$$

また，$x=a$ で $y_{x \leqq a} = y_{a \leqq x}$ より，

$$\frac{M_A a^2}{2} - \frac{R_A a^3}{6} = \frac{(M_A - M_0) a^2}{2} - \frac{R_A a^3}{6} + M_0 a^2 + C_4$$

$$\therefore \ C_4 = -\frac{M_0 a^2}{2}$$

$x=l$ で $dy/dx=0$ より，

$$0 = (M_A - M_0) l - \frac{R_A l^2}{2} + M_0 a$$

また，$x=l$ で $y=0$ より，

$$0=\frac{(M_A-M_0)\,l^2}{2}-\frac{R_A\,l^3}{6}+M_0\,al-\frac{M_0\,a^2}{2}$$

これらの式を解き，つり合い式を考慮すると，

$$R_A=-R_B=\frac{-6\,M_0\,ab}{l^3}$$

また，

$$M_A=\frac{M_0\,b\,(b-2a)}{l^2}\quad,\quad M_B=\frac{M_0\,a(2b-a)}{l^2}$$

**4**　図(a)と(b)の重ね合わせにより $\varDelta$ を求める。分布荷重 $q$ が作用すると，自由端の変位 $y_1$ は，式(7-16)より，

$$y_1=\frac{q\,l^4}{8EI}\qquad ①$$

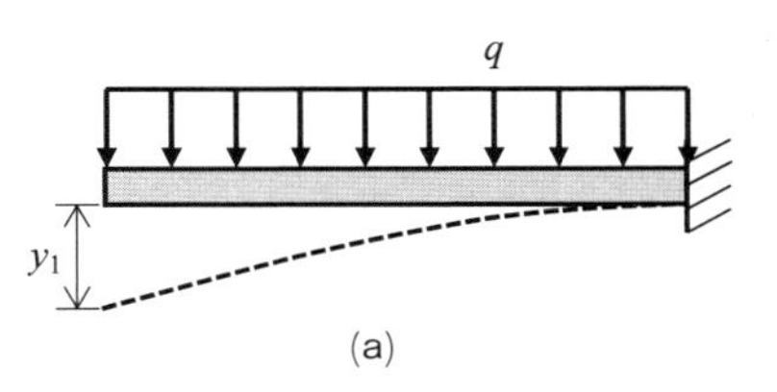

(a)

また，ばねからの反力 $R$ が作用するときの自由端の変位 $y_2$ は，式(7-11)より，

$$y_2=\frac{R\,l^3}{3EI}\qquad ②$$

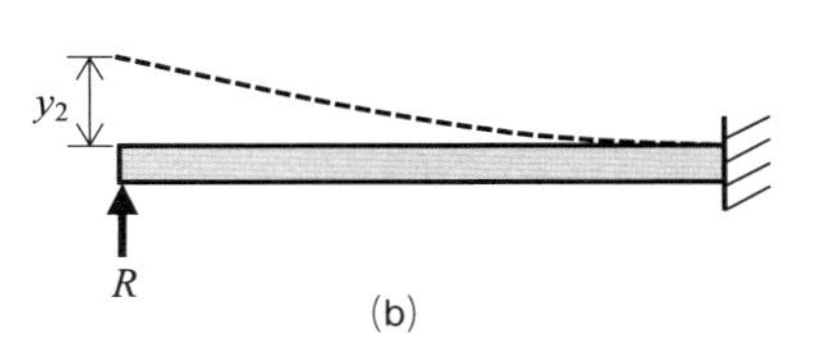

(b)

したがって，ばねの縮小量 $\varDelta$ は，

$$\varDelta=y_1-y_2\qquad ③$$

また，ばねの反力 $R$ は，

$$R=k\,\varDelta\qquad ④$$

式①，②，④を式③に代入し，$\varDelta$ について解くと，

$$\varDelta=\frac{3q\,l^4}{24EI+8k\,l^3}=\frac{3\times1\times1000^4}{24\times2.1\times10^4\times1000+8\times20\times1000^3}=18.7\ \text{mm}$$

**5** 曲げモーメント $M$ は,

$$M = -Wx$$

また，断面係数 $Z$ は,

$$Z = \frac{bh^2}{6}$$

上下縁に生じる曲げ応力 $\sigma_{\max}$ は,

$$\sigma_{\max} = \frac{|M|}{Z} = \frac{6Wx}{bh^2}$$

この値を位置 $x$ によらず一定とするためには,

$$h = \sqrt{\frac{6Wx}{b\sigma_{\max}}} \qquad ①$$

とすればよい。固定端では,

$$\sigma_{\max} = \frac{6Wl}{bh_0{}^2} \qquad ②$$

より，式②を式①に代入すると,

$$h = h_0\sqrt{\frac{x}{l}}$$

たわみ曲線の微分方程式は，距離 $x$ における断面二次モーメントを $I$，固定端のそれを $I_0$ とし，支持条件を考慮すると,

$$\frac{d^2y}{dx^2} = -\frac{M}{EI} = \frac{Wx}{EI} = \frac{Wl^{3/2}}{EI_0}x^{-1/2}$$

$$\frac{dy}{dx} = -\frac{2Wl^{3/2}}{EI_0}\left(l^{1/2} - x^{1/2}\right)$$

$$y = \frac{2Wl^{3/2}}{3EI_0}\left(l^{3/2} - 3l^{1/2}x + 2x^{3/2}\right)$$

$x = 0$ では,

$$y = \frac{2Wl^3}{3EI_0}$$

この値は，最大応力が等しい一様断面の片持はりと比較すると 2 倍大きい。

**1**　図のように座標 $x$ をとると，$x$ の位置における軸径 $d_x$ は，

$$d_x = d_2 + \frac{d_1 - d_2}{l} \cdot x \qquad ①$$

微小要素 $dx$ 部のねじり角 $d\phi$ は，

$$d\phi = \frac{Tdx}{GI_P} \qquad ②$$

式①を用いると断面二次極モーメント $I_P$ は，

$$I_P = \frac{\pi d_x^4}{32} = \frac{\pi}{32}\left(d_2 + \frac{d_1 - d_2}{l} \cdot x\right)^4 \qquad ③$$

式③を式②に代入すると，

$$d\phi = \frac{32T}{\pi G}\left(d_2 + \frac{d_1 - d_2}{l} \cdot x\right)^{-4} dx \qquad ④$$

$$\therefore \quad \phi = \int d\phi = \frac{32T}{\pi G}\int_0^l \left(d_2 + \frac{d_1 - d_2}{l} \cdot x\right)^{-4} dx \qquad ⑤$$

式⑤を解くと，

$$\phi = \frac{32Tl}{3\pi G d_1^3 d_2^3} \cdot \left(d_2^2 + d_1 d_2 + d_1^2\right) \qquad ⑥$$

なお，$d_1 = d_2$ のとき式⑥は，

$$\phi = \frac{32Tl}{G\pi d^4}$$

となり，式(8-9)に一致する。

**2**　中空軸と実体軸に生じる最大せん断応力 $\tau_{\max}$ を求めると，

実体軸では　$$\tau_{\max} = \frac{16T}{\pi d^3} \qquad ①$$

中空軸では　$$\tau_{\max} = \frac{16T}{\pi\left(\dfrac{d_2^4 - d_1^4}{d_2}\right)} \qquad ②$$

式①と②を等置すると，

$$d_1^{\,2} = \sqrt{d_2^{\,4} - d^3 d_2}$$

長さの等しい両軸の質量は断面積に比例するので，各断面積 $A$ と $A_H$ を求める。

実体軸では　$A = \dfrac{\pi d^2}{4}$　③

中空軸では　$A_H = \dfrac{\pi}{4}\left(d_2^{\,2} - d_1^{\,2}\right)$　④

$$\therefore\quad \frac{A_H}{A} = \frac{d_2^{\,2} - d_1^{\,2}}{d^2} = \frac{d_2^{\,2} - \sqrt{d_2^{\,4} - d^3 d_2}}{d^2} = \frac{40^2 - \sqrt{40^4 - 36^3 \times 40}}{36^2}$$

$$= 0.59 = 59\ \%$$

**3**　動力 $H$[W] は，ねじりモーメント（トルク）$T$ と 1 秒間あたりの角速度で与えられるので，

$$H = T \times 2\pi \times \left(\frac{100}{60}\right)\ \mathrm{W}$$

題意より，

$$T = \frac{\pi G r^4 \theta}{2l} = \frac{\pi \times 81 \times 10^9 \times \left(\dfrac{0.5}{2}\right)^4 \times 0.1 \times \left(\dfrac{\pi}{180}\right)}{2 \times 4} = 216861\ \mathrm{N \cdot m}$$

$$\therefore\quad H = 216861 \times 2\pi \times \frac{100}{60} = 2270967\ \mathrm{W} = 2.27\ \mathrm{MW}$$

**4**　トルク $T$ により，シャフトに生じる外周のせん断応力 $\tau$ は，

$$\tau = \frac{16\,T}{\pi d^3} = \frac{16 \times 6 \times 10^3}{\pi \times 0.3^3} = 1.13 \times 10^6\ \mathrm{Pa}$$

推力 $S$ によりシャフトに生じる垂直応力 $\sigma$ は，

$$\sigma = \frac{S}{A} = \frac{S}{\left(\dfrac{\pi d^2}{4}\right)} = \frac{4 \times 30 \times 10^3}{\pi \times 0.3^2} = 4.24 \times 10^5\ \mathrm{Pa}$$

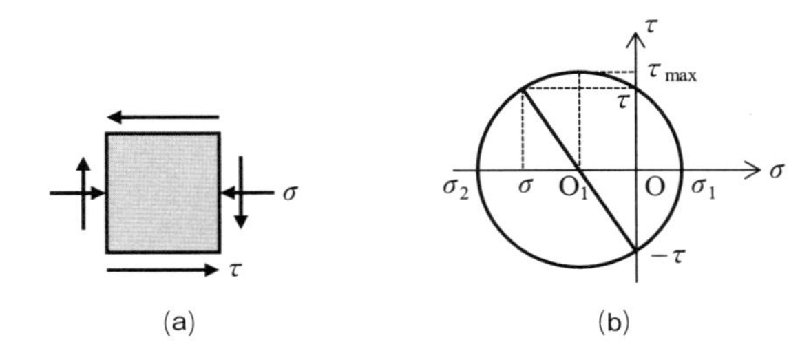

(a)　(b)

トルクと推力を同時に受けるシャフトは，図(a)のような応力状態となる。これよりモールの応力円を描くと，図(b)となる。$\tau_{\max}$ はモールの応力円の半径に等しいので，

$$\tau_{\max}=\sqrt{\left(\frac{\sigma}{2}\right)^2+\tau^2}=\sqrt{\left(\frac{4.24\times10^5}{2}\right)^2+\left(1.13\times10^6\right)^2}=1.15\times10^6\ \mathrm{Pa}=1.15\ \mathrm{MPa}$$

**5**　式(8–23)より，

$$k=\frac{d^4G}{64\,nR^3}\quad,\quad \text{ただし}\ R=D/2$$

これより，巻き数 $n$ を求めると，

$$n=\frac{d^4G}{64\,kR^3}=\frac{d^4G}{8\,kD^3}=\frac{0.5^4\times8.4\times10^5}{8\times0.5\times10^3}\fallingdotseq 13.1$$

丸棒の長さ $l=n\pi D=13.1\times\pi\times10=412\,\mathrm{cm}$

# 第9章

**1** 式 (9-2) を用いると，両端回転端に対する座屈荷重 $P_{cr}$ は，

$$P_{cr}=\frac{\pi^2 EI}{l^2} \quad ①$$

ここで，断面二次モーメント $I$ は，

$$I=\frac{\pi d^4}{64} \quad ②$$

式②を式①に代入すると，

$$P_{cr}=\frac{\pi^3 E d^4}{64\,l^2} \quad ③$$

安全率 $n=4$ であるので，$4P_{cr}$ の軸圧縮力で座屈する直径 $d$ を求めればよい。

$$\therefore\ d=\left(\frac{64\,l^2}{\pi^3 E}\times 4P_{cr}\right)^{\frac{1}{4}}=\left(\frac{64\times 200^2\times 4\times 10000}{\pi^3\times 2.1\times 10^6}\right)^{\frac{1}{4}}=6.3\ \mathrm{cm}$$

**2** 題意より，中空円柱の内径を $d_1$ とおくと，外径は $1.5d_1$ となる。また，中実円柱の直径を $d$ とすると，両円柱の重量は等しいのでそれらの断面積は等しい。

$$\therefore\ \frac{\pi d^2}{4}=\frac{\pi}{4}\left\{(1.5\,d_1)^2-d_1^2\right\}$$

これより，

$$d^2=1.25\,d_1^2 \quad ①$$

式 (9-11) を用いて両円柱の座屈荷重を求める。中実円柱と中空円柱の断面二次モーメント $I_S$ と $I_H$ は，それぞれ，

$$I_S=\frac{\pi d^4}{64} \quad ②$$

$$I_H=\frac{\pi}{64}\left\{(1.5\,d_1)^4-d_1^4\right\}=\frac{\pi}{64}\times\left(4.06\,d_1^4\right) \quad ③$$

より，中実円柱の座屈荷重 $P_{crS}$ は，

$$P_{crS}=\frac{n\pi^2 EI_S}{l^2}=\frac{n\pi^2 E}{l^2}\cdot\frac{\pi d^4}{64} \qquad ④$$

また，中空円柱のそれ $P_{crH}$ は，

$$P_{crH}=\frac{n\pi^2 EI_H}{l^2}=\frac{n\pi^2 E}{l^2}\cdot\frac{\pi}{64}\times(4.06)\,d_1^4 \qquad ⑤$$

式①を式⑤に代入すると，

$$P_{crH}=\frac{n\pi^2 E}{l^2}\cdot\frac{\pi}{64}\times(2.6)\,d^4 \qquad ⑥$$

$$\therefore\ P_{crS}\ :\ P_{crH}=1\ :\ 2.6$$

**3**　相当細長比を求め，オイラーの式が適用可能かどうかを調べる。断面二次半径 $k$ は，

$$k=\sqrt{\frac{I}{A}}$$

ここで，断面積 $A=4\times6=24\,\mathrm{cm}^2$，また，断面二次モーメント $I$ は座屈が生じやすい方の値を用い，$I=(6\times4^3)/12=32\,\mathrm{cm}^4$ である。

$$\therefore\ k=\sqrt{\frac{I}{A}}=\sqrt{\frac{32}{24}}=1.155$$

これから相当細長比は，

$$\frac{l}{\sqrt{n}\,k}=\frac{400}{\sqrt{4}\times1.155}=173$$

この値は，$\sqrt{\dfrac{\pi^2 E}{\sigma_0}}=\sqrt{\dfrac{\pi^2\times2.1\times10^6}{2000}}\fallingdotseq102$ より大きく，オイラーの式を使うことができる。

$$P_{cr}=\frac{4\pi^2 EI}{l^2}=\frac{4\times\pi^2\times2.1\times10^6\times32}{400^2}=16581\ \mathrm{kgf}$$

$$\therefore\ \sigma_{cr}=\frac{P_{cr}}{A}=\frac{16581}{24}=691\ \mathrm{kgf/cm^2}$$

**4** 自由膨張量$\varDelta$からすきま3 mmを差し引いた分が，熱応力$\sigma$の発生に関係する。すなわち，

$$\sigma = E \cdot \frac{\varDelta - 3}{l} \qquad ①$$

座屈荷重$P_{cr}$は，

$$P_{cr} = \frac{\pi^2 EI}{l^2} \qquad ②$$

熱応力による力$\sigma A$を座屈荷重とすると，

$$\frac{AE(\varDelta - 3)}{l} = \frac{\pi^2 EI}{l^2} \qquad ③$$

これより座屈を生じるときのレールの自由膨張量$\varDelta$は，

$$\varDelta = \frac{\pi^2 I}{lA} + 3 = \frac{\pi^2 \times 1041667}{7000 \times 5000} + 3 = 3.294\ \text{mm} \qquad ④$$

ここで，

$$I = \frac{bh^3}{12} = \frac{100 \times 50^3}{12} = 1041667\ \text{mm}^4$$

$$A = 100 \times 50 = 5000\ \text{mm}^2$$

$$l = 7000\ \text{mm}$$

危険温度$T$とレールの自由膨張量$\varDelta$の関係は，

$$\varDelta = 7000 \times 1.12 \times 10^{-5} \times (T - 20) \qquad ⑤$$

式⑤と④より，$T$を求めると，

$$T = \frac{3.294}{7000 \times 1.12 \times 10^{-5}} + 20 = 42 + 20 = 62\ ^\circ\text{C}$$

**5** 断面二次モーメント　$I = \dfrac{25 \times 20^3}{12} = 16666.7\ \text{cm}^4$

断面積　$A = 25 \times 20 = 500\ \text{cm}^2$

断面二次半径　$k = \sqrt{\dfrac{I}{A}} = 5.77$

より細長比は，

$$\frac{l}{k}=\frac{250}{5.77}=43.3$$

$l/k < 60$ であるので，実験公式，ここではランキンの式を用いると，

$$\sigma_{cr}=\frac{\sigma_D}{1+a\left(\frac{l}{k}\right)^2}$$

$\sigma_D$ を許容応力とおくと，加えうる最大荷重 $W$ は，

$$W=\sigma_{cr}\cdot A=\frac{65\times 500}{1+\frac{1}{750}(43.3)^2}=9286\ \mathrm{kgf}$$

# 第10章

**1** 断面一様な丸棒に蓄えられるひずみエネルギ $U_a$ は,

$$U_a = \frac{W^2 l}{2\left(\frac{\pi d_1^2}{4}\right)E} = \frac{2W^2 l}{\pi d_1^2 E} \quad ①$$

また段付丸棒のそれ $U_b$ は,

$$U_b = \frac{W^2 l'}{2\left(\frac{\pi d_1^2}{4}\right)E} + \frac{W^2 (l-l')}{2\left(\frac{\pi d_2^2}{4}\right)E} = \frac{2W^2 l'}{\pi d_1^2 E} + \frac{2W^2 (l-l')}{\pi d_2^2 E} \quad ②$$

$d_2 = 2d_1$, $l' = l/4$ のとき,段付丸棒の $U_b$ は,

$$U_b = \frac{7W^2 l}{8\pi d_1^2 E} = \frac{7}{16} U_a \quad ③$$

これより,段付丸棒のエネルギ吸収能力は著しく劣ることがわかる。

**2** 落下物体が衝突時にもつ運動エネルギ $U$ は,

$$U = W(h + y_{\max}) \quad ①$$

単純はりに蓄えられる弾性ひずみエネルギ $U_M$ は,衝撃力を $P$ とすると,

$$U_M = \frac{P y_{\max}}{2} \quad ②$$

$P$ と $y_{\max}$ の関係を静的な変形のように考えれば,式(7-19)を用いると,

$$y_{\max} = \frac{P\left(\frac{l}{2}\right)\left\{l^2 - \left(\frac{l}{2}\right)^2\right\}^{3/2}}{9\sqrt{3}\, lEI} = \frac{Pl^3}{48EI} \quad ③$$

式①と②を等置し,式③を代入して $P$ を消去すれば,

$$y_{\max}{}^2 - 2\delta_{st}\, y_{\max} - 2\delta_{st} h = 0 \quad ④$$

ここで$\delta_{st}$はWが静的に加わるときの変位（$=Wl^3/48EI$）である。式④を解くと，

$$y_{\max}=\delta_{st}+\sqrt{\delta_{st}{}^2+2h\delta_{st}} \quad ⑤$$

また，$h=0$のとき，式⑤より，

$$y_{\max}=2\delta_{st}$$

**3**　まず反力$R_A$，$R_B$をつり合い式から求めると，

$$R_A+R_B-P=0$$
$$R_B l-P(l+a)=0$$

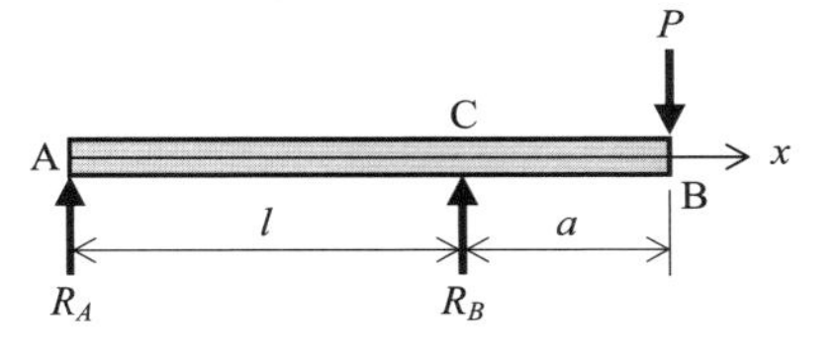


より，

$$R_A=-\frac{Pa}{l}\quad ,\quad R_B=\frac{P(l+a)}{l}$$

A点に原点をおく$x$軸をとると，曲げモーメント$M$は，

$$0\leqq x\leqq l \text{では，}\quad M=R_A x=-\frac{Pax}{l}$$

$$l\leqq x\leqq l+a \text{では，}\quad M=R_A x+R_B(x-l)=P(x-l-a)$$

はりの全ひずみエネルギ$U$は，

$$U=\int_0^l \frac{M^2}{2EI}dx+\int_l^{l+a}\frac{M^2}{2EI}dx$$

カスチリアーノの定理より先端Bのたわみ$\delta_B$は，

$$\delta_B=\frac{\partial U}{\partial P}=\frac{1}{EI}\int_0^l M\frac{\partial M}{\partial P}dx+\frac{1}{EI}\int_l^{l+a}M\frac{\partial M}{\partial P}dx$$
$$=\frac{1}{EI}\int_0^l\left(-\frac{Pax}{l}\right)\left(-\frac{ax}{l}\right)dx+\frac{1}{EI}\int_l^{l+a}P(x-l-a)(x-l-a)dx$$

これより，

$$\delta_B=\frac{Pa^2(l+a)}{3EI}$$

**4** フレームの対称性から，A，E を固定端とするはりを考える。対称性より反力 $R=P/2$，曲げモーメント $M_A=M_E$，また A，E 点に作用する水平方向の反力は 0 である。

カスチリアーノの定理（式(10-43)）より，フレームに蓄えられる全ひずみエネルギを $U$ とすると，固定端におけるたわみ角 $\theta_A$ は，

$$\theta_A=\frac{\partial U}{\partial M_A}=0 \qquad ①$$

$U$ は $\overset{\frown}{\mathrm{AB}}$ 部のひずみエネルギ $U_{AB}$ と BC 部のひずみエネルギ $U_{BC}$ の和の 2 倍であり，

$$U=2\left(U_{AB}+U_{BC}\right) \qquad ②$$

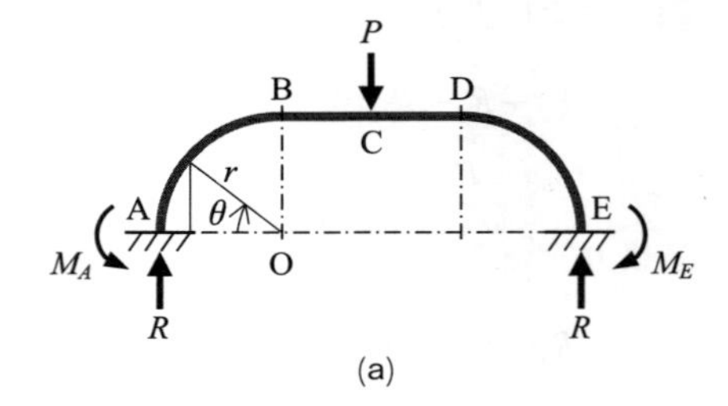


(a)

$U_{AB}$ は図(a)のように極座標をとると，

$$U_{AB}=\int_0^{\frac{\pi}{2}}\frac{M_\theta^{\ 2}}{2EI}rd\theta \qquad ③$$

ここで，$\theta$ の位置の曲げモーメント $M_\theta$ は，

$$M_\theta=-M_A+R\left(r-r\cos\theta\right)=-M_A+\frac{Pr}{2}\left(1-\cos\theta\right) \qquad ④$$

(b)

$U_{BC}$ は図(b)のように座標 $x$ をとると，

$$U_{BC}=\int_0^{l}\frac{M_x^{\ 2}}{2EI}dx \qquad ⑤$$

ここで，$x$ の位置の曲げモーメント $M_x$ は，

$$M_x=Rx+\left(-M_A+Rr\right)=\frac{Px}{2}+\left(-M_A+\frac{Pr}{2}\right) \qquad ⑥$$

式③と⑤を式②に代入すると，

$$U=\frac{1}{EI}\int_0^{\frac{\pi}{2}}M_\theta^{\ 2}rd\theta+\frac{1}{EI}\int_0^{l}M_x^{\ 2}dx \qquad ⑦$$

式⑦を式①に代入すると，

$$\frac{\partial U}{\partial M_A}=\frac{2}{EI}\left[\int_0^{\frac{\pi}{2}}M_\theta\frac{\partial M_\theta}{\partial M_A}rd\theta+\int_0^{l}M_x\frac{\partial M_x}{\partial M_A}dx\right]=0 \qquad ⑧$$

$\partial M_\theta/\partial M_A=-1$ ，$\partial M_x/\partial M_A=-1$ より式⑧の［ ］内は，

$$\int_0^{\frac{\pi}{2}} \left\{ M_A - Rr\left(1 - \cos\theta\right) \right\} r d\theta + \int_0^l \left\{ -Rx - \left( -M_A + Rr \right) \right\} dx$$

$$= \left[ M_A r\theta - Rr^2\theta + Rr^2 \sin\theta \right]_0^{\frac{\pi}{2}} + \left[ -\frac{Rx^2}{2} + M_A x - Rrx \right]_0^l$$

$$= M_A r \cdot \frac{\pi}{2} - Rr^2 \cdot \frac{\pi}{2} + Rr^2 - \frac{Rl^2}{2} + M_A l - Rrl = 0 \qquad ⑨$$

式⑨を $R = P/2$ を考慮して解くと，

$$M_A = \frac{P}{2} \cdot \frac{r^2(\pi + 2) + 2rl + l^2}{\pi r + 2l}$$

**5**　両端回転端となっている構造のため，図に示すように水平方向にも反力が生じる。カスチリアーノの定理（式(10-40)）より，支点Bまたは支点Aの水平変位 $\delta_H$ は，

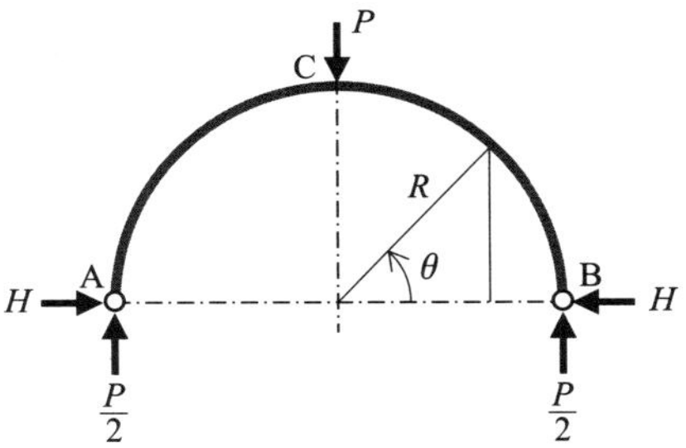

$$\delta_H = \frac{\partial U}{\partial H} = 0 \qquad ①$$

$$U = 2\int_0^{\frac{\pi}{2}} \frac{M^2}{2EI} R d\theta \qquad ②$$

式②を式①に代入すると，

$$\delta_H = \frac{\partial U}{\partial H} = \int_0^{\frac{\pi}{2}} \frac{2R}{EI} M \frac{\partial M}{\partial H} d\theta = 0 \qquad ③$$

ここで $M$ は，

$$M = \frac{P}{2}(R - R\cos\theta) - HR\sin\theta \qquad ④$$

$$\frac{\partial M}{\partial H} = -R\sin\theta \qquad ⑤$$

式④と⑤を式③に代入し，整理すると，

$$\int_0^{\frac{\pi}{2}} \left\{ \frac{PR}{2}(1 - \cos\theta) - HR\sin\theta \right\} (-R\sin\theta)\, d\theta = 0$$

これより，

$$H = \frac{P}{\pi}$$

# 第11章

**1** 曲率中心Oから中立軸（N—N）までの距離$r$は式(11-9)より，

$$r=\frac{h}{\ln\left(\dfrac{R_o}{R_i}\right)}=\frac{4}{\ln\left(\dfrac{10}{6}\right)}=7.83\ \mathrm{mm}$$

中立軸と図心軸（$z$—$z$）の距離$\bar{y}$は式(11-10)より，

$$\bar{y}=\left(R_i+\frac{h}{2}\right)-r=\left(6+\frac{4}{2}-7.83\right)$$

$$=0.17\ \mathrm{mm}$$

$$M=-P\left(l+r+\bar{y}\right)=-50\left(20+7.83+0.\right.$$

$$=-1400\ \mathrm{N\cdot mm}$$

式(11-12)より，A部における曲げ応力$\sigma_o$は，$y_o=R_o-r=10-7.83=2.17\ \mathrm{mm}$を考慮すると，

$$\sigma_o=\frac{M\,y_o}{A\,\bar{y}\left(r+y_o\right)}=\frac{-1400\times2.17}{4\times6\times0.17\left(7.83+2.17\right)}=-74.5\ \mathrm{N/mm^2}\quad（圧縮）$$

また，B部における曲げ応力$\sigma_i$は，$y_i=r-R_i=7.83-6=1.83\ \mathrm{mm}$を考慮すると，式(11-11)より，

$$\sigma_i=\frac{-M\,y_i}{A\,\bar{y}\left(r-y_i\right)}=\frac{1400\times1.83}{4\times6\times0.17\left(7.83-1.83\right)}=104.7\ \mathrm{N/mm^2}\quad（引張）$$

これらに一様に作用する引張応力$\sigma_m=P/A=50/(4\times6)=2.1\ \mathrm{N/mm^2}$を加えると，

A部の垂直応力

$$\sigma_A=\sigma_o+\sigma_m=-74.5+2.1=-72.4\ \mathrm{N/mm^2}=-72.4\times10^6\ \mathrm{N/m^2}=-72.4\ \mathrm{MPa}$$

B部の垂直応力

$$\sigma_B=\sigma_i+\sigma_m=104.7+2.1=106.8\ \mathrm{N/mm^2}=106.8\times10^6\ \mathrm{N/m^2}=106.8\ \mathrm{MPa}$$

したがって，A部およびB部の垂直ひずみ$\varepsilon_A$，$\varepsilon_B$は，

$$\varepsilon_A = \frac{\sigma_A}{E} = \frac{-72.4\times10^6}{206\times10^9} = -0.35\times10^{-3}$$ （圧縮ひずみ）

$$\varepsilon_B = \frac{\sigma_B}{E} = \frac{106.8\times10^6}{206\times10^9} = 0.52\times10^{-3}$$ （引張ひずみ）

**2** 内周部と外周部における円周応力 $\sigma_{ti}$，$\sigma_{to}$ は，式(11-25)において $p_o = 50\,\mathrm{kgf/cm^2}$，$p_i = 0$ とし，それぞれ $r = r_i = 50\,\mathrm{cm}$，$r = r_o = 60\,\mathrm{cm}$ とすると，

$$\sigma_{ti} = \frac{-p_o r_o^2}{r_o^2 - r_i^2} - \frac{r_i^2 r_o^2 p_o}{\left(r_o^2 - r_i^2\right) r_i^2} = \frac{-2 p_o r_o^2}{r_o^2 - r_i^2} = \frac{-2\times50\times60^2}{60^2 - 50^2} = -327.3\ \mathrm{kgf/cm^2}$$

$$\sigma_{to} = \frac{-p_o r_o^2}{r_o^2 - r_i^2} - \frac{r_i^2 r_o^2 p_o}{\left(r_o^2 - r_i^2\right) r_o^2} = \frac{-p_o\left(r_o^2 - r_i^2\right)}{r_o^2 - r_i^2} = -p_o = -50\ \mathrm{kgf/cm^2}$$

また，内周部と外周部における半径応力 $\sigma_{ri}$，$\sigma_{ro}$ は，式(11-24)を用いると，

$$\sigma_{ri} = \frac{-p_o r_o^2}{r_o^2 - r_i^2} + \frac{r_i^2 r_o^2 p_o}{\left(r_o^2 - r_i^2\right) r_i^2} = 0$$

$$\sigma_{ro} = \frac{-p_o r_o^2}{r_o^2 - r_i^2} + \frac{r_i^2 r_o^2 p_o}{\left(r_o^2 - r_i^2\right) r_o^2} = -p_o = -50\ \mathrm{kgf/cm^2}$$

また，軸応力 $\sigma_z$ は，式(11-27)より，

$$\sigma_z = \frac{-p_o r_o^2}{r_o^2 - r_i^2} = \frac{-50\times60^2}{60^2 - 50^2} = -163.6\ \mathrm{kgf/cm^2}$$

円筒を薄肉円筒として，式(4-24)，(4-25)を利用し，$p = -p_o$ として $\sigma_t$ と $\sigma_z$ を求める。また，$r$ を平均半径とし，$r_a = (r_i + r_o)/2 = 55\,\mathrm{cm}$ とすると，

$$\sigma_t = \frac{pr}{t} = \frac{-p_o r_a}{t} = \frac{-50\times55}{10} = -275\ \mathrm{kgf/cm^2}$$

$$\sigma_z = \frac{pr}{2t} = \frac{1}{2}\sigma_t = -137.5\ \mathrm{kgf/cm^2}$$

以上のように，薄肉円筒近似はかなりの誤差を生じる。

**3** 座屈を生じない短柱の端に偏心荷重が加わるとき，その作用は図のように柱の中心に加わる力$P$とモーメント$M$が同時に作用することと等価である。その結果，短柱には図のように一様な圧縮応力$\sigma_P$と曲げ応力$\sigma_M$が生じる。

$$\sigma_P = \frac{P}{bh} = \frac{2000}{10 \times 15} = 13.33\ \mathrm{kgf/cm^2} \quad (\text{圧縮応力})$$

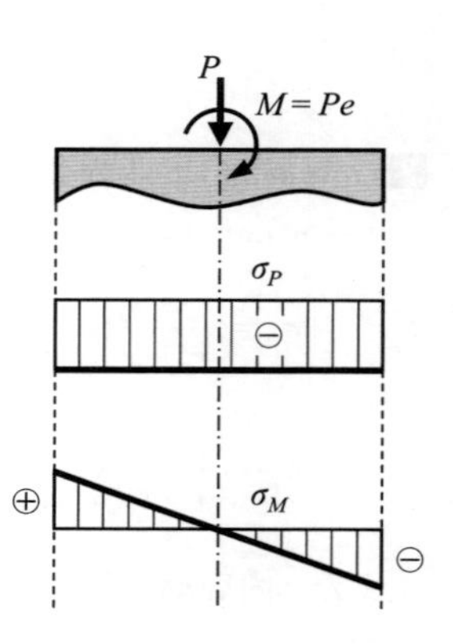


また，

$$\sigma_M = \frac{M}{Z} = \frac{Pe}{\left(\dfrac{bh^2}{6}\right)} = \frac{6 \times 2000\,e}{10 \times 15^2} = 5.33\,e\ [\mathrm{kgf/cm^2}]$$

最大の圧縮応力$\sigma_{\max}$は，

$$\sigma_{\max} = \sigma_P + \sigma_M = 13.33 + 5.33\,e\ [\mathrm{kgf/cm^2}]$$

$\sigma_{\max} = \sigma_a$とおいて$e$について解くと，

$13.33 + 5.33\,e = 20$　より，　$e = 1.25\ \mathrm{cm}$

**4** トルク$T$により推進軸の外周に生じる主せん断応力$\tau_o$は，式(8-11)より，

$$\tau_o = \frac{16T}{\pi d^3} = \frac{16 \times 2000 \times 100}{\pi \times 15^3} = 302\ \mathrm{kgf/cm^2}$$

また推力$P$により生じる圧縮応力$\sigma$は，

$$\sigma = \frac{4P}{\pi d^2} = \frac{4P}{\pi \times 15^2} = 5.66 \times 10^{-3}\,P$$

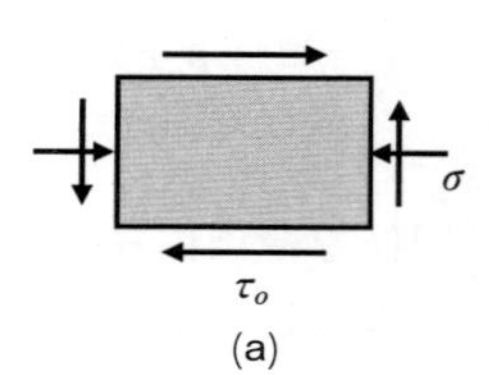

(a)

図(a)に示す組み合わせ応力に対するモールの応力円を描くと，図(b)となる。これより，

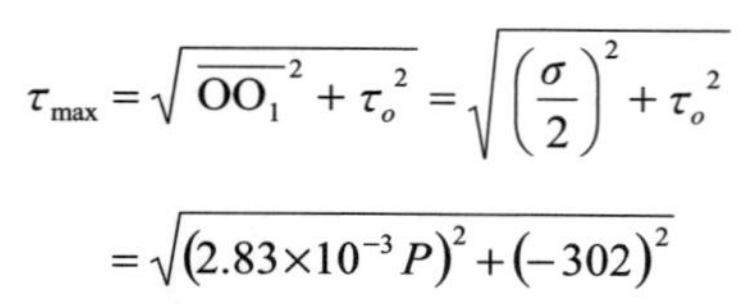

$$\tau_{\max} = \sqrt{\overline{\mathrm{OO_1}}^2 + \tau_o^2} = \sqrt{\left(\frac{\sigma}{2}\right)^2 + \tau_o^2}$$

$$= \sqrt{(2.83 \times 10^{-3}\,P)^2 + (-302)^2}$$

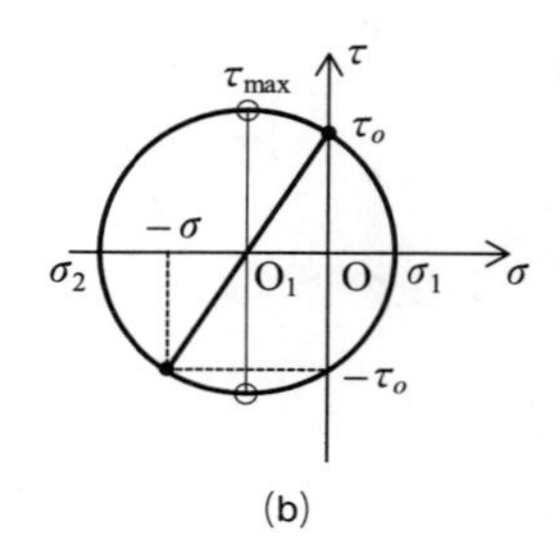

(b)

$\tau_{\max} = \tau_a$とおいて$P$について解くと，

$P = 141 \times 10^3\ \mathrm{kgf} = 141\ \mathrm{ton}$

**5** A 部の平均応力 $\sigma_{av}$ は，

$$\sigma_{av} = \frac{P}{A} = \frac{P}{(7.5-2.5)\times 5} = \frac{P}{25}$$

孔縁に生じる最大垂直応力 $\sigma_{\max}$ は，

$$\sigma_{\max} = k_1 \cdot \sigma_{av} = 2.2\times\frac{P}{25}$$

題意より $\sigma_{\max} = \sigma_a$ とおいて $P$ を求めると，

$$P = \frac{25}{2.2}\times 1500 = 17045\ \text{kgf} \qquad ①$$

次に B 部の最大垂直応力を求める。この場合の平均応力 $\sigma_{av}$ は，

$$\sigma_{av} = \frac{P}{A} = \frac{P}{5.5\times 5} = \frac{P}{27.5}$$

フィレット部に生じる最大垂直応力 $\sigma_{\max}$ は，

$$\sigma_{\max} = k_2 \cdot \sigma_{av} = 2\times\frac{P}{27.5}$$

題意より $\sigma_{\max} = \sigma_a$ とおいて $P$ を求めると，

$$P = \frac{27.5}{2}\times 1500 = 20625\ \text{kgf} \qquad ②$$

式①と②を比較して，その小さい方が安全荷重 $P_a$ となるので，

$$P_a = 17045\ \text{kgf}$$

# 索　引

## さ



## し



## す



## せ



## そ



## た

## ち



## つ



## て



## と



## な



## に



## ね



## は



## ひ



## ふ

### へ



### ほ



### ま



### み



### も



### や



### よ



### ら



### れ

## ● 参考図書・文献 ●

1) 宮入武夫・村瀬勝彦：材料力学，中部日本教育文化会（1981）
2) S．チモシエンコ（鵜戸口英善・国尾 武訳）：材料力学（上）東京図書（1970）
3) 中山秀太郎：大学課程材料力学，オーム社（1989）
4) 中沢 一編著：材料力学入門演習，産業図書（1980）
5) 三好俊郎・白鳥正樹・尾田十八：大学基礎材料力学，実教出版（1975）
6) 大久保肇：材料力学，朝倉書店（1966）
7) テモシェンコ・ヤング（渡辺 茂・三浦宏文訳）：応用力学（静力学編），好学社（1977）
8) 平 修二監修：現代材料力学，オーム社（1972）
9) 清家政一郎：工学基礎材料力学，共立出版（1978）
10) 柴原正雄：機械工学基礎講座材料力学，理工学社（1977）
11) 福岡俊道：マリンエンジニアのための材料力学入門，日本マリンエンジニアリング学会誌，第44巻，第2号（2009）106，他
12) 鵜戸口英善・川田雄一・倉西正嗣：材料力学（上巻），裳華房（1964）

## ○著者略歴○

**志摩　政幸**（しま　まさゆき）　博士（工学）
1974年　信州大学大学院工学研究科修士課程修了
現　在　東京海洋大学　名誉教授

**地引　達弘**（じびき　たつひろ）　博士（工学）
1990年　東京商船大学大学院商船学研究科修士課程修了
現　在　東京海洋大学大学院海洋科学技術研究科　教授

〈データ作成・制作執務〉
**大久保　ユリ子**（おおくぼ　ゆりこ）
1989年　千葉工業大学工業化学科卒業
1989～2000年　石川島検査計測株式会社
2001～2003年　東京商船大学教務補佐員
現　在　東京海洋大学教務補佐員

ISBN978-4-303-55160-5
海技に携わるエンジニア・学生のための
**材料力学**

2016年1月25日　初版発行


著　者　志摩政幸・地引達弘
検印省略
発行者　岡田節夫
発行所　海文堂出版株式会社
本　社　東京都文京区水道2-5-4 (〒112-0005)
電話 03 (3815) 3291㈹　FAX 03 (3815) 3953
http://www.kaibundo.jp/
支　社　神戸市中央区元町通3-5-10 (〒650-0022)
日本書籍出版協会会員・工学書協会会員・自然科学書協会会員

PRINTED IN JAPAN　　印刷　田口整版／製本　ブロケード